21世纪高等学校计算机类课程创新规划教材·微课版

U0369204

Ubuntu Linux

操作系统与实验教程（第2版）

微课视频版

◎ 马丽梅 郭 晴 张林伟 主编

边 玲 王其坤 副主编

清华大学出版社

北京

内 容 简 介

本书是一本全面介绍 Ubuntu Linux 相关知识的教材,由浅入深、内容详尽、图文并茂、论述清晰、条理清楚,系统全面地介绍了 Ubuntu Linux 操作系统。Ubuntu 一直以其易用性著称,目前使用 Ubuntu Linux 系统的计算机越来越多。Ubuntu Linux 和其他发行版的 Linux 在使用上和服务器的配置上有一些不同,介绍 Linux 的教材很多,专门讲述 Ubuntu Linux 的图书却相对较少,基于这种原因,我们编写了本书。

本书以目前流行的 Ubuntu 16.04.06 LTS 发行版本为基础编写,全书共分为 11 章,首先讲述了虚拟机以及在虚拟机下 Ubuntu 的安装和虚拟机的使用,其次介绍了 Ubuntu 图形界面和字符界面、文件管理、用户和组管理、硬盘与内存使用、进程管理、Shell 及其编程、Samba 和 NFS 服务器搭建、LAMP 平台的搭建等内容。为了方便教师使用和学生学习,书中配有大量的实验截图。

本书既可以作为本科院校、高职院校相关专业的教材,也可以作为 Linux 培训的教材,还可以作为专业人员的参考书籍,本书是一本难得的 Ubuntu Linux 学习用书。

图书在版编目(CIP)数据

Ubuntu Linux 操作系统与实验教程:微课视频版/马丽梅,郭晴,张林伟主编.—2 版.—北京:清华大学出版社,2020.6(2025.1重印)

21 世纪高等学校计算机类课程创新规划教材:微课版

ISBN 978-7-302-55541-4

Ⅰ. ①U… Ⅱ. ①马… ②郭… ③张… Ⅲ.①Linux 操作系统—高等学校—教材 Ⅳ. ①TP316.85

中国版本图书馆 CIP 数据核字(2020)第 086061 号

责任编辑:黄 芝 薛 阳
封面设计:刘 键
责任校对:梁 毅
责任印制:曹婉颖

出版发行:清华大学出版社
      网　　址:https://www.tup.com.cn, https://www.wqxuetang.com
      地　　址:北京清华大学学研大厦 A 座　　　　邮　　编:100084
      社 总 机:010-83470000　　　　　　　　　　邮　　购:010-62786544
      投稿与读者服务:010-62776969,c-service@tup.tsinghua.edu.cn
      质量反馈:010-62772015,zhiliang@tup.tsinghua.edu.cn
      课件下载:https://www.tup.com.cn,010-83470236
印 装 者:小森印刷霸州有限公司
经　　销:全国新华书店
开　　本:185mm×260mm　　印　张:20.75　　　　字　　数:507 千字
版　　次:2016 年 8 月第 1 版　2020 年 8 月第 2 版　印　　次:2025 年 1 月第11次印刷
印　　数:33501～36000
定　　价:59.80 元

产品编号:084488-01

前　　言

随着网络的发展,使用 Ubuntu Linux 操作系统的计算机越来越多,无论是在日常办公还是在服务器管理上,Ubuntu Linux 受到越来越多的关注。经过多年的发展,Ubuntu Linux 操作系统已经非常成熟。每种操作系统都有自己的特点和命令,有关 Linux 的教材很多,专门讲述 Ubuntu Linux 的教材却相对较少,基于这种原因,我们编写了本书。

"Linux 操作系统"已经成为计算机类专业、网络工程专业和信息安全专业的必修课程。本书可作为本科院校、高等职业院校、成人教育计算机网络、通信工程等专业的教材,也可作为 Ubuntu Linux 的培训教材。

本教材第 1 版深受老师和同学们的喜爱,同时大家也提出了很多中肯的建议,在此基础上作者对第 1 版进行了修订,第 2 版由原来的 Ubuntu Linux 14.04 LTS 版本升级为 16.04.06 LTS 版,功能更加完善,系统地介绍了 Ubuntu Linux 操作系统的基础知识和服务器管理的实用技术,并新增安全设置等内容。本书图文并茂,通俗易懂,内容丰富,结构清晰,内容具有实用性和易用性,涵盖范围较广,选用较新又普遍流行的 16.04.06 LTS 发行版和应用软件,去除复杂的理论知识,尽量不过多深入到系统原理,避免庞大的 Linux 知识体系对学生造成学习困难,配备了大量的实际操作截图。

全书共分为 11 章,涵盖了 Ubuntu Linux 操作系统在实际应用方面的各种知识技能,具体内容介绍如下。

第 1 章介绍虚拟机的知识,为了教学方便,Ubuntu Linux 都是安装在虚拟机下的。本章讲述了虚拟机以及在虚拟机下 Ubuntu Linux 16.04 的安装,虚拟机的使用,及 VM Tools 的安装。

第 2 章介绍 Ubuntu Linux 系统,包括 Linux 的产生、发展、版本及 Ubuntu 系统概述。

第 3 章介绍 Linux 操作系统的图形界面,详细介绍在 Ubuntu 下的 Unity 环境,以及在图形界面中的软件安装。

第 4 章介绍 Ubuntu Linux 16.04 字符界面的使用,详细介绍在字符界面下软件的安装、字符界面下的关机和重启、Putty 远程登录。

第 5 章介绍 Ubuntu Linux 文件管理,包括文件系统的概念和常用命令。这是最重要的一章,对于学好 Ubuntu Linux 至关重要。

第 6 章介绍 Ubuntu Linux 操作系统的系统管理相关知识,内容包括用户和组的概念及相应的管理命令。

第 7 章介绍硬盘和内存,包括硬盘的命名、磁盘配额、内存的交换分区、进程管理、任务计划。本章内容相对较难,因此,所有的命令行操作都提供了实际操作过程的界面截图和说明。

Ⅱ

第 8 章介绍编辑器及 Gcc 编译器,主要介绍三种编辑器、Gcc 编译器和 Eclipse 开发环境。

第 9 章介绍 Shell 及其编程,Shell 脚本变量以及语句。

第 10 章介绍服务器的配置,详细介绍 Samba 服务器配置、NFS 服务器配置、LAMP 搭建。

第 11 章介绍安全设置,主要介绍基于 Ubuntu Linux 的杀毒软件、防火墙的设置和网络端口扫描工具 NMAP。

本书由马丽梅、郭晴、张林伟主编,边玲副主编。全书编写分工如下:第 1~4 章由马丽梅编写,第 5、6 章由张林伟、李瑞台编写,第 7 章由马丽梅、边玲编写,第 8 章、第 9 章由郭晴编写,第 10、11 章由马丽梅编写。全书由马丽梅统稿。为了方便学生的线上学习与教师的授课,本书配套的授课视频、练习题、考试题等相关资料全部在"学堂在线"平台上线。授课视频由马丽梅等四位老师讲授,专业公司录制,画面清晰。读者可以登录"学堂在线"平台,搜索"Linux 操作系统及应用课程",进行免费学习。读者也可以用手机微信扫描封底刮刮卡内二维码,获得权限,再扫描书中二维码,观看相应章节视频。

编者虽有多年的教学知识积累和实践,但在写作的过程中依然感到自己所学甚浅,不胜惶恐,本书不足之处,恳请广大读者批评指正。本书在编写过程中吸取了许多 Ubuntu Linux 方面的专著、论文的思想,得到了许多老师的帮助,在此一并感谢。

为方便教学,书中涉及的所有软件和课件可以到清华大学出版社网站下载。

编　者

2020 年 4 月

目 录

第1章　虚　拟　机

本章学习目标：
- 掌握虚拟机和 VM Tools 的安装。
- 熟悉虚拟机的功能。
- 掌握在虚拟机下 Ubuntu Linux 的安装。

1.1　虚拟机简介

虚拟机(Virtual Machine)是指可以像真实机器一样运行程序的计算机软件,通过软件模拟具有完整硬件系统功能的、运行在一个完全隔离环境中的完整计算机系统。

使用虚拟机可以在一台机器上同时运行两个或更多 Windows、Linux、UNIX 操作系统,甚至可以在一台机器上安装多个 Linux 发行版,使我们可以在同一台机器的 Windows 和 Linux 系统之间自由转换,就如同两台计算机在同时工作。在使用上,这台虚拟机和真正的物理主机没有区别,都需要分区、格式化、安装操作系统、安装应用程序和软件,而不影响真实硬盘的数据,总之,一切操作都跟一台真正的计算机一样。还可以通过网卡将几台虚拟机连接为一个局域网,极其方便,因此,比较适合学习操作系统。

VMware Workstation Pro 15 是 VMware 公司一款具有代表性的虚拟机软件,除了为网络适配器、CD-ROM、硬盘驱动器,以及 USB 设备的访问提供了桥梁外,还提供了模拟某些硬件的能力。

下面介绍 VMware Workstation 15 Pro 的安装。

1.1.1　虚拟机的安装

VMware Workstation 15 Pro 的安装包,可到官网下载,下载网址为 https://www. vmware. com/products/workstation-pro/workstation-pro-evaluation. html。

(1) 双击下载后的 VMware Workstation Pro 15 安装包,安装虚拟机软件,如图 1.1 所示。

(2) 单击"下一步"按钮,选择"我接受许可协议中的条款"复选框,如图 1.2 所示。

(3) 单击"下一步"按钮,选择安装的位置,如图 1.3 所示。

(4) 单击"下一步"按钮,进行用户体验设置。为了提高启动速度,一般情况下,取消勾选复选框,如图 1.4 所示。

(5) 单击"下一步"按钮,快捷方式的设置有两种,选择两个复选框,如图 1.5 所示。

(6) 单击"下一步"按钮,显示已准备好安装,单击"安装"按钮,开始安装 VMware Workstation Pro,如图 1.6 所示。

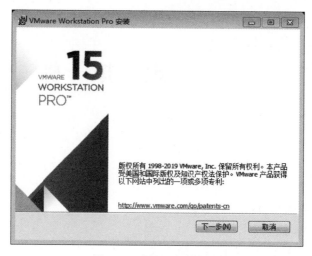

图 1.1　虚拟机安装界面

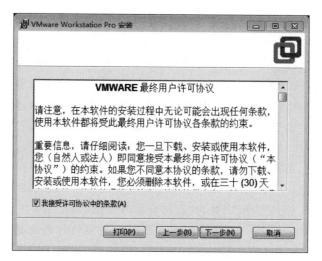

图 1.2　接受最终用户许可协议

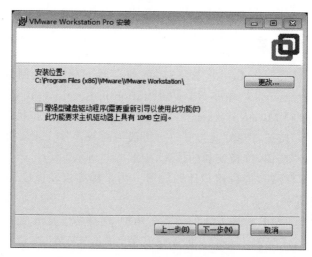

图 1.3　安装位置的选择

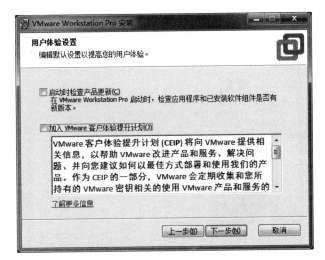

图 1.4　用户体验设置

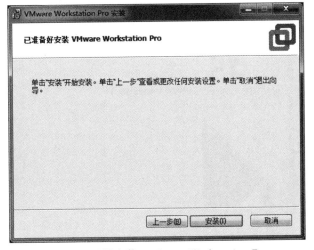

图 1.5　快捷方式的设置

图 1.6　开始安装 VMware Workstation Pro

（7）安装完成后，如图 1.7 所示，单击"许可证"按钮，输入许可证密钥。

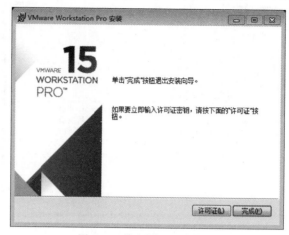

图 1.7　单击"许可证"按钮

（8）如图 1.8 所示，输入许可证密钥。

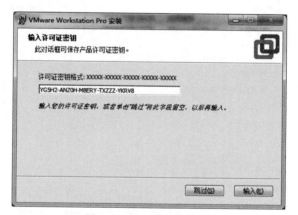

图 1.8　输入许可证密钥

（9）单击"输入"按钮，如图 1.9 所示，单击"完成"按钮，完成虚拟机的安装。

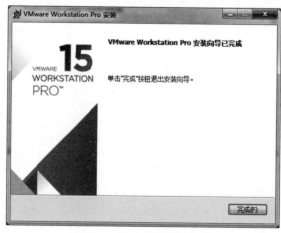

图 1.9　完成虚拟机的安装

1.1.2 创建虚拟机

运行桌面上的虚拟机启动快捷方式,或者单击"开始"菜单启动虚拟机,显示如图1.10所示的界面。

图 1.10 虚拟机的启动界面

创建一个新的虚拟机,选择"文件"菜单里的"新建虚拟机",也可以在虚拟机主页单击"创建新的虚拟机"图标。如图1.11所示,有两种配置方式。选择"典型(推荐)",将自动完成虚拟机的创建;选择"自定义(高级)",可以对虚拟机设置进行配置。这里选择"自定义(高级)",单击"下一步"按钮。

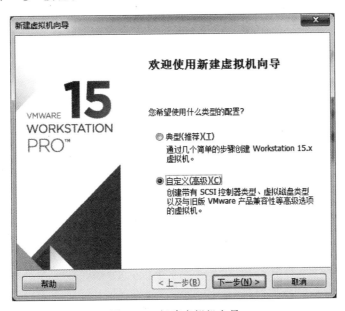

图 1.11 新建虚拟机向导

6

在图 1.12 中选择虚拟机的硬件格式,在"硬件兼容性"下拉列表框中选择 Workstation 15.x 选项。

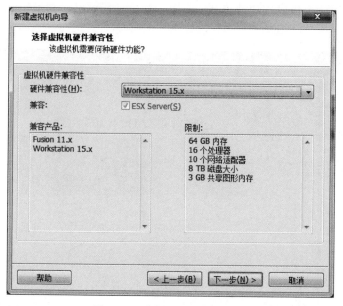

图 1.12　虚拟机的硬件兼容性

单击"下一步"按钮,如图 1.13 所示,显示操作系统的安装方式,因为 ISO 文件已经下载到主机上了,这里选择第三个选项"稍后安装操作系统"。

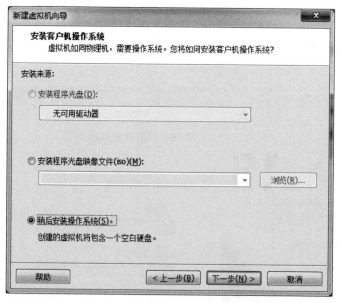

图 1.13　选择 Ubuntu 的安装方式

单击"下一步"按钮,如图 1.14 所示,在"选择客户机操作系统"对话框中选择要安装的操作系统,这里选择 Linux,版本选择 Ubuntu。

单击"下一步"按钮,如图 1.15 所示,"虚拟机名称"文本框中自动显示图 1.14 中虚拟机

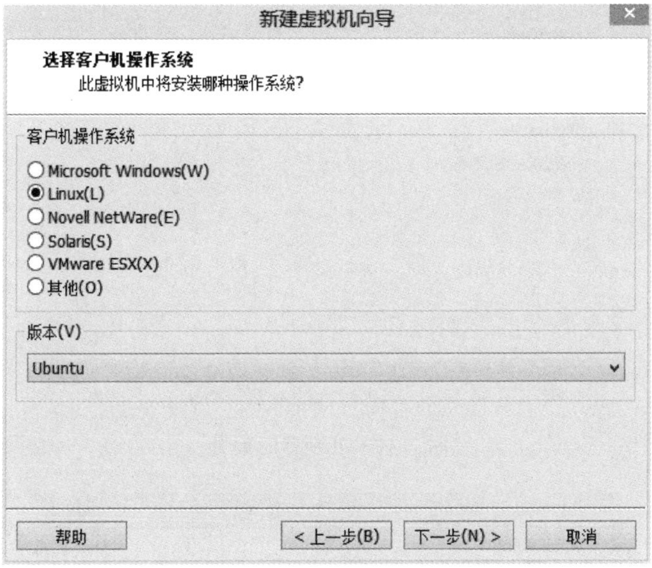

图 1.14　操作系统的选择

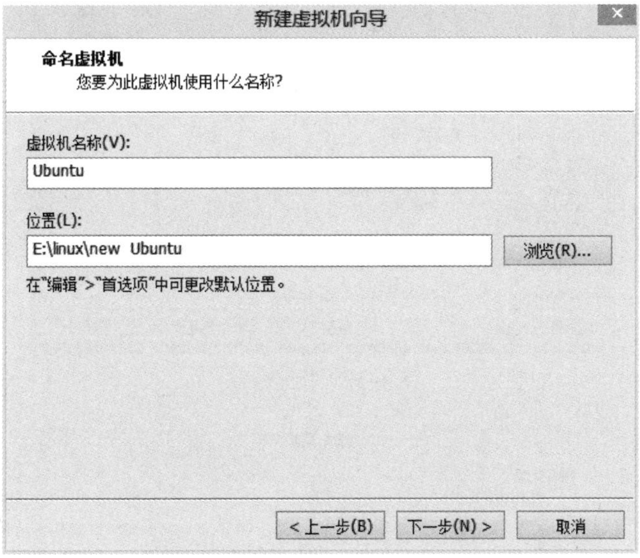

图 1.15　存储位置的选择

的版本 Ubuntu，在"位置"文本框中设置 Ubuntu 的存储位置，这里安装到 E：\linux\new Ubuntu 下。

　　单击"下一步"按钮，如图 1.16 所示，显示处理器的数量，使用默认值即可。

　　单击"下一步"按钮，如图 1.17 所示，设置虚拟机使用的内存。如果计算机内存比较大，可以给虚拟机分配较大的内存，这里使用推荐值 2GB 内存。

　　单击"下一步"按钮，显示如图 1.18 所示，选择网络类型。网络类型有四种，具体含义如表 1.1 所示。根据网络连接情况选择使用桥接网络或使用 NAT 网络，如果主机是静态 IP，虚拟机是 DHCP 获取 IP 地址，则选择使用 NAT 网络。

8

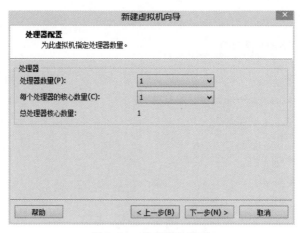

图 1.16 处理器的数量

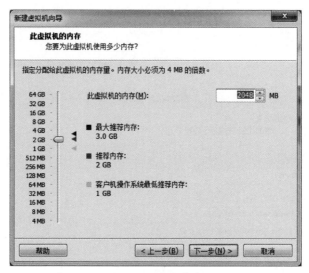

图 1.17 分配内存

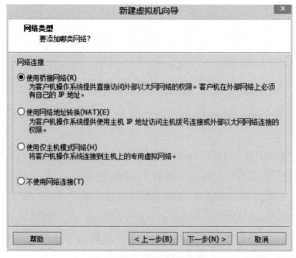

图 1.18 网络类型设置

表 1.1　网络类型说明

选择网络连接	意　义
桥接网络	此时虚拟机相当于网络上的一台独立计算机,与主机一样,拥有一个独立的 IP 地址,主机和虚拟机之间,虚拟机和主机之间可以互相访问
使用 NAT 网络	此时虚拟机能够访问主机,并通过主机单向访问网络上的其他主机(包括 Internet 网络),而其他主机不能访问此虚拟机
使用主机网络	内网模式,虚拟机与外网完全断开,只实现虚拟机与虚拟机之间的内部网络模式连接。默认情况下,虚拟机与虚拟机之间可以互相访问,虚拟机和主机之间不能访问
不使用网络连接	虚拟机中没有网卡,相当于"单机"使用

单击"下一步"按钮,如图 1.19 所示,在"I/O 控制器类型"中选择 LSI Logic,通常选择推荐的默认值。

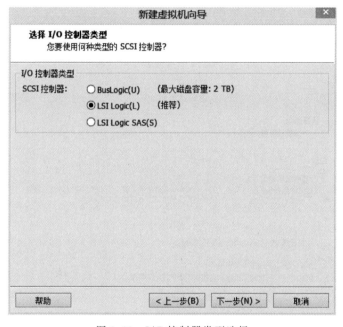

图 1.19　I/O 控制器类型选择

单击"下一步"按钮,如图 1.20 所示,选择创建的虚拟硬盘的接口方式,通常是选择默认值 SCSI。

单击"下一步"按钮,如图 1.21 所示,在"选择磁盘"对话框中有以下三种选择。

(1) 创建新虚拟磁盘:虚拟机将重新创建一个虚拟磁盘,该磁盘在实际计算机操作系统上就是一个.vmdk 文件,而且这个文件还可以随意复制。

(2) 使用现有虚拟磁盘:如果把(1)中建立好的虚拟磁盘文件.vmdk 复制到另一台机器上,则选择此选项。

(3) 使用物理磁盘:使用实际的磁盘,这样虚拟机可以方便地和主机进行文件交换,但是这样的话,虚拟机上的操作系统受到损害时会影响外面的操作系统。

这里选择"创建新虚拟磁盘"。

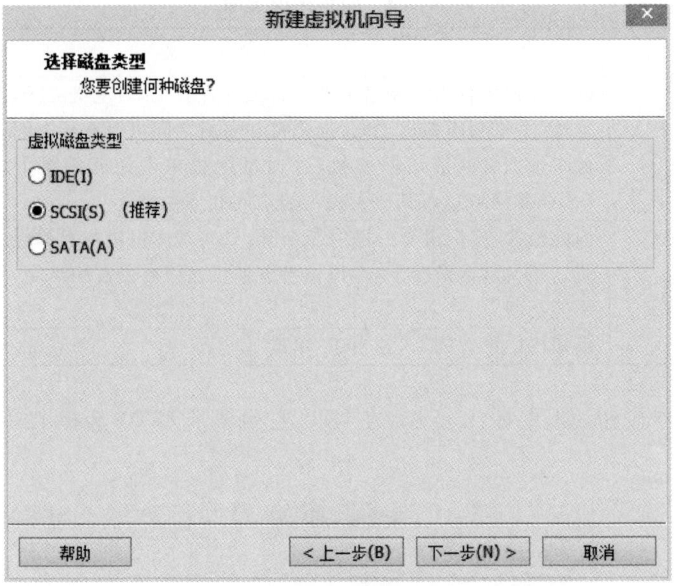

10

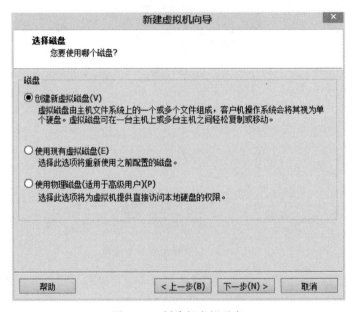

图 1.20　虚拟硬盘的接口方式

图 1.21　创建新虚拟磁盘

　　单击"下一步"按钮,如图 1.22 所示,在"指定磁盘容量"对话框中设置虚拟磁盘大小,这里选择 20GB,并选择"将虚拟磁盘拆分成多个文件",这样就可以生成多个小的.vmdk 虚拟文件,方便把虚拟文件复制到其他的计算机上使用。

　　单击"下一步"按钮,如图 1.23 所示,在"指定磁盘文件"对话框中显示生成的虚拟机文件的路径和文件名。

　　单击"下一步"按钮,如图 1.24 所示,单击"完成"按钮。

　　在虚拟机的主界面中可以看到刚刚创建完成的名称为 Ubuntu 的虚拟机,如图 1.25 所示。

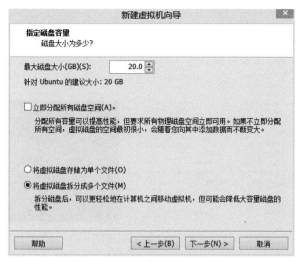

图 1.22　虚拟磁盘大小的设置

图 1.23　显示虚拟机文件的安装路径和名字

图 1.24　完成虚拟机的创建

12

图 1.25　配置好的虚拟机

1.2　虚拟机下安装 Ubuntu Linux 16.04 LTS 系统

1.2.1　安装系统的硬件要求

1. 安装 Ubuntu Linux 16.04.6 的最低配置要求

CPU：3GHz。

内存：3GB。

硬盘：6GB 剩余空间。

显卡：800×600 以上分辨率。

2. Ubuntu Linux 16.04.6 推荐配置

CPU：4GHz。

内存：5GB。

硬盘：10GB 剩余空间。

显卡：1024×768 以上分辨率。

1.2.2　在虚拟机中添加映像文件

在创建好虚拟机后,就可以安装 Ubuntu Linux 操作系统了,安装来源一般是映像 ISO 文件,映像文件可以从 Ubuntu 官网下载。

单击菜单"虚拟机",在弹出的子菜单中选择"设置"命令,如图 1.26 所示。

单击"设置"命令后,弹出如图 1.27 所示的对话框,选择 CD/DVD(SATA)选项,在"连接"选项区域内选中"使用 ISO 映像文件"单选按钮,然后浏览选择下载好的 ubuntu-16.04.6-desktop-amd64.iso 文件,单击"确定"按钮,完成映像文件的添加。

图 1.26　虚拟机的设置

图 1.27　添加映像文件

1.2.3 安装系统步骤

镜像文件添加完后,选择窗口左面的 Ubuntu,单击工具栏上的绿色启动按钮,开启虚拟机,安装 Ubuntu Linux,如图 1.28 所示。

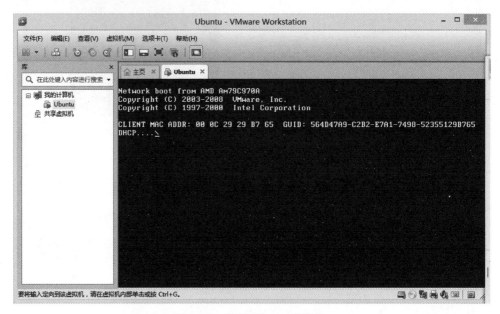

图 1.28 启动 Ubuntu 的安装

机器继续安装文件,如图 1.29 所示。

图 1.29 继续安装

稍后显示如图 1.30 所示,首先选择"中文(简体)",然后单击"安装 Ubuntu"按钮。

如图 1.31 所示,此处都不选择,这样安装比较快,单击"继续"按钮。

如图 1.32 所示,因为在虚拟机下安装,因此安装程序检测到机器没安装任何操作系统,询问 Ubuntu 系统的安装类型,选择"其他选项",自己创建 Ubuntu 系统的分区,单击"继续"按钮。

显示已识别的硬盘分区为 /dev/sda,如图 1.33 所示。

双击/dev/sda,下方显示这个分区空闲的大小,为 21474MB,如图 1.34 所示。

图 1.30 选择安装 Ubuntu 按钮

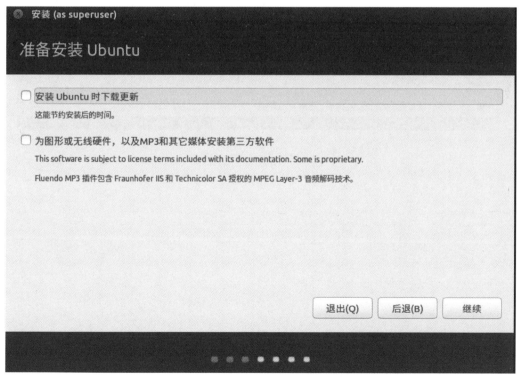

图 1.31 安装界面

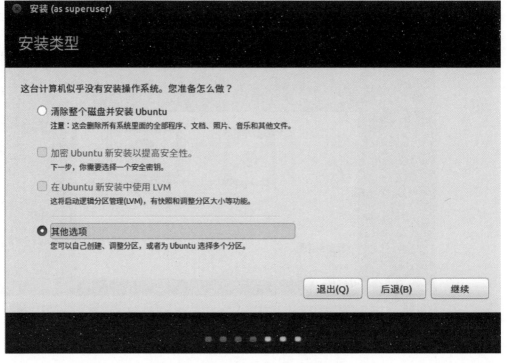

图 1.32　Ubuntu 选择"其他选项"界面

图 1.33　显示识别的硬盘分区

图 1.34　显示分区的大小

选择"空闲"条,单击"＋"按钮,依次建立 Ubuntu 系统的主分区、逻辑分区、交换分区、个人文件分区,建立分区的要求如表 1.2 所示,具体硬盘的分区和命名请参见 7.1 节。

表 1.2　建立分区的要求

设备	分 区 类 型	文件系统	挂载点	分区大小
/dev/sda1	主分区(引导分区)	ext4	/boot	510MB
/dev/sda5	逻辑分区(系统分区)	ext4	/	10240MB
/dev/sda6	交换分区	swap	swap	1023MB
/dev/sda7	个人文件分区	ext4	/home	9696MB

如图 1.35 所示,首先建立主分区,设置分区的大小为 510MB,选择文件系统为 Ext4,选择挂载点为/boot。

如图 1.36 所示,建立 10240MB 逻辑分区,选择挂载点为/。

如图 1.37 所示,建立 1024MB 交换分区,用于交换空间。

如图 1.38 所示,建立 9696MB 个人文件分区,挂载点为/home。

建立好的分区如图 1.39 所示,单击"现在安装"按钮,继续安装。

说明:由于分辨率的原因,如果不能看到"现在安装"按钮,按 Alt＋F7 组合键,同时向上移动鼠标,可以显示"现在安装"按钮。

如图 1.40 所示,选择时区为"Shanghai",单击"继续"按钮。

如图 1.41 所示,选择配置键盘的属性,这里选择"汉语",单击"继续"按钮。

图 1.35　建立主分区

图 1.36　建立逻辑分区

图 1.37　建立交换分区

图 1.38　建立个人文件分区

图 1.39 创建完成分区

图 1.40 选择时区

图 1.41　配置键盘的属性

　　如图 1.42 所示，输入用户名和密码信息，登录 Ubuntu 时输入，不要忘记，单击"继续"按钮。

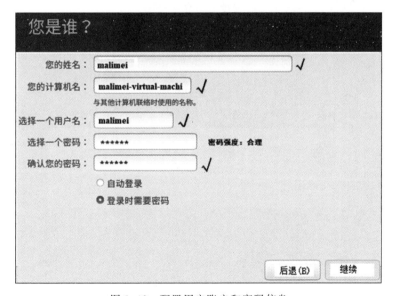

图 1.42　配置用户账户和密码信息

　　如图 1.43 所示，系统复制文件，安装完成后，如图 1.44 所示，重新启动系统，如果第一次没有启动成功，需要重新启动虚拟机后再重启 Ubuntu。

图 1.43　复制文件

图 1.44　安装完成

1.3 虚拟机的使用

VMware 是一款功能强大的软件，特点如下。

（1）可模拟真实操作系统，做各种操作系统实验（如搭建域服务器、搭建 Web 服务器、搭建 FTP 服务器、搭建 DHCP 服务器、搭建 DNS 服务器等）。

（2）虚拟机的快照功能可以与 Ghost 工具备份功能相媲美，并且可以快速创建还原点，也可以快速恢复还原点。

（3）可桥接到真实计算机上上网，更好地保障了安全性。

（4）在只有一台计算机的情况下，需要几台计算机共同搭建复杂应用环境时，在虚拟机下即可实现。

（5）可以在虚拟机中测试病毒及木马的工具。

（6）真实的工具可在虚拟机中正常使用。

（7）可快速克隆操作系统副本。

1.3.1 虚拟机下 U 盘的使用

VM Tools 的安装软件，可以直接在 Ubuntu 系统中下载，也可以在 Windows 系统中下载后复制到 U 盘上。

在虚拟机下使用 U 盘的步骤如下。

（1）在虚拟机下识别 U 盘。

主机和虚拟机下的 Ubuntu Linux 启动后，插入 U 盘，机器自动识别 U 盘如图 1.45 所示，选择 U 盘在虚拟机下使用还是在主机下使用，这里在虚拟机使用，选择"连接到虚拟机"。

图 1.45 在虚拟机下选择 U 盘

（2）使用 U 盘。

单击"确定"按钮后，在屏幕的左侧显示 U 盘的名字，双击打开 U 盘，看到 U 盘中的文件，如图 1.46 所示。

图 1.46 U 盘的使用

（3）在 Ubuntu 下新建目录。

把 U 盘中 VM Tools 的安装文件 VMWARETO.TGZ 文件复制到自己的工作目录/home/malimei 下的 vmware 目录中。首先单击左侧的计算机按钮，找到工作目录/home/malimei 目录，如图 1.47 所示，单击右键，选择"新建文件夹"，命名为 vmware，如图 1.48所示。

（4）复制 U 盘的文件到 Ubuntu 的指定目录下。

在 U 盘下找到 VMWARETO.TGZ，单击右键选择"复制"，如图 1.49 所示，转到/home/malimei/vmware 目录下粘贴，如图 1.50 所示。

复制完成后，单击右键，选择"在终端打开"，如图 1.51 所示。进入终端后，用 ls 命令显示当前目录下的文件，文件名为 VMWARETO.TGZ，如图 1.52 所示。

1.3.2 VM Tools 的安装

VM Tools 是 VMware 虚拟机中自带的一种增强工具，是 VMware 提供的增强虚拟显卡和硬盘性能，以及同步虚拟机与主机时钟的驱动程序。未安装 VM Tools 时，鼠标在虚拟机系统和主机系统之间不能同时起作用，特别是在虚拟系统中想使用鼠标移动到真实的系统中时，需要按 Ctrl＋Alt 组合键。安装 VM Tools 后即可轻松实现鼠标的自由切换，可以很

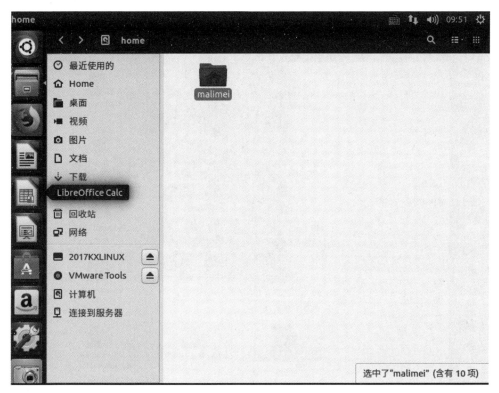

图 1.47　工作目录

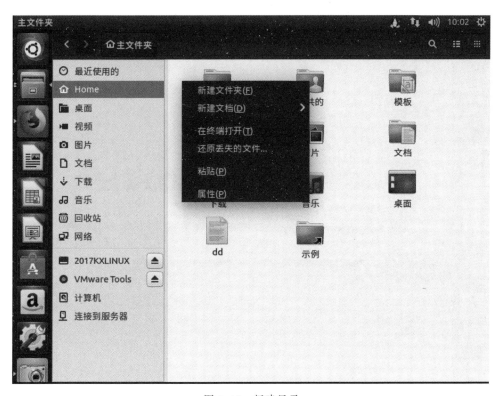

图 1.48　新建目录

图 1.49　复制 VMWARETO. TGZ

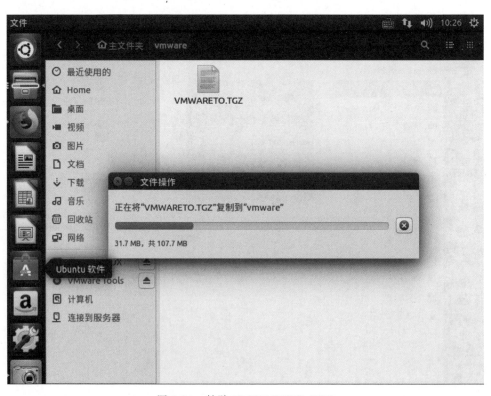

图 1.50　粘贴 VMWARETO. TGZ

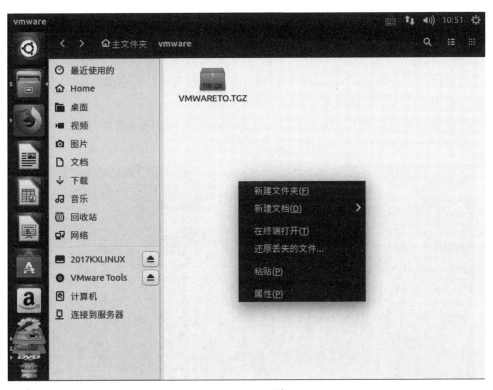

图 1.51　进入终端

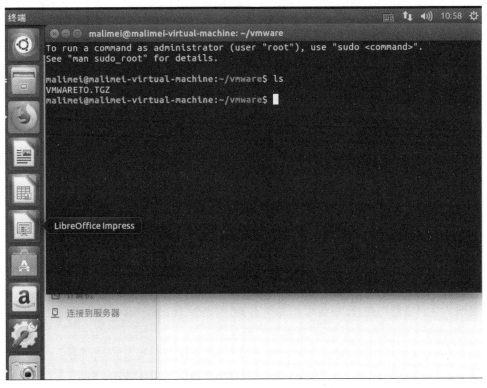

图 1.52　显示当前目录下的文件 VMWARETO.TGZ

方便地在主机和虚拟机之间复制、移动文件,且虚拟机屏幕可实现全屏化。在 VMware 虚拟机中安装好 VM Tools 后,才能实现主机与虚拟机之间的文件共享,同时可支持自由拖曳的功能,鼠标也可在虚拟机与主机之间自由移动(不用再按 Ctrl+Alt 组合键)。

可选择已经下载好的 VM Tools 软件进行安装或者用虚拟机提供的 VM Tools 软件进行安装。首先介绍用下载好的 VM Tools 软件安装。

将下载好的安装文件 VMWARETO. TGZ 解压,解压过程需要具有超级用户的权限,因此,要先设置超级用户 root 的密码,如图 1.53 所示。

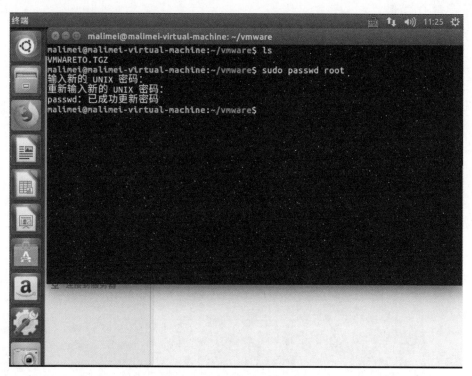

图 1.53　设置超级用户的密码

解压 VMWARETO. TGZ 文件,命令如图 1.54 所示,5.2.6 节将详细讲到解压缩命令。

解压完成后,在/home /malimei/vmware/的目录下自动生成 vmware-tools-distrib 子目录,进入子目录,运行安装程序 vmware-install. pl 文件,如图 1.55 所示。

说明:运行 vmware-install. pl 文件的格式为 $ sudo . /vmware-install. pl

按照提示完成 VM Tools 的安装,安装完成后的界面如图 1.56 所示。

单击虚拟机"设置"菜单选项,可以看到在安装 VM Tools 前,共享文件夹是灰色的,不能用,安装完后,显示总是启用,并添加主机 Windows 里的目录/linux/share 共享,如图 1.57 所示,设置/linux/share 共享完成,如图 1.58 所示。

说明:(1) 安装完成后,如果不能共享文件,需要关机,重新启动主机、虚拟机、Ubuntu后,在 Ubuntu 下找到共享的文件,这个操作很重要。

(2) Windows 下的任何目录都可以设置成共享,前提条件是目录必须存在。

重启 Ubuntu 后,进入/mnt/hgfs/share 目录,看到主机 Windows 目录/linux/share 里的文件 linux. txt,并显示文件的内容,如图 1.59 所示。

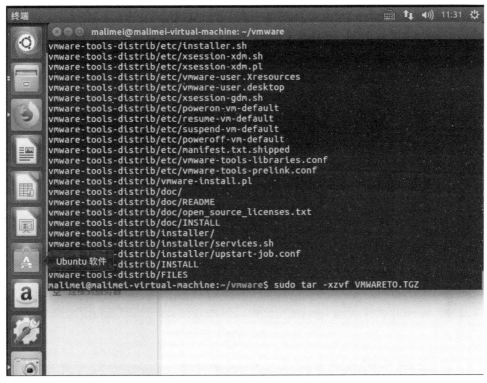

图 1.54　解压 VMWARETO. TGZ 文件

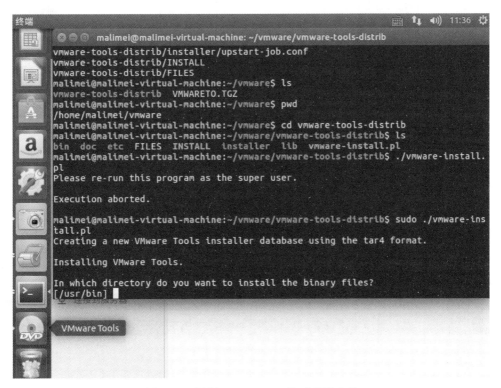

图 1.55　运行 vmware-install. pl 安装文件

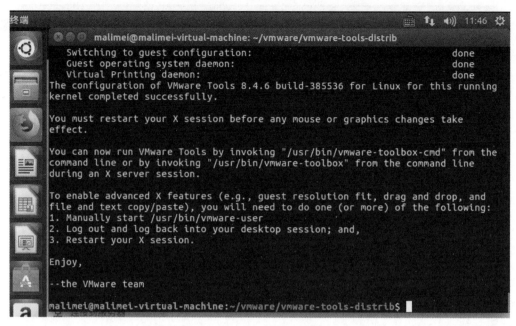

图 1.56　完成 VM Tools 安装

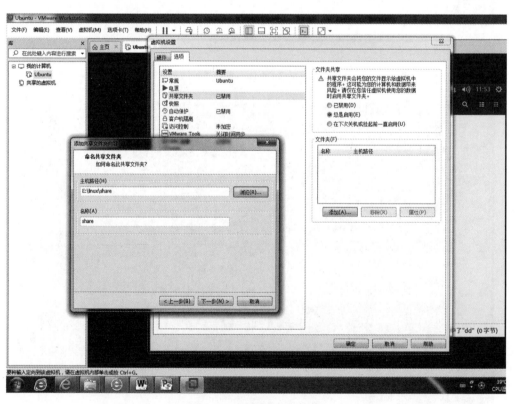

图 1.57　添加共享文件夹

图 1.58　共享文件夹添加完成

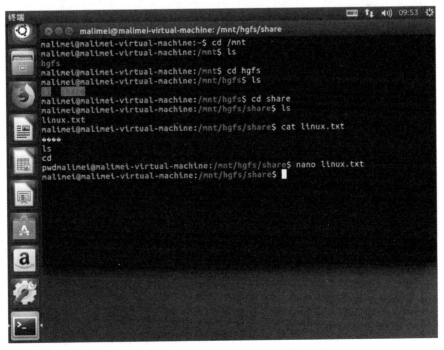

图 1.59　主机的文件在虚拟机下的显示

32

在 Ubuntu 下修改 Linux. txt 文件的内容,在主机 Windows 下也能够显示,如图 1.60 所示。

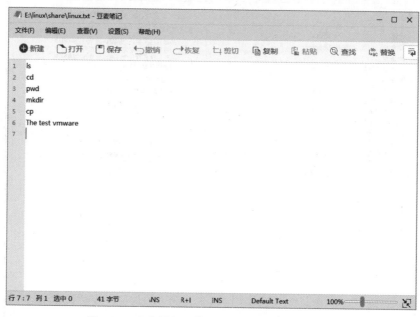

图 1.60　在虚拟机下修改的文件在主机下的显示

安装 VM Tools 后,可以在主机和 Ubuntu 之间复制、移动、粘贴文件。例如,复制主机的文件"校历. xls",可以粘贴到 Ubuntu 下,同样,可将 Ubuntu 下的文件"test"粘贴到主机,如图 1.61 所示。还可以自由地拖动文件,如把主机桌面上的"天马. txt"文件拖到 Ubuntu 桌面上。

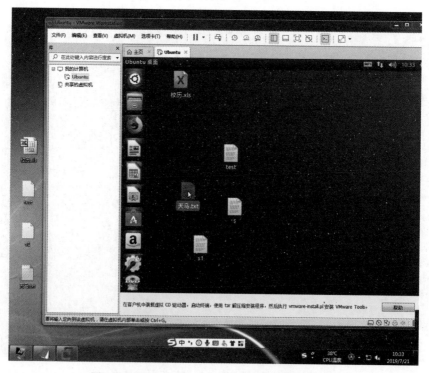

图 1.61　主机和 Ubuntu 之间互相复制粘贴文件

说明：不能复制粘贴、拖曳文件、窗口缩放等的原因是进程没有启动，需要在系统启动后在终端输入"./vmware-user"手动启动进程，如图 1.62 所示，启动后就可以实现复制粘贴、拖曳文件等功能了。

图 1.62 /vmware-user 进程的启动

第二种方法，用虚拟机提供的 linux.iso 文件进行安装，步骤如下。

(1) 安装好虚拟机后，在虚拟机的安装目录下显示 linux.iso 文件，如图 1.63 所示。

名称	修改日期	类型	大小
EULA.jp.rtf	2019/5/4 23:06	RTF 格式	111 KB
EULA.rtf	2019/5/4 23:06	RTF 格式	35 KB
EULA.zh_CN.rtf	2019/5/4 23:06	RTF 格式	72 KB
vm-support.vbs	2019/5/4 23:22	VBScript Script ...	38 KB
swagger.zip	2019/5/4 23:29	WinRAR ZIP 压缩...	1,388 KB
dispatcher.xml	2019/5/4 23:30	XML 文档	2 KB
environments.xml	2020/9/10 15:17	XML 文档	4 KB
tagExtractor.xml	2019/5/4 23:30	XML 文档	2 KB
vmnetadapter.cat	2019/5/4 23:29	安全目录	11 KB
vmnetbridge.cat	2019/5/4 23:29	安全目录	10 KB
vmnetuserif.cat	2019/5/4 23:29	安全目录	10 KB
netadapter.inf	2019/5/4 23:29	安装信息	29 KB
netbridge.inf	2019/5/4 23:29	安装信息	5 KB
netuserif.inf	2019/5/4 23:29	安装信息	4 KB
linux.iso	2019/5/4 23:04	光盘映像文件	57,222 KB

此电脑 > Windows (C:) > Program Files (x86) > VMware > VMware Workstation

图 1.63 查看 linux.iso 所在的目录

(2) 选择"虚拟机"→"设置"选项，打开"虚拟机设置"对话框，添加 linux.iso 文件，如图 1.64 所示。添加 iso 文件后，进入 Ubuntu Linux 系统，选择"虚拟机"→"安装 VMware Tools"选项，如图 1.65 所示。弹出 CD-ROM 的对话框，单击"确认"按钮，进行安装。

(3) 单击左侧光盘图标，打开光盘，显示 VMware Tools 下的文件，右击，在弹出的菜单中选择"在终端打开"选项，如图 1.66 所示。

(4) 进入终端模式后，显示 VMware Tools 下的文件。把安装文件.tar.gz 复制到目录/mnt 下。进入/mnt 目录,解压安装文件,如图 1.67 所示。解压后,在当前目录/mnt 下自动生成 vmware-tools-distrib 目录。接下来的操作步骤和第一种方法类似,进入 vmware-tools-distrib 目录,执行安装文件 ./vmware-install.pl。安装完成后,重新启动 Linux 系统,可以在主机和虚拟机之间进行文件的移动、复制及粘贴,添加共享目录,实现目录的共享。

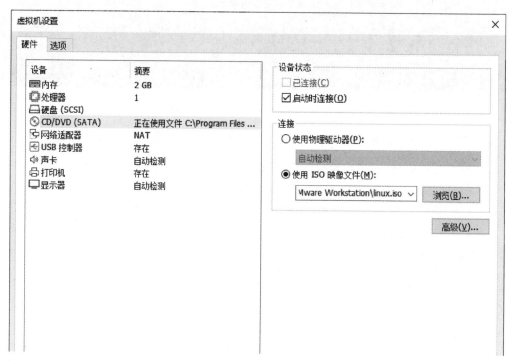

图 1.64 添加 linux.iso 文件

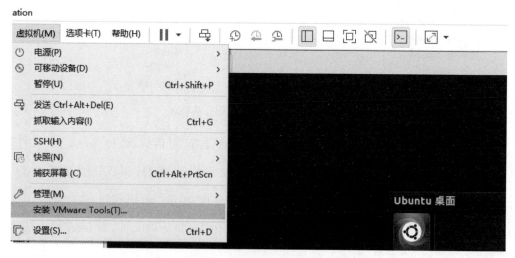

图 1.65 单击"安装 VMware Tools"选项

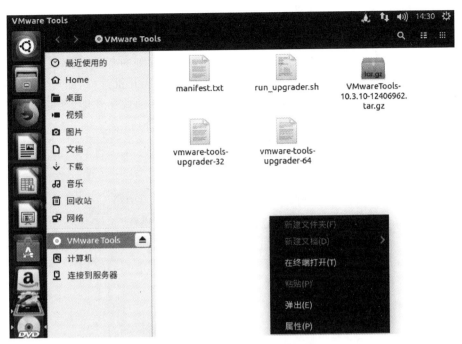

图 1.66 进入终端模式

终端 文件(F) 编辑(E) 查看(V) 搜索(S) 终端(T) 帮助(H) 11:04

malimei@malimei-virtual-machine: /mnt

```
malimei@malimei-virtual-machine:/media/malimei/VMware Tools$ ls -l
总用量 56870
-r-xr-xr-x 1 malimei malimei      1994 2月    20   2019 .manifest.txt
-r-xr-xr-x 1 malimei malimei      4943 2月    20   2019 run_upgrader.sh
-r--r--r-- 1 malimei malimei  56435756 2月    20   2019 VMwareTools-10.3.10-12406962
.tar.gz
-r-xr-xr-x 1 malimei malimei    872044 2月    20   2019 vmware-tools-upgrader-32
-r-xr-xr-x 1 malimei malimei    918184 2月    20   2019 vmware-tools-upgrader-64
malimei@malimei-virtual-machine:/media/malimei/VMware Tools$ sudo cp VMwareTools
-10.3.10-12406962.tar.gz /mnt
[sudo] malimei 的密码：
malimei@malimei-virtual-machine:/media/malimei/VMware Tools$ cd /mnt
malimei@malimei-virtual-machine:/mnt$ ls -l
总用量 55116
-r--r--r-- 1 root root 56435756 1月   16 10:58 VMwareTools-10.3.10-12406962.tar.g
z
malimei@malimei-virtual-machine:/mnt$ sudo tar -xzvf VMwareTools-10.3.10-1240696
2.tar.gz
vmware-tools-distrib/
vmware-tools-distrib/bin/
vmware-tools-distrib/bin/vm-support
vmware-tools-distrib/bin/vmware-config-tools.pl
vmware-tools-distrib/bin/vmware-uninstall-tools.pl
vmware-tools-distrib/vgauth/
vmware-tools-distrib/vgauth/schemas/
vmware-tools-distrib/vgauth/schemas/xmldsig-core-schema.xsd
vmware-tools-distrib/vgauth/schemas/XMLSchema.xsd
vmware-tools-distrib/vgauth/schemas/saml-schema-assertion-2.0.xsd
vmware-tools-distrib/vgauth/schemas/catalog.xml
vmware-tools-distrib/vgauth/schemas/XMLSchema.dtd
```

图 1.67 复制及解压压缩文件

1.3.3　虚拟机的快照功能

把当前虚拟机中的系统状态保存起来,如果后面系统有异常,可以快速恢复到保存的状态。一台虚拟机可创建多个快照,每个快照都是系统在某时刻的备份,使用多重快照,可以毫无限制地往返于每个快照之间,而不需要经过烦琐的关机、开机过程,即可实现虚拟机的"快速启动"。但是,快照文件会占用硬盘空间。使用虚拟机的快照功能,要完成以下两步,如图 1.68 所示。

(1) 创建快照:虚拟机菜单→快照→拍摄快照。

(2) 使用快照:虚拟机菜单→快照→恢复快照。

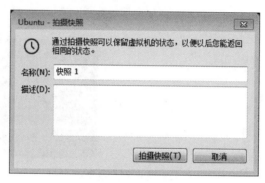

图 1.68　创建快照界面

在恢复快照时,可以用菜单里的"恢复快照",也可以单击工具栏里的 按钮,显示如图 1.69 所示。选择要恢复的快照名称后,单击"转到"按钮,就可以恢复备份的快照了。

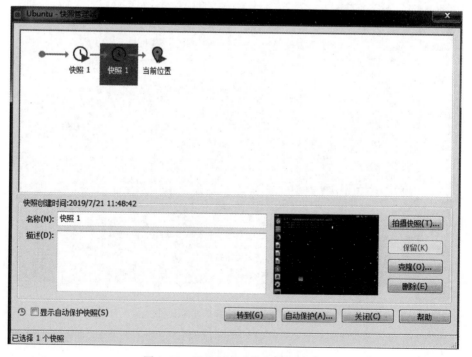

图 1.69　用按钮启动恢复快照功能

1.3.4　虚拟机捕获屏幕功能

使用虚拟机捕获屏幕功能可以捕获虚拟机系统当前屏幕的图片，单击菜单"虚拟机"→"捕获屏幕"，如图 1.70 所示，对于低版本的虚拟机可以捕获视频，高版本的虚拟机取消了捕获视频的功能，可以捕获屏幕。

图 1.70　捕获屏幕

1.3.5　更改虚拟机的内存、添加硬盘

在开始创建虚拟系统时所分配的内存及硬盘空间，会随着系统的运行、应用程序的增加，增大需求。在虚拟机中，可以随时调整系统的内存和硬盘的大小。在虚拟系统未启动的情况下，单击"虚拟机"→"设置"→"硬件"，如图 1.71 所示，可以更改内存和硬盘的大小，不过更改的限度是在现有系统所拥有的物理范围内。

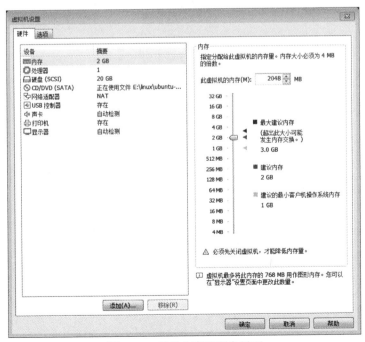

图 1.71　更改内存和硬盘界面

习 题

1. 判断题

（1）在一台主机上只能安装一个虚拟机。

（2）在一个虚拟机下只能安装一个操作系统。

（3）格式化虚拟机下的操作系统就是格式化主机的操作系统。

（4）虚拟机的安装有三种安装类型。

（5）VMware Workstation 15 默认分配的虚拟机内存是 1GB。

（6）Ubuntu 有两种安装方式：即试用 Ubuntu 和安装 Ubuntu。

（7）解压 vmware-install.pl 文件安装 VM Tools。

（8）VM Tools 安装完成后可以在主机和虚拟机之间任意拖动和复制文件。

2. 简答题

（1）请简述在虚拟机的安装过程中，四种网络类型的特点。

（2）简述 .vmdk 和 .vmx 文件的不同点。

（3）Ubuntu 应该建立几个分区？每个分区的大小是多少？

（4）虚拟机捕获屏幕有什么作用？

3. 实验题

（1）安装 VMware Workstation 15 Pro。

（2）为安装 Ubuntu 16.04.6 创建虚拟机。

（3）在虚拟机中安装 Ubuntu 16.04.6。

（4）在 Ubuntu 下安装 VM Tools。

（5）上述实验完成后创建快照，如果在使用 Ubuntu 的过程中出现问题，可以恢复快照。

（6）更改虚拟机的内存、添加硬盘。

第2章　Ubuntu Linux 系统介绍

本章学习目标：
- 了解 Linux 和 Ubuntu Linux 的产生和发展。
- 掌握 Linux 系统的组成。
- 掌握 Ubuntu 16.04 系统的特点。

2.1　Linux 系统简介

与 Windows 和 UNIX 操作系统相比，Linux 是一个自由的、免费的、源码开放的操作系统，也是最著名的开源软件，其最主要的目的就是为了建立不受任何商品化软件版权制约的、全世界都能使用的类 UNIX 兼容产品。在服务器上使用 Linux 操作系统，将会更加稳定、安全、高效且具有出色的性能，这是 Windows 无法比拟的。Linux 操作系统诞生于 1991 年 10 月 5 日，这是第一次正式对外公布的时间。

2.1.1　什么是 Linux

Linux 是一套免费使用和自由传播的类 UNIX 操作系统，是一个基于 POSIX 和 UNIX 的多用户、多任务、支持多线程和多 CPU 的操作系统。它能运行主要的 UNIX 工具软件、应用程序和网络协议，支持 32 位和 64 位硬件。Linux 继承了 UNIX 以网络为核心的设计思想，是一个性能稳定的多用户网络操作系统。

Linux 有许多不同的版本，所有版本都使用了 Linux 内核。Linux 可安装在各种计算机硬件设备中，比如手机、平板电脑、路由器、视频游戏控制台、台式计算机、大型计算机和超级计算机等。

严格来讲，Linux 这个词本身只表示 Linux 内核，但实际上人们已经习惯了用 Linux 来形容整个基于 Linux 内核并且使用 GNU 各种工具和数据库的操作系统。

2.1.2　Linux 系统的产生

1984 年，理查德·马修·斯托曼（Richard Matthew Stallman——美国自由软件运动的精神领袖、GNU 计划以及自由软件基金会的创立者）创办了 GNU 计划和自由软件基金会，旨在开发一个类似 UNIX，并且是自由软件的完整操作系统，即 GNU 系统。到 20 世纪 90 年代初，GNU 项目已经开发出许多高质量的免费软件，其中包括 Emacs 编辑系统、Bash Shell 程序、Gcc 系列编译程序、Gdb 调试程序等。这些软件为 Linux 操作系统的开发创造了一个合适的环境，是 Linux 能够诞生的基础之一，以至于目前许多人都将 Linux 操作系统称为 GNU/Linux 操作系统。

1987 年,美国著名计算机教授 Andrew S. Tanenbaum 开发出 Minix(类 UNIX)操作系统,由于 Minix 系统提供源代码(只能免费用于大学内),因此在全世界的大学中刮起了学习 UNIX 系统旋风。Andrew S. Tanenbaum 自编了一本书描述 Minix 的设计实现原理,这本书的读者就包括 Linux 系统的创始人 Linus Benedict Torvalds——21 岁的赫尔辛基大学计算机科学系的二年级学生。

1991 年初,Linus 开始在一台 386sx 兼容微机上学习 Minix 操作系统,在学习中,他逐渐不满足于 Minix 系统的现有性能,于是开始酝酿开发一个新的免费操作系统。

1991 年 4 月,Linus 开始尝试将 GNU 的软件移植到该系统中(GNU Gcc、Bash、Gdb 等),并于 4 月 13 日在 comp. os. minix 上宣布自己已经成功地将 Bash 移植到 Minix 中。

1991 年 10 月 5 日,Linus 在 comp. os. minix 新闻组上发布消息,正式对外宣布 Linux 内核系统诞生(Free Minix-like kernel sources for 386-AT)。因此,10 月 5 日对 Linux 系统来说是一个特殊的日子,后来许多 Linux 的新版本发布都选择了这个日子。

2.1.3　Linux 的发展

Linux 的发展过程如表 2.1 所示。

表 2.1　Linux 的发展过程

时　间	事　件
1991 年 8 月	芬兰大学生 Linus Torvalds 开始编写一个类似 Minix,可运行在 386 上的操作系统
1991 年 10 月 5 日	Linus Torvalds 在新闻组 comp. os. minix 上发布了大约有 1 万行代码的 Linux,Linux v0.02 诞生
1992 年	大约有 1000 人在使用 Linux
1993 年	大约有 100 名程序员参与了 Linux 内核代码编写/修改工作,其中核心组由 5 人组成,此时 Linux v0.99 的代码有大约 10 万行,用户大约有 10 万人
1994 年 3 月	Linux v1.0 发布,代码量 17 万行,当时是按照完全自由免费的协议发布,随后正式采用 GPL 协议。至此,Linux 的代码开发进入良性循环。很多系统管理员开始在自己的操作系统环境中尝试 Linux,并将修改的代码提交给核心小组。由于拥有了丰富的操作系统平台,Linux 的代码中也充实了对不同硬件系统的支持,大大提高了系统的跨平台移植性
1995 年	此时的 Linux 可在 Intel、Digital 以及 Sun Sparc 处理器上运行了,用户量也超过了 50 万,相关介绍 Linux 的 Linux Journal 杂志也发行了超过 10 万册
1996 年 6 月	Linux 2.0 内核发布,此内核有大约 40 万行代码,并可以支持多个处理器。此时的 Linux 已经进入了实用阶段,全球大约有 350 万用户
1997 年夏	在影片《泰坦尼克号》制作特效时使用的 160 台 Alpha 图形工作站中,有 105 台采用了 Linux 操作系统
1998 年	这是 Linux 迅猛发展的一年。1 月,小红帽高级研发实验室成立,同年 Red Hat 5.0 获得了 InfoWorld 的操作系统奖项。4 月,Mozilla 代码发布,成为 Linux 图形界面上的王牌浏览器。王牌搜索引擎 Google 现身,采用的也是 Linux 服务器。10 月,Intel 和 Netscape 宣布小额投资红帽软件,同月,微软在法国发布了反 Linux 公开信,这表明微软公司开始将 Linux 视作一个对手。12 月,IBM 发布了适用于 Linux 的文件系统 AFS 3.5 以及 Jikes Java 编辑器和 Secure Mailer 及 DB2 测试版,Sun 逐渐开放了 Java 协议,并且在 Ultra Sparc 上支持 Linux 操作系统。1998 年可以说是 Linux 与商业接触的一年

时　　间	事　件
1999 年	IBM 宣布与 Red Hat 公司建立伙伴关系,以确保 Red Hat 在 IBM 机器上正确运行。IBM、Compaq 和 Novell 宣布投资 Red Hat 公司,以前一直对 Linux 持否定态度的 Oracle 公司也宣布投资。7 月,IBM 启动对 Linux 的支持服务并发布了 Linux DB2,从此结束了 Linux 得不到支持服务的历史,这可以视作 Linux 真正成为服务器操作系统一员的重要里程碑
2000 年年初	Sun 公司在 Linux 的压力下宣布 Solaris 8 降低售价。2 月,Red Hat 发布了嵌入式 Linux 的开发环境。4 月,拓林思公司宣布推出中国首家 Linux 工程师认证考试,从此使 Linux 操作系统管理员的水准可以得到权威机构的资格认证,大大增加了国内 Linux 爱好者学习的热情
2001 年	Oracle 宣布 OTN 上的所有会员都可免费索取 Oracle 9i 的 Linux 版本,足以体现 Linux 的发展迅猛。IBM 决定投入 10 亿美元扩大 Linux 系统的运用。5 月,微软公开反对“GPL”引起了一场大规模的论战。8 月,红色代码爆发,引得许多站点纷纷从 Windows 操作系统转向 Linux 操作系统
2002	微软迫于各洲政府的压力,宣布扩大公开代码行动,这可以算得上 Linux 开源带来的深刻影响的结果。3 月,内核开发者宣布新的 Linux 系统支持 64 位的计算机
2003 年 1 月	NEC 宣布将在其手机中使用 Linux 操作系统,代表着 Linux 成功进军手机领域。9 月,中科红旗发布 Red Flag Server 4 版本,性能改进良多。11 月,IBM 注资 Novell 以 2.1 亿收购 SuSE,同期 Red Hat 计划停止免费的 Linux,Linux 在商业化的路上渐行渐远
2004 年 1 月	3 月,SGI 宣布成功实现了 Linux 操作系统支持 256 个 Itanium 2 处理器。4 月,美国斯坦福大学 Linux 大型计算机系统被黑客攻陷,再次证明了没有绝对安全的 OS。6 月的统计报告显示在世界 500 强超级计算机系统中,使用 Linux 操作系统的已经占到了 280 席,抢占了原本属于各种 UNIX 的份额。9 月,HP 开始网罗 Linux 内核代码人员,以影响新版本的内核朝对 HP 有利的方式发展,而 IBM 则准备推出 OpenPower 服务器,仅运行 Linux 系统

2.2　Linux 系统的特点和组成

2.2.1　Linux 系统的特点

1. 完全免费

Linux 是一款免费的操作系统,用户可以通过网络或其他途径免费获得,并可以任意修改其源代码。这是其他操作系统做不到的。

查看命令的源代码的步骤如下。

(1) 可以通过命令查找源代码的包,包的文件名为 coreutils,例如:

① 以搜索 ls 命令源码为例,先搜索命令所在的目录,命令如下:

```
$ which ls
/bin/ls        机器显示
```

② 用命令搜索该软件所在包,命令如下:

```
$ dpkg  - S  /bin/ls
coreutils: /bin/ls        机器显示
```

(2) 下载包。可以从网络上下载软件包,包的名字为 coreutils-7.6.tar.gz,7.6 表示版本号,如图 2.1 所示。

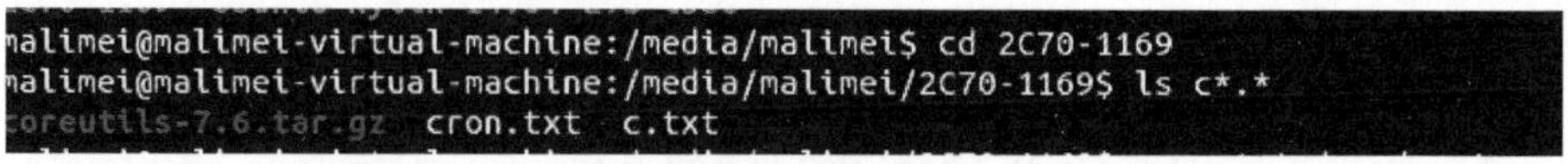

图 2.1　包含源代码的软件包

(3) 解压软件包。

用解压命令 tar -xzvf coreutils-7.6.tar.gz 解压软件包,解压到自己建立的/usr/src1 目录下,如图 2.2 所示。

图 2.2　解压软件包

(4) 查看命令的源代码。

进入/usr/src1/coreutil 7.6/src 目录,显示文件名字,看到主文件名字为命令(如 ls)扩展名为.c 的文件,如图 2.3 所示。

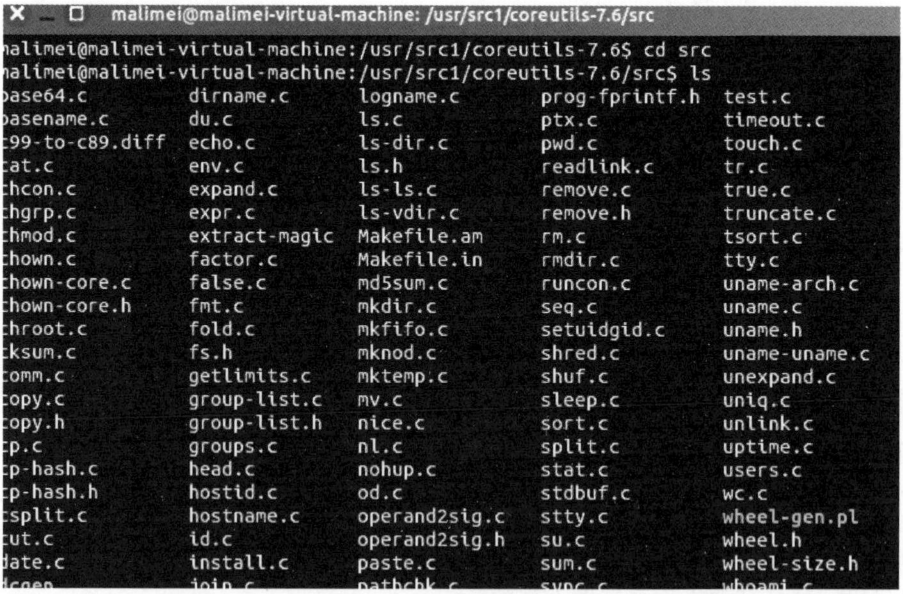

图 2.3　扩展名为.c 的命令文件

2. 完全兼容 POSIX 1.0 标准

POSIX 即可移植操作系统接口(Portable Operating System Interface for UNIX)。POSIX 是基于 UNIX 的,这一标准意在期望获得源代码级的软件可移植性。为一个 POSIX 兼容的操作系统编写的程序,可以在任何其他的 POSIX 操作系统(即使是来自另一个厂商)上编译执行。

这使得可以在 Linux 下通过相应的模拟器运行常见的 DOS、Windows 的程序,在 Windows 下常见的程序都可以在 Linux 上正常运行,为用户从 Windows 转到 Linux 奠定了基础。

3. 多用户、多任务

Linux 支持多用户,各个用户对于自己的文件设备有自己特殊的权利,保证了各用户之间互不影响。多任务则是现在计算机最主要的一个特点,Linux 可以使多个程序同时独立地运行。

4. 良好的界面

Linux 同时具有字符界面和图形界面。在字符界面用户可以通过键盘输入相应的指令来进行操作。它同时也提供了类似 Windows 图形界面的 X-Window 系统,用户可以使用鼠标对其进行操作。X-Window 和 Windows 类似,可以说是一个 Linux 版的 Windows。

5. 支持多种平台

Linux 可以运行在多种硬件平台上,如具有 x86、680x0、Sparc、Alpha 等处理器的平台。此外,Linux 还是一种嵌入式操作系统,可以运行在掌上计算机、机顶盒或游戏机上。2001 年 1 月发布的 Linux 2.4 版内核已经能够完全支持 Intel 64 位芯片架构。同时,Linux 也支持多处理器技术。多个处理器同时工作,使系统性能大大提高。

6. 安全性及可靠性好

Linux 内核的高效和稳定已在各个领域内得到了大量事实的验证。Linux 中大量网络管理、网络服务等方面的功能,可使用户很方便地建立高效稳定的防火墙、路由器、工作站、服务器等。为提高安全性,它还提供了大量的网络管理软件、网络分析软件和网络安全软件等。

7. 具有优秀的开发工具

嵌入式 Linux 为开发者提供了一套完整的工具链,能够很方便地实现从操作系统到应用软件各个级别的调试。

8. 有很好的网络支持和文件系统支持

Linux 从诞生之日起就与 Internet 密不可分,支持各种标准的 Internet 协议,并且很容易移植到嵌入式系统中。目前,Linux 几乎支持所有主流的网络硬件、网络协议和文件系统。在 Linux 中,用户可以轻松实现网页浏览、文件传输、远程登录等网络工作,并且可以作为服务器提供 WWW、FTP、E-mail 等服务。

2.2.2　Linux 系统的组成

Linux 系统一般有 4 个主要部分:内核、Shell、文件系统和应用程序。内核、Shell 和文件系统一起组成了基本的操作系统结构,它们使得用户可以运行程序、管理文件并使用系统。

1. Linux 内核

内核是操作系统的核心,具有很多基本功能,如虚拟内存、多任务、共享库、需求加载、可执行程序和 TCP/IP 网络功能。Linux 内核的模块分为以下几个部分:存储管理、CPU 和进程管理、文件系统、设备管理和驱动、网络通信、系统的初始化和系统调用等。运行程序和管理磁盘、打印机等硬件设备的核心程序时,系统从用户那里接收命令并把命令送给内核去执行。

2. Linux Shell

Shell 是系统的用户界面,提供了用户与内核进行交互操作的一种接口。它接收用户输入的命令并把它送入内核去执行,是一个命令解释器。Shell 中的命令分为内部命令和外部命令。Shell 编程语言具有普通编程语言的很多特点,用这种编程语言编写的 Shell 程序与其他应用程序具有同样的效果。目前主要有下列版本的 Shell。

(1) Bourne Shell:是贝尔实验室开发的。

(2) BASH:GNU 的 Bourne Again Shell,是 GNU 操作系统上默认的 Shell,大部分 Linux 的发行套件使用的都是这种 Shell。

(3) Korn Shell:是对 Bourne Shell 的发展,在大部分内容上与 Bourne Shell 兼容。

(4) C Shell:是 Sun 公司 Shell 的 BSD 版本。

3. Linux 文件系统

文件系统是文件存放在磁盘等存储设备上的组织方法。Linux 系统能支持多种目前流行的文件系统,如 Ext2、Ext3、Ext4、FAT、FAT32、VFAT 和 ISO9660。在 Ubuntu 下,常用的文件系统是 Ext3 或 Ext4。

Ext3 文件系统最多只能支持 32TB 的文件系统和 2TB 的文件,根据使用的具体架构和系统设置,实际容量上限可能比这个数字还要低,即只能容纳 2TB 的文件系统和 16GB 的文件。而 Ext4 的文件系统容量达到 1EB,文件容量则达到 16TB,这是一个非常大的数字。对一般的台式计算机和服务器而言,这可能并不重要,但对于大型磁盘阵列而言,这就非常重要了。

文件系统是 Linux 操作系统的重要组成部分,Linux 文件具有强大的功能。文件系统中的文件是数据的集合,文件系统不仅包含文件中的数据,而且还包含文件系统的结构,所有 Linux 用户和程序的文件、目录、软连接及文件保护信息等都存储在其中。目录提供了管理文件的一个方便而有效的途径,一个文件系统的好坏主要体现在对文件和目录的组织上。我们能够从一个目录切换到另一个目录,而且可以设置目录和文件的权限,设置文件的共享程度。使用 Linux,用户可以设置目录和文件的权限,以便允许或拒绝其他人对其进行访问。Linux 目录采用多级树形结构,用户可以浏览整个系统,可以进入任何一个已授权进入的目录,访问其中的文件。文件结构的相互关联性使共享数据变得容易,几个用户可以访问同一个文件。Linux 是一个多用户系统,操作系统本身的驻留程序存放在以根目录开始的专用目录中,有时被指定为系统目录。

4. Linux 应用程序

标准的 Linux 系统一般都有一套称为应用程序的程序集,它包括文本编辑器、编程语言、X Window、办公套件、Internet 工具和数据库等。

2.3 Linux 版本介绍

Linux 系统的版本有内核版本和发行版本,下面分别介绍内核版本和发行版本。

2.3.1　Linux 内核版本

内核是系统的心脏,是运行程序和管理像磁盘和打印机等硬件设备的核心程序,它提供了一个在裸设备与应用程序间的抽象层。例如,程序本身不需要了解用户的主板芯片集或磁盘控制器的细节就能在高层次上读写磁盘。

内核的开发和规范一直是由 Linus 领导的开发小组控制着,版本也是唯一的。开发小组每隔一段时间公布新的版本或其修订版,从 1991 年 10 月 Linus 向世界公开发布的内核 0.02 版本(0.01 版本功能相对简单所以没有公开发布)到目前较新的内核 4.18 版本,Linux 的功能越来越强大。

Linux 内核的版本号命名是有一定规则的,版本号的格式通常为“主版本号.次版本号.修正号”。主版本号和次版本号标志着重要的功能变动,修正号表示较小的功能变更。

以 2.6.22 版本为例,2 代表主版本号,6 代表次版本号,22 代表修正号。其中,次版本还有特定的意义:如果是偶数数字,则表示该内核是一个可以放心使用的稳定版;如果是奇数数字,则表示该内核加入了某些测试的新功能,是一个内部可能存在 Bug 的测试版。如 2.5.74 表示一个测试版的内核,2.6.22 表示一个稳定版的内核。可以到 Linux 内核官方网站 http://www.kernel.org/下载最新的内核代码。

2.3.2　Linux 发行版本

仅有内核而没有应用软件的操作系统是无法使用的,所以许多公司或社团将内核、源代码及相关的应用程序组织构成一个完整的操作系统,让一般的用户可以简便地安装和使用 Linux,这就是所谓的发行版本。一般的 Linux 系统便是针对这些发行版本的。目前,各种发行版本有数十种,它们的发行版本号各不相同,使用的内核版本号也可能不一样,下面介绍目前比较著名的几个发行版本。

1. Ubuntu

Ubuntu 由 Mark Shuttleworth 创立。Ubuntu 以 Debian GNU/Linux 不稳定分支为开发基础,其首个版本于 2004 年 10 月 20 日发布。它以 Debian 为开发蓝本,与 Debian 稳健的升级策略不同,Ubuntu 每 6 个月便会发布一个新版,以便人们实时地获取和使用新软件。Ubuntu 的开发目的是为了使个人计算机变得简单易用,同时也提供针对企业应用的服务器版本。Ubuntu 的每个新版本均会包含当时最新的 GNOME 桌面环境,通常在 GNOME 发布新版本后一个月内发布。

Ubuntu 项目完全遵从开源软件开发的原则,并且鼓励人们使用、完善并传播开源软件,也就是 Ubuntu 永远是免费的。然而,这并不仅仅意味着零成本,自由软件的理念是人们应该以所有“对社会有用”的方式自由地使用软件。“自由软件”并不只意味着用户不需要为其支付费用,还意味着用户可以以自己想要的方式使用软件,即任何人可以以任意方式下载、修改、修正和使用组成自由软件的代码。因此,除去自由软件常以免费方式提供这一事实外,这种自由也有着技术上的优势:进行程序开发时,就可以使用其他人的成果或以此为基础进行开发。对于非自由软件而言,这一点就无法实现。Ubuntu 的官方网站为 http://www.Ubuntu.com/。

2. Red Hat Linux

Red Hat 是最成功的 Linux 发行版本之一,它的特点是安装和使用简单。Red Hat 可以让用户很快享受到 Linux 的强大功能而免去烦琐的安装与设置工作。Red Hat 是全球最流行的 Linux,已经成为 Linux 的代名词,许多人一提到 Linux 就会毫不犹豫地想到 Red Hat。

Red Hat 公司的产品中,Red Hat Linux(如 Red Hat 8 和 Red Hat 9)和针对企业发行的版本 Red Hat Enterprise Linux 都能够通过网络 FTP 免费地获得并使用。但是 2003 年,Red Hat Linux 停止了发布,它的项目由 Fedora Project 这个项目所取代,以 Fedora Core 这个名字发行并提供给普通用户免费使用。Fedora Core 这个 Linux 发行版更新很快,半年左右就有新的版本发布。其官方网站为 http://www.redhat.com/。

3. Debian Linux

Debian 可以算是迄今为止最遵循 GNU 规范的 Linux 系统,它的特点是使用了 Debian 系列特有的软件包管理工具 dpkg,使得安装、升级、删除和管理软件变得非常简单。Debian 是完全由网络上的 Linux 爱好者负责维护的发行套件。这些志愿者的目的是制作一个可以同商业操作系统相媲美的免费操作系统,并且其所有的组成部分都是自由软件。其官方网站为 http://www.debian.org/。

4. 红旗 Linux

红旗 Linux 是中华民族基础软件在产业化征程中具有里程碑意义的胜利,是中国自己的 Linux 发行版,对中文支持得最好,而且界面和操作的设计都符合中国人的习惯。其官方网站为 http://www.redflag-Linux.com。

5. Mandriva Linux

Mandriva 的原名是 Mandrake,它的特点是集成了轻松愉快的图形化桌面环境以及自行研制的图形化配置工具。Mandriva 在易用性方面的确下了不少工夫,从而迅速成为设置易用实用的代名词。Red Hat 默认采用 GNOME 桌面系统,而 Mandriva 将其改为 KDE。其官方网站为 http://www.mandrivaLinux.com/。

6. SuSE Linux

SuSE 是德国最著名的 Linux 发行版,在全世界范围中也享有较高的声誉,它的特点是使用了自主开发的软件包管理系统 YaST。2003 年 11 月,Novell 收购了 SuSE,使 SuSE 成为 Red Hat 的一个强大的竞争对手,同时还为 Novell 正在与微软进行的竞争提供了一个新的方向。其官方网站为 http://www.novell.com/Linux/suse/。

2.4　Ubuntu Linux 系统概述

Ubuntu 是一个以桌面应用为主的 Linux 操作系统,其名称来自非洲南部祖鲁语或豪萨语的"Ubuntu"一词,意思是"人性""我的存在是因为大家的存在",是非洲传统的一种价值观,类似华人社会的"仁爱"思想。Ubuntu 基于 Debian 发行版和 GNOME 桌面环境,而从 11.04 版起,Ubuntu 发行版放弃了 GNOME 桌面环境,改为 Unity,与 Debian 的不同在于它每 6 个月会发布一个新版本。

Ubuntu 的目标在于为一般用户提供一个最新的、同时又相当稳定的主要由自由软件构建而成的操作系统。Ubuntu 具有庞大的社区力量,用户可以方便地从社区获得帮助。2013 年 1 月 3 日,Ubuntu 正式发布面向智能手机的移动操作系统。

Ubuntu 是一个由全球化的专业开发团队建造的操作系统。它包含所有需要的应用程序,如浏览器、Office 套件、多媒体程序、即时消息等。Ubuntu 是一个 Windows 和 Office 的开源替代品。

Ubuntu 基于 Linux 的免费开源桌面 PC 操作系统,契合英特尔的超极本定位,支持 x86、64 位和 PPC 架构。

2.4.1 Ubuntu 版本

Ubuntu 每 6 个月发布一个新版本,而每个版本都有代号和版本号,如表 2.2 所示,其中有 LTS 的表示是长期支持版。版本号基于发布日期,例如第一个版本号 4.10,代表该版本是在 2004 年 10 月发行的。自 Ubuntu 12.04 LTS 开始,桌面版和服务器版均可获得为期 5 年的技术支持,本书以 16.04 LTS 为例。

表 2.2　Ubuntu 历史版本一览表

版本	代号	发布日期	支持结束时间		内核版本
			桌面版	服务器版	
4.10	Warty Warthog	2004-10-20	2006-04-30		2.6.8
5.04	Hoary Hedgehog	2005-04-08	2006-10-31		2.6.10
5.10	Breezy Badger	2005-10-13	2007-04-13		2.6.12
6.06 LTS	Dapper Drake	2006-06-01	2009-07-14	2011-06-01	2.6.15
6.10	Edgy Eft	2006-10-26	2008-04-25		2.6.17
7.04	Feisty Fawn	2007-04-19	2008-10-19		2.6.20
7.10	Gutsy Gibbon	2007-10-18	2009-04-18		2.6.22
8.04 LTS	Hardy Heron	2008-04-24	2011-05-12	2013-05-09	2.6.24
8.10	Intrepid Ibex	2008-10-30	2010-04-30		2.6.27
9.04	Jaunty Jackalope	2009-04-23	2010-10-23		2.6.28
9.10	Karmic Koala	2009-10-29	2011-04-30		2.6.31
10.04 LTS	Lucid Lynx	2010-04-29	2013-05-09	2015-04-30	2.6.32
10.10	Maverick Meerkat	2010-10-10	2012-04-10		2.6.35
11.04	Natty Narwhal	2011-04-28	2012-10-28		2.6.38
11.10	Oneiric Ocelot	2011-10-13	2013-05-09		3.0
12.04 LTS	Precise Pangolin	2012-04-26	2017-04-28		3.2
12.10	Quantal Quetzal	2012-10-18	2014-05-16		3.5
13.04	Raring Ringtail	2013-04-25	2014-01-27		3.8
13.10	Saucy Salamander	2013-10-17	2014-07-17		3.11
14.04 LTS	Trusty Tahr	2014-04-17	2019-04		3.13
14.10	Utopic Unicorn	2014-10-23	2015-07-23		3.16
15.04	Vivid Vervet	2015-04-23	2016-02-04		3.19
15.10	Wily Werewolf	2015-10-22	2016-07-28		4.2
16.04 LTS	Xenial Xerus	2016-04-21	2021-04		4.4
16.10	Yakkety Yak	2016-10-13	2017-07-20		4.8

续表

版本	代号	发布日期	支持结束时间		内核版本
			桌面版	服务器版	
17.04	Zesty Zapus	2017-04-13	2018-01-13		4.10
17.10	Artful Aardvark	2017-10-19	2018-07-19		4.13
18.04 LTS	Bionic Beaver	2018-04-26	2028-04		4.15
18.10	Cosmic Cuttlefish	2018-10-18	2019-07		4.18
19.04	Disco Dingo	2019-04-18	2020-01		TBA

2.4.2 Ubuntu Linux 的特点

LTS(长期支持)版本,支持周期为 5 年,延续了 Ubuntu 的开源和安全性能以及最新的功能应用,默认使用中文开源字体,支持国际主流的 ARM64 架构。

(1) Ubuntu 所有系统相关的任务均需使用 sudo 指令是它的一大特色,这种方式比传统的以系统管理员账号进行管理工作的方式更为安全,此为 Linux、UNIX 系统的基本思维之一。

(2) Ubuntu 也相当注重系统的易用性,标准安装完成后(或 Live CD 启动完成后)就可以立即投入使用。简单地说,就是安装完成以后,用户无须再费神安装浏览器、Office 套装程序、多媒体播放程序等常用软件,一般也无须下载安装网卡、声卡等硬件设备的驱动(部分显卡需要额外下载驱动程序,且不一定能用包库中所提供的版本)。

(3) 为 Unity7 新增一套用户桌面,用户可将传统屏幕左边的 launcher 放到屏幕下边,并且添加了更加生动的应用图标。同时,还为 Unity7 新增了主题的登录及锁屏页面。

(4) Ubuntu 与 Debian 使用相同的 deb 软件包格式,可以安装绝大多数为 Debian 编译的软件包,虽然不能保证完全兼容,但大多数情况下是通用的。

(5) 优化升级 Dash,用户操作更加便利。16.04 版不但完善了 Dash 拼音搜索,还大大提升了 Dash 在触摸屏下的便利操作体验,用户在使用拼音搜索时将会在最短的时间内搜索到自己想要的内容,可以使用 Page Up/Page Down 快捷键进行翻页操作。

(6) 新增微信网页版应用,用户在 Ubuntu Linux 下可以应用微信。

习　　题

1. 判断题

(1) Linux 操作系统诞生于 1991 年 8 月。

(2) Linux 是一个开放源的操作系统。

(3) Linux 是一个类 UNIX 操作系统。

(4) Linux 是一个多用户系统,也是一个多任务操作系统。

(5) Ubuntukylin-16.04 默认的桌面环境是 GNOME。

(6) Ubuntu 每一年发布一个新版本。

(7) Ubuntukylin-16.04 包含 Office 套件。

2. 简答题

（1）什么是 Linux 系统？

（2）简述 Linux 系统的产生过程。

（3）简述 Linux 系统的组成。

（4）什么是 Linux 内核版本？举例说明版本号的格式。

（5）写出 3 个常用的 Linux 发行版。

（6）Ubuntu Linux 的特点是什么？

第3章 | **Ubuntu Linux 16.04 LTS 图形界面**

本章学习目标：

- 了解 GNOME 桌面的使用。
- 掌握 Unity 桌面的使用。
- 掌握软件更新源的使用。

Ubuntu Linux 16.04.06 默认的图形界面是 Unity，Unity 是由开发 Ubuntu 的公司 Canonical 开发的一款外壳，Unity 在 GNOME 桌面环境上运行，使用所有核心的 GNOME 应用程序。

3.1 Unity 桌面环境

3.1.1 Unity 概述

Ubuntu 在 2010 年 5 月为双启动、即时启动市场推出了一款新的桌面环境——Unity 桌面环境。在 Unity 中：

（1）底部面板被移到了屏幕左侧，用于启动和切换应用程序。

（2）移到左侧后的控制面板为触控操作优化后扩大尺寸提供大图标，Unity 控制台可以显示哪些应用程序正在运行，并支持应用程序间的快速切换和拖曳。

（3）顶部的控制栏更加智能化，采用了一个单独的全局菜单键。

2010 年 10 月，Unity 做了更多改进，增加了支持搜索的 Dash，并且在当时成为 Ubuntu 10.10 Netbook Edition 的默认桌面。从 2011 年 4 月的 Ubuntu 11.04 起，Ubuntu 使用 Unity 作为默认的桌面环境。

3.1.2 Unity 桌面介绍

系统启动后出现的登录界面如图 3.1 所示，在登录界面上能够看到当前可以登录系统的用户。

在这里单击当前用户账户 malimei，然后输入密码，按回车键进入系统界面。Unity 最左侧部分是一条纵向的快速启动条，即 Launcher。快速启动条上的图标有三类：系统强制放置的功能图标(Dash 主页（应用管理和文件管理）、工作区切换器和回收站)，用户自定义放置的常用程序图标，以及正在运行的应用程序图标，如图 3.2 所示。

程序图标的左右两侧可以附加小三角形指示标志，正在运行的程序图标左侧有小三角

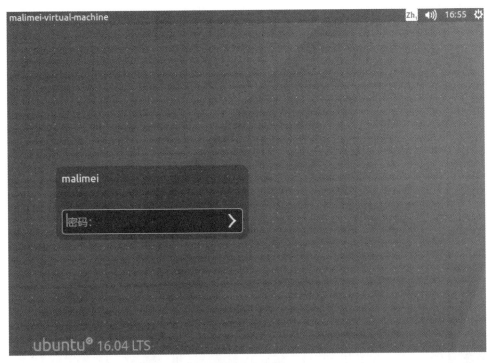

图 3.1　登录界面

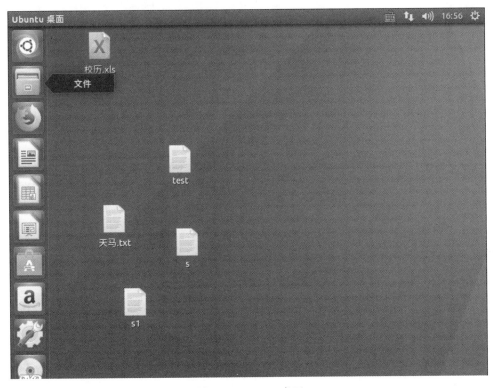

图 3.2　Ubuntu 桌面

Ubuntu Linux 16.04 LTS 图形界面

形指示,如果正在运行的程序包括多个窗口,则小三角形的数量也会随之变化,当前的活动窗口所属的程序,则同时还会在图标右侧显示一个小三角形进行指示,如图 3.3 所示。桌面顶端的顶面板则由应用程序 Indicator、窗口 Indicator,以及活动窗口的菜单栏组成。

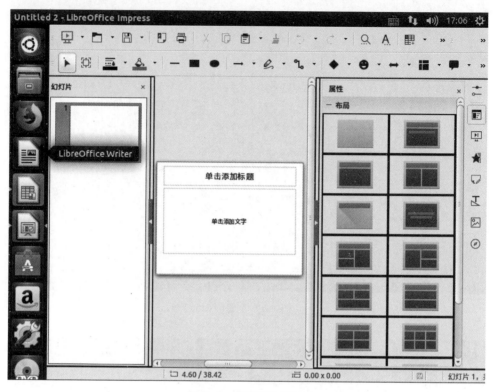

图 3.3　当前活动窗口

Dash 图标在快速启动条的左上角,是 Unity 的应用管理和文件管理界面。在首页上显示的是最近使用的应用、打开的文件和下载的内容。Dash 界面的下方是一行 Lens 图标,单击每个图标都可以切换到对应标签页,用以满足用户的一类特定需求,如图 3.4 所示。

图 3.4　搜索窗口

Dash 图标下面是用户主目录图标，首先看到的是用户主目录中包含的目录和文件。可以切换到其他目录（移动设备、文件系统等），如图 3.5 所示。

图 3.5　主目录窗口

用户主目录下面的图标是 Firefox 浏览器 ，如图 3.6 所示，用 Firefox 浏览器打开网页。

图 3.6　启动浏览器窗口

Ubuntu Linux 16.04 LTS 图形界面

　　Firefox 浏览器图标下面的三个图标分别是 LibreOffice Writer 图标、LibreOffice Calc 图标、LibreOffice Impress 图标。LibreOffice 是与其他主要办公室软件相容的自由软件,可在 Windows、Linux、Macintosh 平台上运行。如图 3.7～图 3.9 所示分别为 LibreOffice Writer、LibreOffice Calc、LibreOffice Impress 窗口。

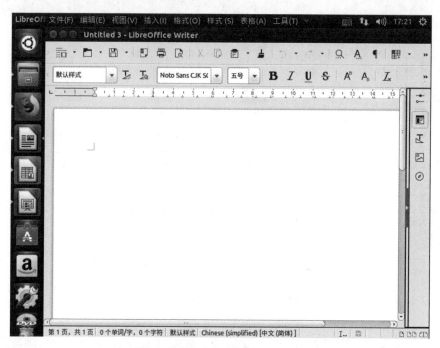

图 3.7　LibreOffice Writer 窗口

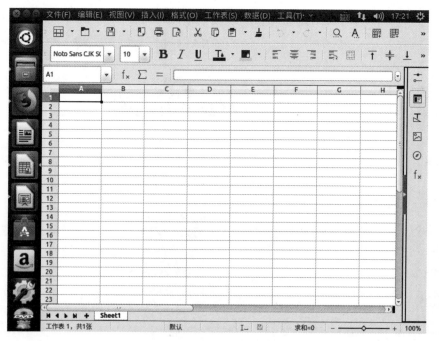

图 3.8　LibreOffice Calc 窗口

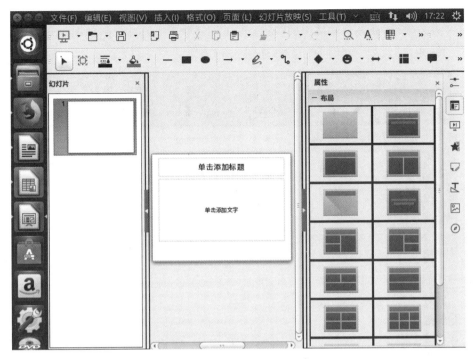

图 3.9　LibreOffice Impress 窗口

接下来是 Ubuntu 软件中心图标：安装和卸载软件包。可以通过关键字搜索想安装的软件包，或通过浏览给出的软件分类，选择应用程序。例如，要安装办公软件，可向下拖动鼠标，在“软件分类”中单击“办公”图标，如图 3.10 所示。

图 3.10　软件分类窗口

显示可以安装的办公软件,选择需要安装的软件名称后,单击"安装"按钮即可。例如,安装 LyX 办公软件,在办公软件中的"特色软件"下,单击 LyX 图标,如图 3.11 所示,显示"安装"按钮,单击"安装"按钮即可安装,如图 3.12 所示。

图 3.11　办公软件分类

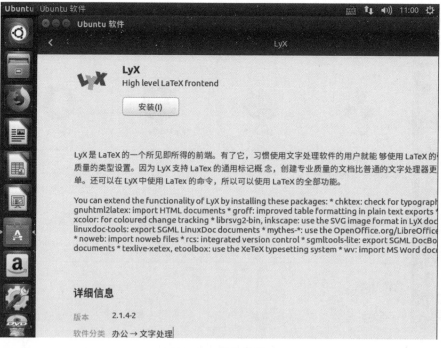

图 3.12　安装软件

也可以在图 3.10 中直接输入软件的名字搜索软件,然后进行安装,如图 3.13 所示。

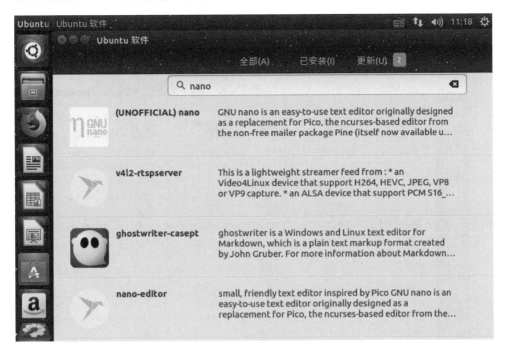

图 3.13　搜索软件

接下来是 Amazon(亚马逊)的图标 a ,单击图标进入亚马逊网站,如图 3.14 所示。

图 3.14　进入亚马逊网站

然后是系统设置图标,单击图标进入系统设置,如图 3.15 所示,设置桌面外观、语言支持、系统硬件管理等。

图 3.15　系统设置窗口

下面是进入终端的图标,单击图标进入命令方式,如图 3.16 所示。

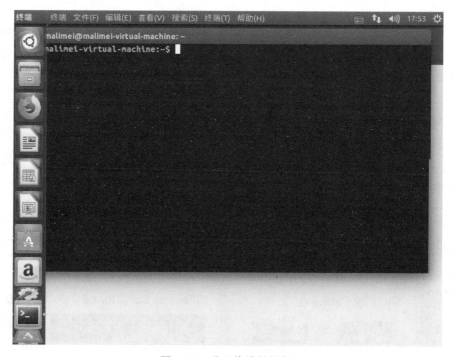

图 3.16　进入终端的图标

接下来是回收站的图标,单击图标,如图 3.17 所示。

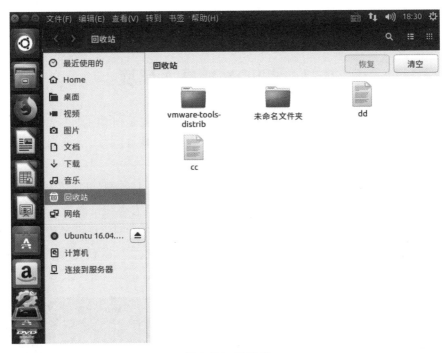

图 3.17　回收站

通过右上角的 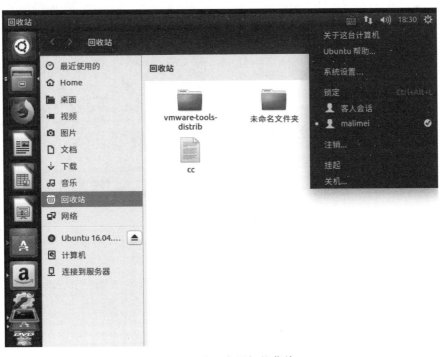 图标,可以完成网络参数调整、时间调整、切换用户、关机、重启等操作,如图 3.18 所示。

图 3.18　右上角图标的菜单

虽然 Unity 界面存在一些问题,但经过多个版本的更新,Unity 界面已逐步走向成熟,对于日常的操作,Unity 已足够稳定,也足够完整。而且 Unity 界面已经逐步形成了自己的特色,拥有了一部分独特的细节和创新功能。

3.2　GNOME 桌面环境

使用 Linux 系统的用户,可以随时改变图形界面,这就是所谓的"集成式桌面环境"。GNOME 桌面是 Linux 系统的一大主流桌面环境。GNOME(GNU Network Object Model Environment)是 GNU 计划的一部分。

在 GNOME 桌面环境中,鼠标的基本操作和 Windows 中相同,包括单击、双击和右击。窗口的基本操作包括最大化、最小化、移动、置顶和调整窗口大小和位置等。

Ubuntu 16.04 默认采用 Unity 界面,如果需要使用 GNOME 桌面环境,需手动安装,系统要能够连接互联网,然后执行安装命令,如果不能安装,需使用命令 sudo apt-get update 更新软件仓库。安装 GHOME 桌面如图 3.19 所示。

```
malimei@malimei-virtual-machine:~$ sudo apt-get update
命中:1 http://security.ubuntu.com/ubuntu xenial-security InRelease
命中:2 http://cn.archive.ubuntu.com/ubuntu xenial InRelease
命中:3 http://cn.archive.ubuntu.com/ubuntu xenial-updates InRelease
命中:4 http://cn.archive.ubuntu.com/ubuntu xenial-backports InRelease
正在读取软件包列表... 完成
malimei@malimei-virtual-machine:~$ sudo apt-get install gnome-shell
正在读取软件包列表... 完成
正在分析软件包的依赖关系树
正在读取状态信息... 完成
下列软件包是自动安装的并且现在不需要了:
  linux-headers-4.15.0-45 linux-headers-4.15.0-45-generic
  linux-image-4.15.0-45-generic linux-modules-4.15.0-45-generic
  linux-modules-extra-4.15.0-45-generic
使用'sudo apt autoremove'来卸载它(它们)。
将会同时安装下列软件:
  caribou chrome-gnome-shell dleyna-server folks-common
  gir1.2-accountsservice-1.0 gir1.2-caribou-1.0 gir1.2-clutter-1.0
  gir1.2-cogl-1.0 gir1.2-coglpango-1.0 gir1.2-gck-1 gir1.2-gcr-3
  gir1.2-gdesktopenums-3.0 gir1.2-gdm-1.0 gir1.2-gkbd-3.0
  gir1.2-gnomebluetooth-1.0 gir1.2-gnomedesktop-3.0 gir1.2-gweather-3.0
  gir1.2-mutter-3.0 gir1.2-networkmanager-1.0 gir1.2-nmgtk-1.0
  gir1.2-polkit-1.0 gir1.2-telepathyglib-0.12 gir1.2-telepathylogger-0.2
  gir1.2-upowerglib-1.0 gir1.2-xkl-1.0 gjs gnome-backgrounds gnome-contacts
  gnome-control-center gnome-control-center-data gnome-icon-theme
  gnome-icon-theme-symbolic gnome-online-accounts gnome-session
  gnome-settings-daemon gnome-shell-common gnome-themes-standard-data
```

图 3.19　安装 GNOME 桌面

安装成功后,注销系统,在登录界面单击用户名后面的按钮,选择 GNOME,如图 3.20 所示。

进入系统后即为 GNOME 桌面,如图 3.21 所示,单击左上角的"活动"按钮,显示如图 3.22 所示。

图 3.20　桌面的选择

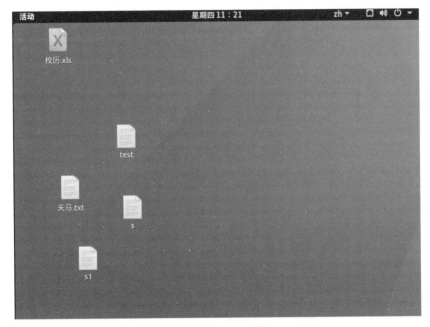

图 3.21　GNOME 桌面

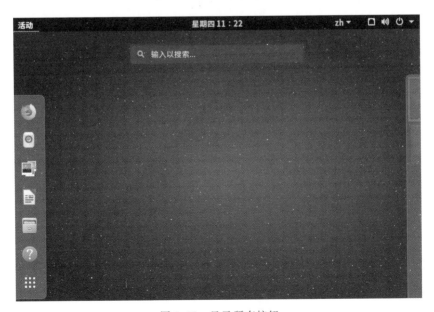

图 3.22　显示所有按钮

Ubuntu Linux 16.04 LTS 图形界面

通过左边的按钮，能够完成相应的功能。GNOME 项目专注于桌面环境本身，由于软件少，运行速度快，稳定性出色，而且完全遵循 GPL 许可。GNOME 已经成为多数企业发行版的默认桌面。

3.3　软件更新源

Ubuntu 系统的软件在安装前需要先更新，提供更新软件的网站就是更新源，因此，首先选择更新源，系统会自动从这些网站下载所需的软件。更新源有很多，如 mirrors. shu. edu. cn,mirrors. ustc. edu. cn,mirrors. tuna. tsinghua. edu. cn 等。更新源的速度有快有慢，最好选择更新源快的网站。注意在设置更新源前，要确保机器连接上网络。

单击左侧快速启动条中的系统设置图标，显示如图 3.23 所示。

图 3.23　"系统设置"窗口

单击"软件和更新"图标，显示如图 3.24 所示。单击"下载自"右侧的下拉按钮，显示如图 3.25 所示。

选择"其他站点"，显示如图 3.26 所示。

单击"选择最佳服务器"按钮，检测当前最佳软件源服务器，如图 3.27 所示。

检测结果如图 3.28 所示，经过测试，最佳服务器为 mirrors. tuna. tsinghua. edu. cn。

单击"选择服务器"按钮，输入授权的密码，如图 3.29 所示。

单击"授权"按钮，显示结果如图 3.30 所示。

单击"关闭"按钮，显示如图 3.31 所示。

单击"重新载入"按钮，如图 3.32 所示，完成更新源的设置。

图 3.24　软件和更新

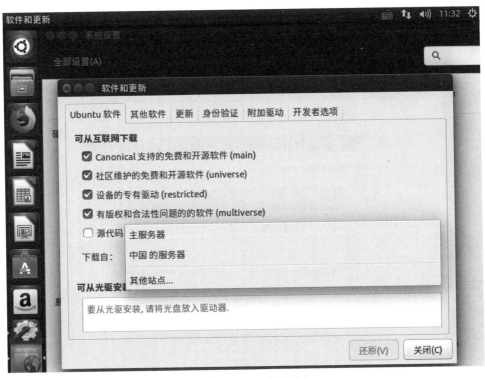

图 3.25　选择下载的站点

图 3.26　选择具体下载站点

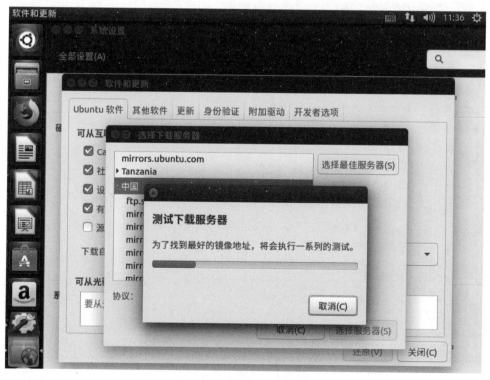

图 3.27　检测最佳服务器

图 3.28　选择最佳服务器

图 3.29　输入授权的密码

图 3.30　选择站点完成

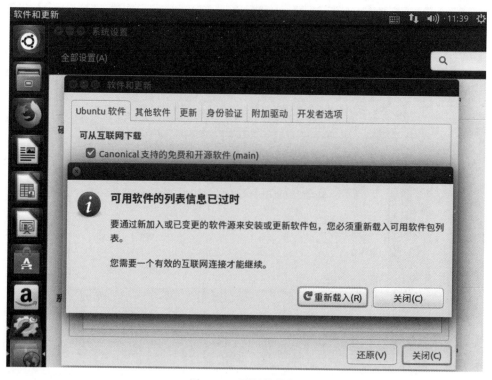

图 3.31　更新软件包

图 3.32　完成更新

习　　题

1. 判断题

(1) Ubuntu 在 2010 年 5 月推出 Unity 桌面环境。

(2) Chromium 浏览器图标下的 LibreOffice Writer 图标相当于 Office 中的 Excel。

(3) Ubuntu 系统的工具软件在安装前需要先更新,提供更新软件的网站就是更新源。

(4) GNOME(GNU Network Object Model Environment)是 GNU 计划的一部分。

(5) 在 Ubuntu Linux 16.04 的桌面中有一个默认浏览器,即 Firefox。

2. 实验题

(1) 熟悉 Ubuntu Linux 16.04 桌面下的每个图标。

(2) Unity 中的 Dash 有什么功能?

(3) 在 Unity 中如何设置显示器的分辨率?

(4) 在 Unity 中如何在界面方式下切换用户和关机?

(5) 安装 GNOME 桌面,并切换到 GNOME 桌面。

(6) 使用 Unity 和 GNOME 桌面,比较各自的特点。

(7) 如何修改提供更新软件的网站?

(8) 在界面方式下安装增强版的 vi 编辑器。

第4章 | Ubuntu Linux 16.04 LTS 字符界面使用

本章学习目标：

- 掌握 Shell 常用命令。
- 掌握 apt 命令。
- 掌握 Ubuntu 的运行级别，关机和重启。
- 了解 Putty 软件的使用。

4.1 字 符 界 面

字符界面与图形界面一样，也是一种操作系统的输入和输出界面。字符界面命令行因具有占用系统资源少、性能稳定且安全等特点，发挥着重要作用。特别是在服务器领域中字符界面一直广泛应用，利用命令行对系统进行各种配置。

4.1.1 进入字符界面

在 Ubuntu 16.04 操作系统中，在桌面上单击右键，选择打开终端方式，如图 4.1 所示。

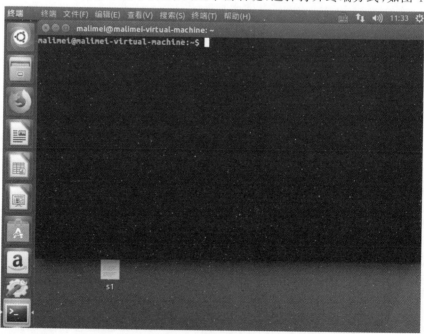

图 4.1 字符界面

4.1.2 Shell 功能

打开一个终端窗口时，首先看到的是 Shell 的提示符。Ubuntu 16.04 系统的标准提示符包括用户登录名、机器名、当前所在的工作目录和提示符号。

以普通用户 malimei 登录名为 malimei-virtual-machine 的主机，当前的工作目录是～，表示/home/malimei 目录，提示符号为 $，如图 4.2 所示。

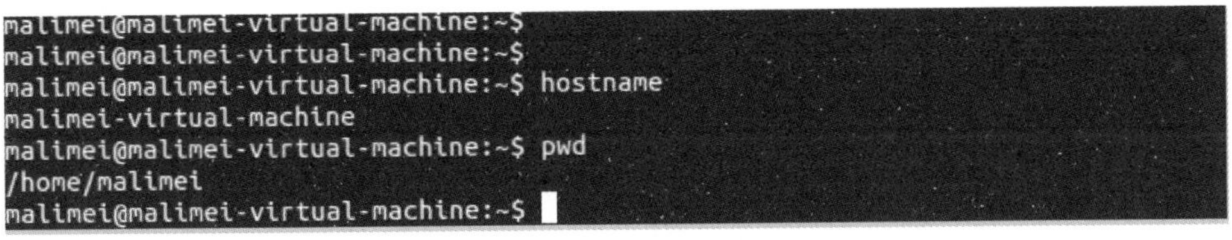

```
malimei@malimei-virtual-machine:~$
malimei@malimei-virtual-machine:~$
malimei@malimei-virtual-machine:~$ hostname
malimei-virtual-machine
malimei@malimei-virtual-machine:~$ pwd
/home/malimei
malimei@malimei-virtual-machine:~$ █
```

图 4.2 $ 为普通用户的提示符

由普通用户转到超级用户需要超级用户的密码，由超级用户转到普通用户不需要密码。超级用户的用户名为 root，提示符号为♯，在普通用户下执行 su 命令，并输入超级用户的密码转到超级用户，如图 4.3 所示。

```
✕ ▬ ☐  root@malimei-virtual-machine: /home/malimei
malimei@malimei-virtual-machine:~$ su
密码：
root@malimei-virtual-machine:/home/malimei# █
```

图 4.3 ♯ 为超级用户的提示符

普通用户和超级用户除了登录的用户名和提示符不同以外，它们的权限也是不同的，超级用户对文件和目录具有全权，而普通用户的权限是有限的。

常用的命令和功能如下。

1. date 显示日期和时间

终端显示提示符后，用户就可以输入命令请示系统执行。这里所谓的命令就是请示调用某个程序。例如，当用户输入 date 命令时，系统调用 date 程序显示当前的日期和时间，终端屏幕上会显示如图 4.4 所示的信息。

```
root@malimei-virtual-machine:vmware$date
2019年 09月 24日 星期二 17:15:32 CST
```

图 4.4 显示日期和时间

当命令输入完毕后，一定不要忘记按回车键，因为系统只有收到回车键命令才认为命令行结束。

2. who 查看登录系统的用户

who 命令用于询问当前有哪些用户登录在系统中，命令执行结果如图 4.5 所示。

```
root@malimei-virtual-machine:vmware$who
malimei    tty7         2019-09-24 16:57 (:0)
```

图 4.5 查看终端登录的用户

Ubuntu Linux 16.04 LTS字符界面使用

3. whoami 查看当前登录用户的信息

whoami 命令用于查看目前登录用户的注册信息。命令执行结果如图 4.6 所示,系统回送用户自己的注册信息。

```
root@malimei-virtual-machine:vmware$whoami
root
root@malimei-virtual-machine:vmware$
```

图 4.6 查看当前的登录用户

4. Tab 命令补齐

命令补齐是指当输入的字符足以确定目录中一个唯一的文件时,只须按 Tab 键就可以自动补齐该文件名的剩下部分。例如,要从当前目录改变到 vmware-tools-distrib 目录,当输入到 cd v 时,如果此文件是该目录下唯一以 v 开头的文件,这时就可以按 Tab 键,命令会被自动补齐为 cd vmware-tools-distrib,非常方便,如图 4.7 所示。

```
malimei@malimei-virtual-machine:~/vmware$ ls
vmware-tools-distrib    VMWARETO.TGZ
malimei@malimei-virtual-machine:~/vmware$ cd vmware-tools-distrib/
```

图 4.7 命令补齐

5. alias 别名

命令别名通常是其他命令的缩写,用来减少键盘输入。

命令格式为:

alias [alias – name = 'original – command']

其中,alias-name 是用户给命令取的别名,original-command 是原来的命令和参数。在使用命令的时候,如果经常要加参数使用命令,可以给命令加参数取一个新的名字,这个名字就是别名。例如,给 ls -A 取别名为 la,输入 la 就是 ls -A 的功能,如图 4.8 所示。

```
malimei@malimei-virtual-machine:~/vmware$ alias
alias alert='notify-send --urgency=low -i "$([ $? = 0 ] && echo terminal || echo
error)" "$(history|tail -n1|sed -e '\''s/^\s*[0-9]\+\s*//;s/[;&|]\s*alert$//'\''
')"'
alias egrep='egrep --color=auto'
alias fgrep='fgrep --color=auto'
alias grep='grep --color=auto'
alias l='ls -CF'
alias la='ls -A'
alias ll='ls -alF'
alias ls='ls --color=auto'
malimei@malimei-virtual-machine:~/vmware$ ls -A
vmware-tools-distrib    VMWARETO.TGZ
malimei@malimei-virtual-machine:~/vmware$ la
vmware-tools-distrib    VMWARETO.TGZ
malimei@malimei-virtual-machine:~/vmware$
```

图 4.8 别名

别名的定义有两种,一种是临时别名,关机后不再起作用。例如,定义 ls 的别名为 dir。

$ alias ls = 'dir'

另一种是永久别名,一直起作用。首先进入工作目录/home/malimei,nano 编辑.bashrc 文件(bashrc 是隐含文件,因此文件名为. bashrc),在文件中加入要定义的永久别名,如把 ls 的别名定义为 dir,如图 4.9 所示。

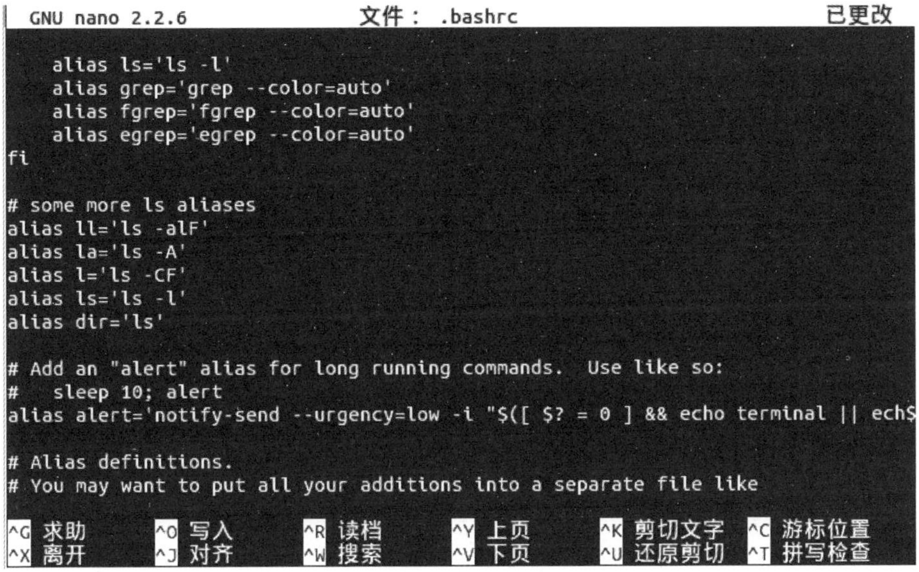

图 4.9　永久别名的定义

6. history 显示历史命令

使用 history 命令,可以显示使用过的命令。

命令格式为:

```
history [n]
```

当 history 命令没有参数时,整个历史命令列表的内容将被显示出来。使用 n 参数的作用是仅有最后 n 个历史命令会被列出。

执行 history 不加参数,显示一共执行了 88 个命令,history 5 显示刚执行的 5 个命令,如图 4.10 所示。

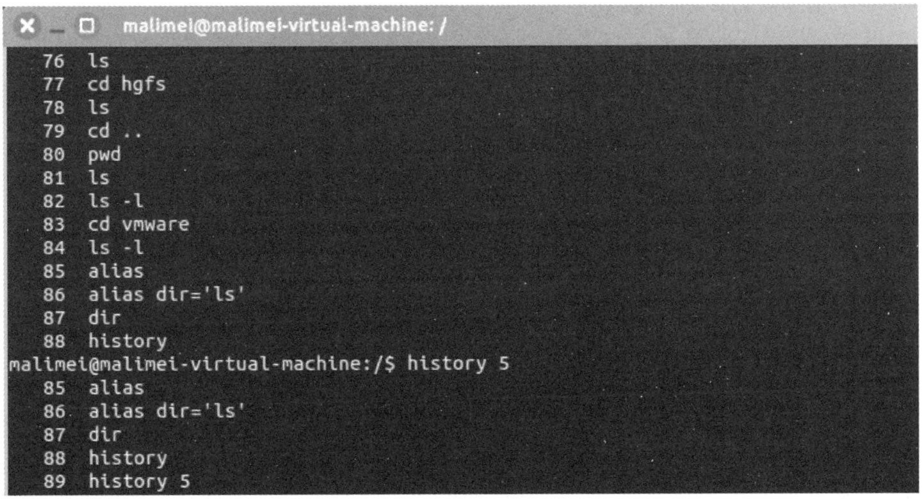

图 4.10　历史命令

7. PS1、PS2 更改提示符

Bash 有两级提示符,第一级提示符是经常见到的 Bash 在等待命令输入时的情况。第一级提示符的默认值是 $ 符号。如果用户不喜欢这个符号,或者愿意自己定义提示符,只需修改 PS1 变量的值,注意 PS1 和 PS2 要大写。例如,将其改为:

PS1 = "输入一个命令: "

第二级提示符是当 Bash 为执行某条命令需要用户输入更多信息时显示的。第二级提示符默认为">"。如果需要自己定义该提示符,只需改变 PS2 变量的值。例如,将其改为:

PS2 = "更多信息: "

用户也可以使用一些事先已经定义好的特殊字符,如表 4.1 所示。

表 4.1　特殊字符

特 殊 字 符	说 　　明
\!	显示该命令的历史编号
\#	显示 Shell 激活后,当前命令的历史编号
\ $	显示一个 $ 符号,如果当前用户是 root 则显示 # 符号
\\	显示一个反斜杠
\d	显示当前日期
\h	显示运行该 Shell 的计算机主机名
\n	打印一个换行符,这将导致提示符跨行
\s	显示正在运行的 Shell 的名称
\t	显示当前时间
\u	显示当前用户的用户名
\W	显示当前工作目录基准名
\w	显示当前工作目录

例 4.1　把当前提示符更改为%,再使用特殊字符更改回原提示符\u@\h:\w\ $。注意\w 和\W 的区别,\w 显示全部路径,\W 只显示最后一个目录。~表示的是工作目录。更改提示符的命令如图 4.11 所示。

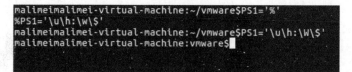

图 4.11　更改提示符的命令

4.2　在字符界面下安装软件

软件的安装是操作系统最基本的任务,Ubuntu 操作系统对软件包中文件的安装和管理、维护,使用 APT 管理软件和 dpkg 命令。

4.2.1　APT 管理软件

APT 是 Advanced Packaging Tool 的缩写，即高级包管理工具。下面介绍常用 APT 类的命令，使用 APT 时，要确保系统连接上网络。

1. 软件的更新、升级

在安装软件之前，要进行软件的升级，确保安装的软件是最高版本，如图 4.12 所示，使用命令如下。

```
      $ sudo apt - get update
```
或者　　$ sudo apt - get upgrade

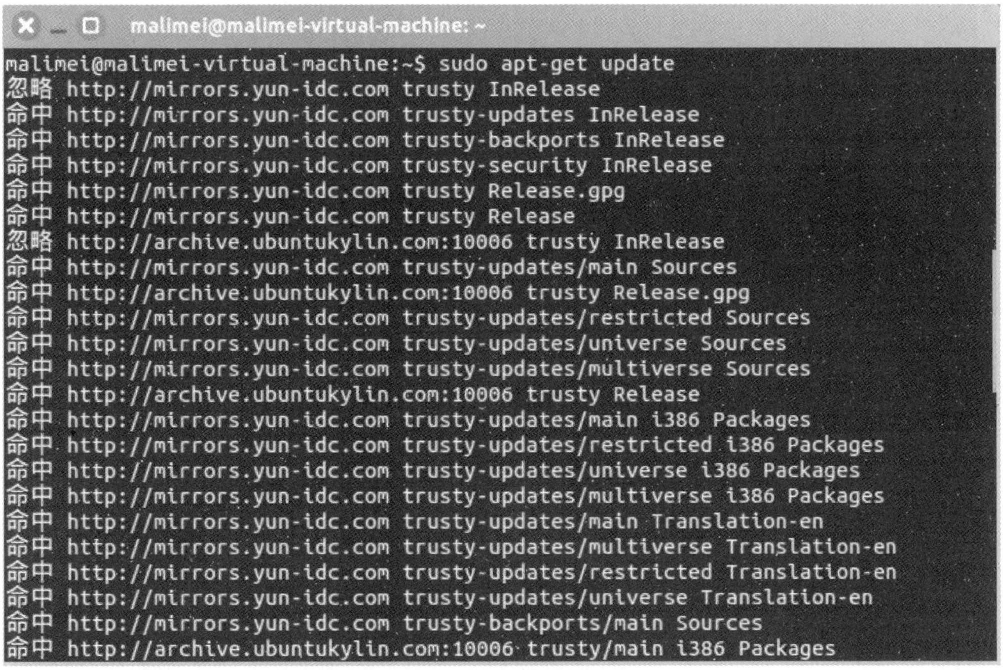

图 4.12　软件的更新、升级

2. 软件的安装

使用命令如下:

```
$ sudo apt - get install 软件包名
```

APT 会从软件源服务器上下载 deb 包，下载完后自动安装。比如在 Ubuntu 系统上安装 VLC 播放器，在终端中执行命令 sudo apt-get install vlc，如图 4.13 所示。

3. 软件的移除

不使用的软件需要移除，因为会占用硬盘的空间，如图 4.14 所示。

使用命令如下。

```
$ sudo apt - get remove 软件包名
```

```
malimei@malimei-virtual-machine: ~
malimei@malimei-virtual-machine:~$ sudo apt-get install vlc
[sudo] password for malimei:
正在读取软件包列表... 完成
正在分析软件包的依赖关系树
正在读取状态信息... 完成
将会安装下列额外的软件包:
  fonts-freefont-ttf libbasicusageenvironment0 libcddb2 libchromaprint0
  libcrystalhd3 libdc1394-22 libdirac-encoder0 libdvbpsi8 libebml4 libgnutls28
  libgroupsock1 libhogweed2 libiso9660-8 libkate1 liblivemedia23 libmatroska6
  libmodplug1 libmpcdec6 libmpeg2-4 libproxy-tools libresid-builder0c2a
  libsdl-image1.2 libsidplay2 libssh2-1 libtar0 libtwolame0 libupnp6
  libusageenvironment1 libva-x11-1 libvcdinfo0 libvlc5 libvlccore7
  libxcb-composite0 libzvbi-common libzvbi0 vlc-data vlc-nox vlc-plugin-notify
  vlc-plugin-pulse
建议安装的软件包:
  libchromaprint-tools python-acoustid firmware-crystalhd gnutls-bin
  videolan-doc
推荐安装的软件包:
  libdvdcss2
下列【新】软件包将被安装:
  fonts-freefont-ttf libbasicusageenvironment0 libcddb2 libchromaprint0
  libcrystalhd3 libdc1394-22 libdirac-encoder0 libdvbpsi8 libebml4 libgnutls28
  libgroupsock1 libhogweed2 libiso9660-8 libkate1 liblivemedia23 libmatroska6
  libmodplug1 libmpcdec6 libmpeg2-4 libproxy-tools libresid-builder0c2a
```

图 4.13　软件的安装

```
malimei@malimei-virtual-machine: ~
lo        Link encap:本地环回
          inet 地址:127.0.0.1  掩码:255.0.0.0
          inet6 地址: ::1/128 Scope:Host
          UP LOOPBACK RUNNING  MTU:65536  跃点数:1
          接收数据包:7313 错误:0 丢弃:0 过载:0 帧数:0
          发送数据包:7313 错误:0 丢弃:0 过载:0 载波:0
          碰撞:0 发送队列长度:0
          接收字节:654782 (654.7 KB)  发送字节:654782 (654.7 KB)

malimei@malimei-virtual-machine:~$ sudo apt-get remove openssh-server
[sudo] password for malimei:
对不起，请重试。
[sudo] password for malimei:
正在读取软件包列表... 完成
正在分析软件包的依赖关系树
正在读取状态信息... 完成
下列软件包将被【卸载】:
  openssh-server
升级了 0 个软件包,新安装了 0 个软件包,要卸载 1 个软件包,有 633 个软件包未被升
级。
解压缩后将会空出 1,015 kB 的空间。
您希望继续执行吗? [Y/n] y
(正在读取数据库 ... 系统当前共安装有 148319 个文件和目录。)
正在卸载 openssh-server (1:6.6p1-2ubuntu2.3) ...
```

图 4.14　软件的移除

4. 搜索软件包

命令如下。

$ sudo apt – cache search 软件包名

例如,搜索 gnom-shell 的软件包,如图 4.15 所示。

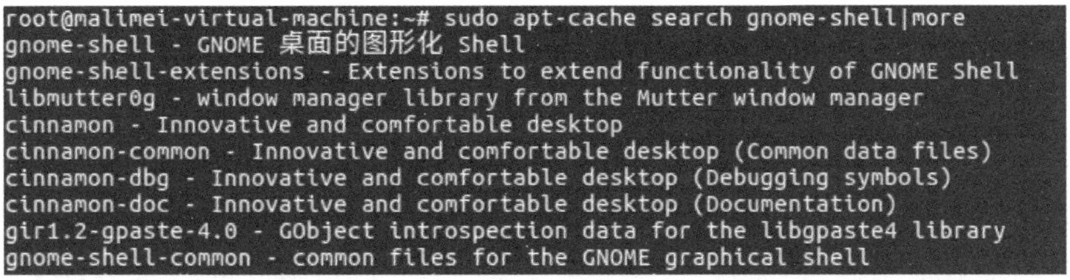

```
root@malimei-virtual-machine:~# sudo apt-cache search gnome-shell|more
gnome-shell - GNOME 桌面的图形化 Shell
gnome-shell-extensions - Extensions to extend functionality of GNOME Shell
libmutter0g - window manager library from the Mutter window manager
cinnamon - Innovative and comfortable desktop
cinnamon-common - Innovative and comfortable desktop (Common data files)
cinnamon-dbg - Innovative and comfortable desktop (Debugging symbols)
cinnamon-doc - Innovative and comfortable desktop (Documentation)
gir1.2-gpaste-4.0 - GObject introspection data for the libgpaste4 library
gnome-shell-common - common files for the GNOME graphical shell
```

图 4.15　搜索 gnom-shell 的软件包

5. 显示该软件包的依赖信息

命令如下。

```
$ sudo apt - cache depends 软件包名
```

例如,显示 gnom-shell 包的依赖信息,如图 4.16 所示。

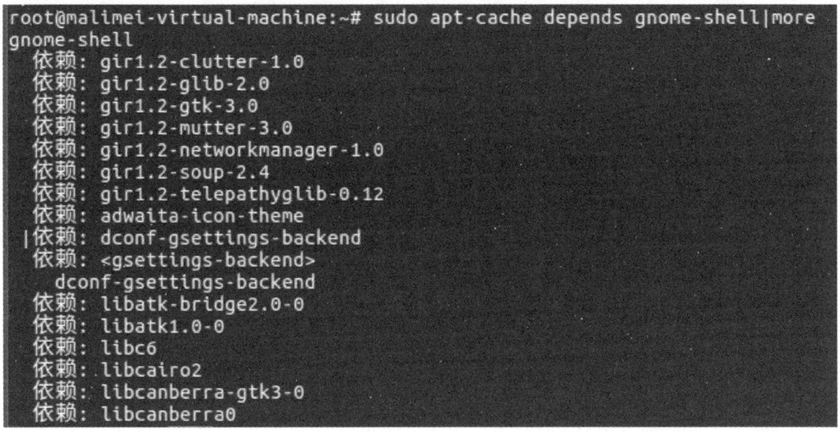

```
root@malimei-virtual-machine:~# sudo apt-cache depends gnome-shell|more
gnome-shell
  依赖: gir1.2-clutter-1.0
  依赖: gir1.2-glib-2.0
  依赖: gir1.2-gtk-3.0
  依赖: gir1.2-mutter-3.0
  依赖: gir1.2-networkmanager-1.0
  依赖: gir1.2-soup-2.4
  依赖: gir1.2-telepathyglib-0.12
  依赖: adwaita-icon-theme
 |依赖: dconf-gsettings-backend
  依赖: <gsettings-backend>
    dconf-gsettings-backend
  依赖: libatk-bridge2.0-0
  依赖: libatk1.0-0
  依赖: libc6
  依赖: libcairo2
  依赖: libcanberra-gtk3-0
  依赖: libcanberra0
```

图 4.16　显示 gnom-shell 包的依赖信息

4.2.2　dpkg 命令

dpkg 用来安装.deb 文件,但不会解决模块的依赖关系,且不会关心 Ubuntu 的软件仓库内的软件,可以用于安装本地的 deb 文件,实现手动安装软件包文件(如网络不通或安装软件源中不存在)。

如果自己下载了 deb 包,可以直接双击 deb 包文件,用 Ubuntu 软件中心进行安装,也可以用 dpkg 命令行工具安装。

下面介绍 dpkg 命令。

(1) 安装 deb 包。

使用命令如下。

```
$ sudo dpkg - i deb 包名
```

可以先使用 find 命令查找 deb 包,如图 4.17 所示。

找到后再进行安装,如图 4.18 所示。

(2) 列出系统所有安装的软件包,如图 4.19 所示。

```
malimei@malimei-virtual-machine:~$ sudo find / -name *.deb
[sudo] password for malimei:
/media/malimei/Ubuntu-Kylin 14.04 LTS i386/pool/main/b/b43-fwcutter/b43-fwcutter
_018-2_i386.deb
/media/malimei/Ubuntu-Kylin 14.04 LTS i386/pool/main/d/dkms/dkms_2.2.0.3-1.1ubun
tu5_all.deb
/media/malimei/Ubuntu-Kylin 14.04 LTS i386/pool/main/f/fakeroot/fakeroot_1.20-3u
buntu2_i386.deb
/media/malimei/Ubuntu-Kylin 14.04 LTS i386/pool/main/f/fakeroot/libfakeroot_1.20
-3ubuntu2_i386.deb
/media/malimei/Ubuntu-Kylin 14.04 LTS i386/pool/main/l/lupin/lupin-support_0.55_
i386.deb
/media/malimei/Ubuntu-Kylin 14.04 LTS i386/pool/main/m/mouseemu/mouseemu_0.16-0u
buntu9_i386.deb
/media/malimei/Ubuntu-Kylin 14.04 LTS i386/pool/main/s/setserial/setserial_2.17-
48_i386.deb
/media/malimei/Ubuntu-Kylin 14.04 LTS i386/pool/main/u/ubiquity/oem-config_2.18.
7_all.deb
/media/malimei/Ubuntu-Kylin 14.04 LTS i386/pool/main/u/ubiquity/oem-config-gtk_2
.18.7_all.deb
/media/malimei/Ubuntu-Kylin 14.04 LTS i386/pool/main/u/ubiquity-slideshow-ubuntu
/oem-config-slideshow-ubuntu_83_all.deb
```

图 4.17 find 命令查找 deb 包

```
/media/malimei/Ubuntu-Kylin 14.04 LTS i386/pool/restricted/s/sl-modem/sl-modem-d
aemon_2.9.11~20110321-9_i386.deb
^Cmalimei@malimei-virtual-machine:~$ sudo dpkg -i deb /media/malimei/Ubuntu-Kyli
14.04 LTS i386/pool/restricted/s/sl-modem/sl-modem-daemon_2.9.11~20110321-9_i386
.deb
```

图 4.18 安装.deb 文件

```
malimei@malimei-virtual-machine: ~
ii  xserver-xorg-v 1:1.7.7-2bui i386        X.Org X server -- SiliconMotion d
ii  xserver-xorg-v 1:0.10.7-0ub i386        X.Org X server -- SiS display dri
ii  xserver-xorg-v 1:0.9.6-2bui i386        X.Org X server -- SiS USB display
ii  xserver-xorg-v 1:1.4.5-1bui i386        X.Org X server -- tdfx display dr
ii  xserver-xorg-v 1:1.3.6-0ubu i386        X.Org X server -- Trident display
ii  xserver-xorg-v 1:2.3.3-1bui i386        X.Org X server -- VESA display dr
ii  xserver-xorg-v 1:13.0.2-2ub i386        X.Org X server -- VMware display
ii  xterm          297-1ubuntu1 i386        X terminal emulator
ii  xul-ext-ubufox 2.8-0ubuntu1 all         Ubuntu-specific configuration def
ii  xul-ext-unity  3.0.0+14.04. all         Firefox extension: Unity Integrat
ii  xul-ext-webacc 0.5-0ubuntu2 i386        Ubuntu Online Accounts extension
ii  xul-ext-websit 2.3.6+13.10. all         Firefox extension: Website Integr
ii  xz-utils       5.1.1alpha+2 i386        XZ-format compression utilities
ii  yelp           3.10.2-0ubun i386        Help browser for GNOME
ii  yelp-xsl       3.10.1-1     all         XSL stylesheets for the yelp help
ii  youker-assista 1.0.1-0ubunt i386        Integrated tool to aid in routine
ii  zeitgeist      0.9.14-0ubun all         event logging framework
ii  zeitgeist-core 0.9.14-0ubun i386        event logging framework - engine
ii  zeitgeist-data 0.9.14-0ubun i386        event logging framework - passive
ii  zenity         3.8.0-1ubunt i386        Display graphical dialog boxes fr
ii  zenity-common  3.8.0-1ubunt all         Display graphical dialog boxes fr
ii  zip            3.0-8        i386        Archiver for .zip files
ii  zlib1g:i386    1:1.2.8.dfsg i386        compression library - runtime
malimei@malimei-virtual-machine:~$ sudo dpkg -l
```

图 4.19 显示所有安装的软件包

使用命令如下。

```
$ sudo dpkg – l
```

（3）列出软件包详细的状态信息，如图 4.20 所示。
使用命令如下。

```
$ sudo dpkg – S 包名
```

图 4.20　显示软件包的详细信息

（4）列出属于软件包的文件，如图 4.21 所示。

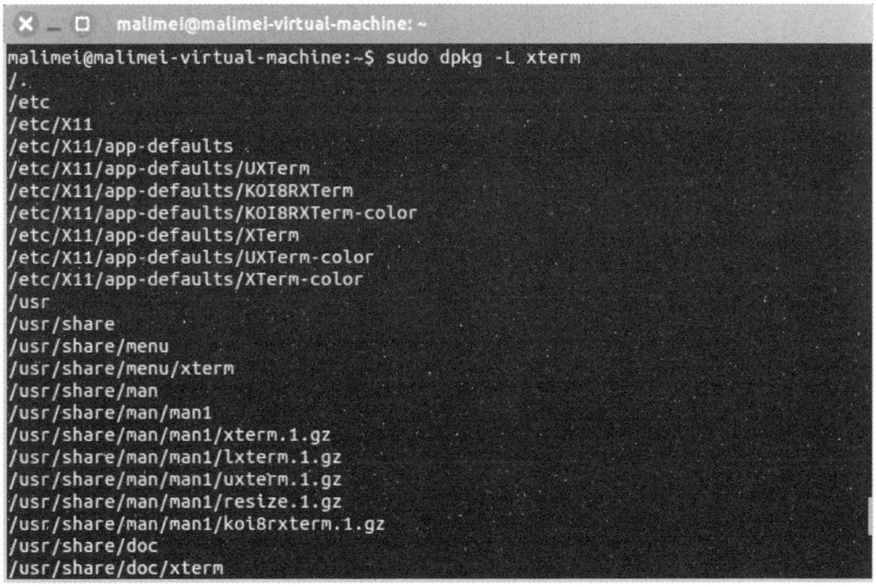

图 4.21　列出属于软件包的文件

使用命令如下。

```
$ sudo dpkg – L 包名
```

APT 会解决和安装模块的依赖问题,并从软件源上更新软件包,但不会安装本地的 deb 文件,而 dpkg 用来安装本地软件包。

4.3 字符界面下的关机和重启

4.3.1 Ubuntu 的运行级别

Ubuntu 16.04 系统默认的开机运行级别是 5,是图形界面,可以用 runlevel 命令查看当前的默认运行级别,如图 4.22 所示。

图 4.22 默认的运行级别

4.3.2 从图形界面转入命令界面

如果要每次开机直接进入命令行模式,使用文本编辑命令 hano 或 vi(第 8 章介绍),修改/etc/default/grub 文件。将 GRUB_CMDLINE_LINUX_DEFAULT 一行中的"quiet splash",修改为"quiet splash text",修改后保存退出,如图 4.23 所示。

图 4.23 打开/etc/default/grub 文件

修改/etc/default/grub 文件后,使用 update-grub 命令,基于这些更改重新生成/boot 下的 GRUB2 配置文件,如图 4.24 所示。重启即可进入命令行模式,如图 4.25 所示。

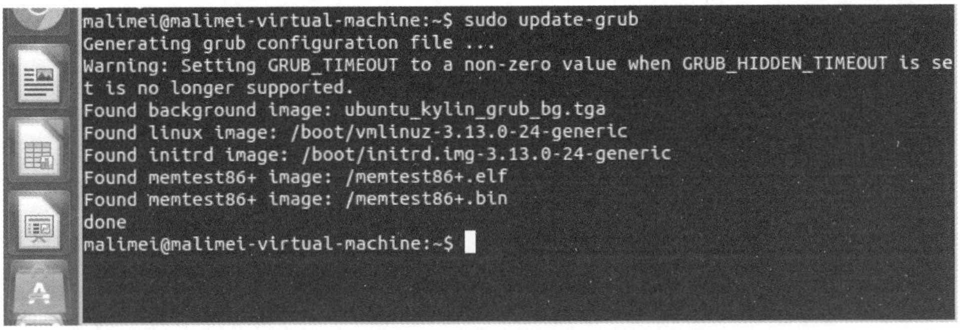

图 4.24　重新生成 GRUB 的启动配置文件

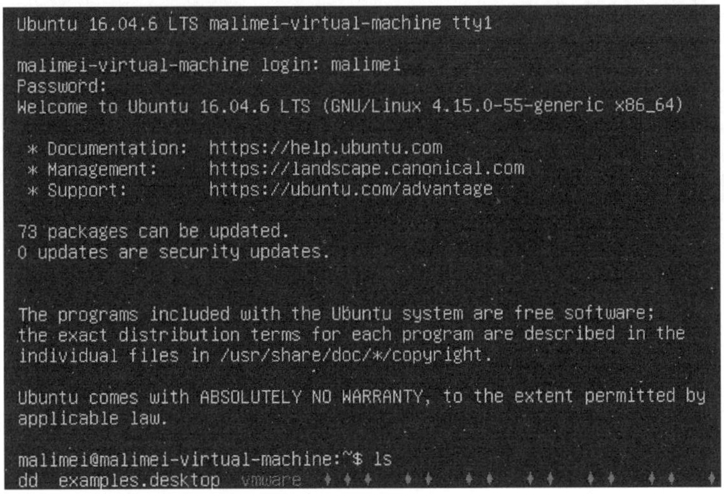

图 4.25　重启后进入命令方式

4.3.3　从命令界面转入图形界面

如果要改回图形方式,则修改文件/etc/default/grub 的配置。将"GRUB_CMDLINE_LINUX_DEFAULT="后的代码改为"quiet splash",如图 4.26 所示,使用 update-grub 命令,基于这些更改重新生成/boot 下的 GRUB2 配置文件,使用 reboot 命令重启即可进入图形模式。

4.3.4　关机和重启

在 Linux 系统下,常用的关机/重启命令有 shutdown、halt、reboot、poweroff,它们都可以达到关机或重启系统的目的,但每个命令的内部工作过程是不同的,下面分别介绍。

1. shutdown 安全的关机命令

使用直接断掉电源的方式来关闭 Linux 是十分危险的,因为其后台运行着许多进程,有很多客户端正登录到服务器上,所以强制关机可能会导致进程的数据丢失,使系统处于不稳

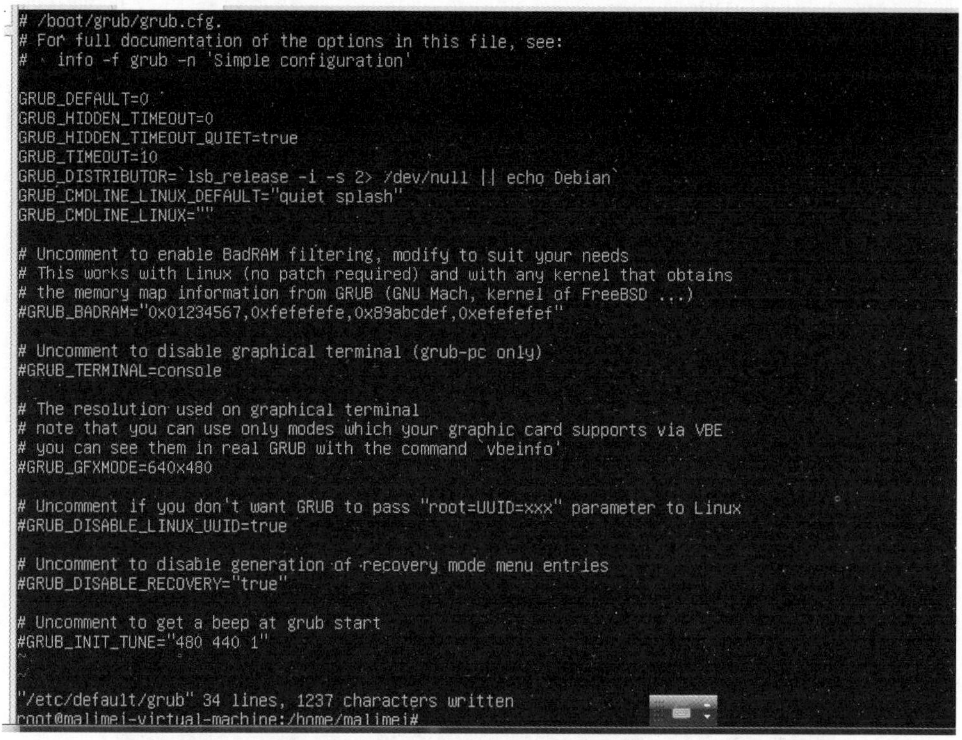

图 4.26　修改/etc/default/grub 文件

定的状态,甚至在有的系统中会损坏硬件设备。而系统使用 shutdown 命令关机,系统管理员会通知所有登录的用户系统将要关闭,并且 login 指令会被冻结,即新的用户不能再登录。这种关机方式也是我们使用系统右上角的那个电源管理项里面的 shutdown,是最安全的一种关机方式。根据使用的参数不同,可以直接关机或者延迟一定的时间关机,还可以重新启动。

格式为: shutdown [参数]

shutdown 参数说明如下。

-H: 等价于 halt。

-P: 等价于 poweroff。

-h: 关闭计算机,等价于 halt 或者 poweroff。

-k: 仅发送警告消息,注销登录用户,并没有关机(仅 root 用户可用)。

-c: 取消正在执行的关机,这个选项没有时间参数。

-t mins: 过几分钟关机,默认为 1min。

(1) 加参数-h,默认 1min 10s 后关机,如图 4.27 所示。

(2) 加参数-H,默认 1min 10s 后关机,如图 4.28 所示。

(3) 指定关机的时间,系统在 16:00 关机,如图 4.29 所示。

(4) 系统 10min 后关机,并且有自定义的提示信息"I am down",所有登录到服务器的客户端都可以收到关机和提示信息,如图 4.30 所示。

(5) 立刻重新启动,如图 4.31 所示。

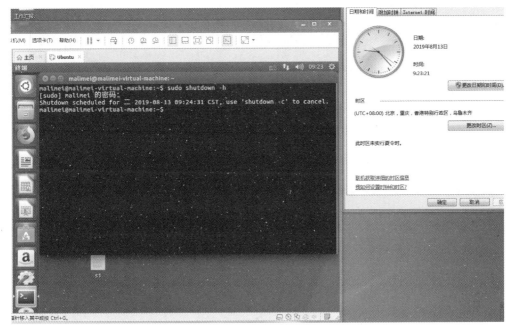

图 4.27　shutdown -h 命令

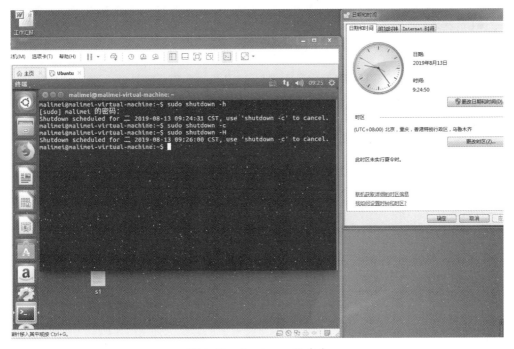

图 4.28　shutdown -H 命令

（6）立即关机，如图 4.32 所示。

（7）取消正在执行的关机，如图 4.33 所示。

2. halt 立即关机命令

使用 halt 命令就是调用 shutdown -h 命令。执行 halt 命令时，将杀死应用进程，执行

```
malimei@malimei-virtual-machine:~$ sudo shutdown -h 16:00
[sudo] password for malimei:

来自malimei@malimei-virtual-machine的广播信息
        (/dev/pts/3) 于 12:25 ...

The system is going down for halt in 215 minutes!
```

图 4.29　指定关机的时间

```
● ● ●  malimei@malimei-virtual-machine: ~
malimei@malimei-virtual-machine:~$ sudo shutdown -h +10 I am down
[sudo] malimei 的密码:
Shutdown scheduled for 二 2019-08-13 17:19:05 CST, use 'shutdown -c' to cancel.
```

图 4.30　有提示信息的关机

```
malimei@malimei-virtual-machine:~$ sudo shutdown -r now

来自malimei@malimei-virtual-machine的广播信息
        (/dev/pts/3) 于 12:26 ...

现在,系统将关闭并且重新启动!
malimei@malimei-virtual-machine:~$
```

图 4.31　立即重新启动

```
malimei@malimei-virtual-machine:~$ sudo shutdown -h now
```

图 4.32　立即关机

```
malimei@malimei-virtual-machine:~$ shutdown -t 10
Shutdown scheduled for 三 2020-05-13 15:51:06 CST, use 'shutdown -c' to cancel.
malimei@malimei-virtual-machine:~$ shutdown -c
malimei@malimei-virtual-machine:~$
```

图 4.33　取消正在执行的关机

sync 系统调用,文件系统写操作完成后就会停止内核。sync 意为"同步",指同步内存与磁盘的数据。内核在正常运行时把数据保持在内存里而不使用磁盘读写,是为了提高速度及性能,但危险在于如果计算机 down 掉,数据会丢失,或损坏文件系统。sync 可以保证关机/重启/关电源前把内存中的数据写入磁盘。

格式为：halt [参数]

halt 参数说明如下。

-n：在关机前不执行同步内存与磁盘数据的 sync 动作。

-f：没有调用 shutdown 而强制关闭系统。

-w：并不会真的关机,只是把记录写入/var/log/wtmp 文件。

-d：不把记录写入/var/log/wtmp 文件。

-i：在关机之前,先关闭所有的网络接口。

-p：该选项为默认选项,当关机的时候,调用关闭电源(poweroff)的动作。

使用 halt 关闭系统的命令如下。

$ sudo halt -n：在关机前不执行同步内存与磁盘数据的 sync 动作。

$ sudo halt -f：强制直接关机，不需要安全关机过程运行。

$ sudo halt -p：当直接关机的命令给出时，关闭电源。

$ sudo halt -w：并非实际的重启/直接关机，只是执行 wtmp 记录的写入动作(/var/log/wtmp)。

以上命令不建议读者使用。

使用 halt 命令立即关闭系统，如图 4.34 所示。

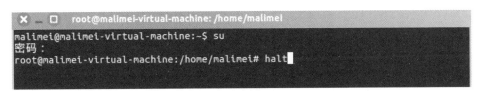

图 4.34　使用 halt 命令立即关闭系统

3. reboot 重新启动机器命令

reboot 的工作过程和 halt 一样，不过它是主机重启，而 halt 是关机。

格式为：halt [参数]

halt 参数说明如下。

-n：在重启之前不执行磁盘刷新。

-w：做一次重启模拟，并不会真的重新启动。

-d：不把记录写入/var/log/wtmp 文件(-n 参数包含-d)。

-f：强制重开机。

-i：在重开机之前先把所有网络相关的装置停止。

使用 reboot 命令重新启动系统，如图 4.35 所示。

图 4.35　主机重启

4. poweroff 关闭系统后关闭电源命令

poweroff 命令用来关闭计算机操作系统并且关闭系统电源。

格式为：poweroff [参数]

poweroff 参数说明如下。

--halt：停止机器。

--reboot：重新启动机器。

-p：关闭电源。

-f：强制关闭操作系统。

-w：不真正关闭操作系统，仅记录在日志文件/var/log/wtmp 中。

-d：关闭操作系统时，不将操作写入日志文件/var/log/wtmp 中。

poweroff 就是指向 halt 命令的软链接，如图 4.36 所示。关于软链接将在 5.5 节介绍。

```
root@malimei-virtual-machine:/home/malimei# which poweroff
/sbin/poweroff
root@malimei-virtual-machine:/home/malimei# ls /sbin/poweroff
/sbin/poweroff
root@malimei-virtual-machine:/home/malimei# ls -l /sbin/poweroff
lrwxrwxrwx 1 root root 14.4月   3 19:27 /sbin/poweroff -> /bin/systemctl
root@malimei-virtual-machine:/home/malimei# ls -lhtr /sbin/halt
lrwxrwxrwx 1 root root 14.4月   3 19:27 /sbin/halt -> /bin/systemctl
root@malimei-virtual-machine:/home/malimei#
```

图 4.36　指向 halt 的软链接

5. init

init 是 Linux 系统操作中不可缺少的程序之一,它是一个由内核启动的用户级进程。内核自行启动(已经被载入内存,开始运行,并已初始化所有的设备驱动程序和数据结构等)之后,通过启动一个用户级程序 init 的方式完成引导进程。所以,init 是所有进程的祖先,它的进程号始终为 1,发送 TERM 信号给 init 会终止所有的用户进程、守护进程等。shutdown 就是使用这种机制。init 定义了 7 个运行级别(runlevel),init 0 为关机,init6 为重启。

多用户、多任务的操作系统在其关闭时系统所要进行的处理操作与单用户、单任务的操作系统有很大的区别,后台运行着许多进程,非正常关机对 Linux 操作系统的损害非常大,会使系统处于不稳定的状态,甚至在有的系统中会损坏硬件设备,因此要养成良好的系统重启和关机习惯。

4.4　Putty 远程登录

随着 Linux 在服务器端的广泛应用,Linux 系统管理越来越依赖于远程。由于没有了图形界面的显示,Linux 系统节约了很多资源,提高了系统的运行速度。在各种远程登录工具中,Putty 是出色的工具之一。

Putty 的功能如下。

(1) 支持 IPv6 连接。

(2) 可以控制 SSH 连接时加密协定的种类。

(3) 目前支持 3DES、AES、Blowfish、DES 及 RC4 加密算法。CLI 版本的 SCP 及 SFTP Client,分别叫作 pscp 与 psftp。

(4) 自带 SSH Forwarding 的功能,包括 X11 Forwarding。

(5) 完全模拟 XTerm、VT102 及 ECMA-48 终端机的能力。

(6) 支持公钥认证。

下面介绍 Putty 远程登录 Linux 系统的步骤。

1. 在服务器端中安装 openssh-server

OpenSSH 服务器组件 sshd 持续监听来自任何客户端工具的连接请求。当一个连接请求发生时,sshd 根据客户端连接的类型来设置当前连接。例如,如果远程计算机通过 SSH 客户端应用程序连接 OpenSSH 服务器,则 OpenSSH 服务器将在认证之后设置一个远程控制会话。如果一个远程用户通过 scp 连接 OpenSSH 服务器,则 OpenSSH 服务器将在认证之后开始服务器和客户机之间的安全文件复制。OpenSSH 可以支持多种认证模式,包括纯密码、公钥以及 Kerberos 票据。

默认情况下,在 Ubuntu 中没有安装远程连接的服务器端软件 openssh-server,可以用图形方式安装,也可以用命令方式安装,下面以命令方式安装。

命令: sudo apt-get install openssh-server

如图 4.37 所示。

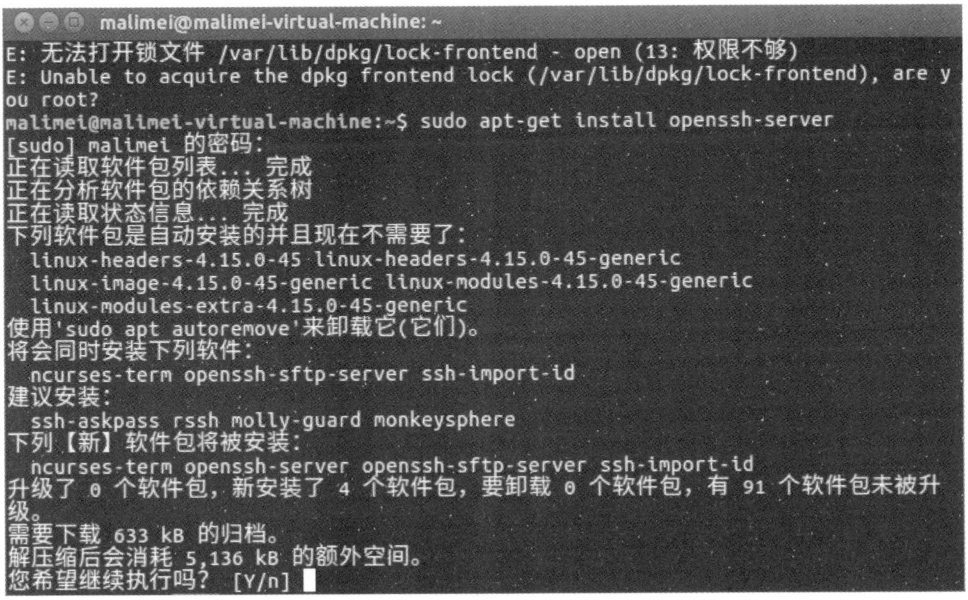

图 4.37　安装 openssh-server

2. 测试 ssh-server 是否启动

安装完成后,使用 netstat -tl 命令,确认 ssh-server 是否已经启动,显示如图 4.38 所示,说明 ssh-server 已经启动。

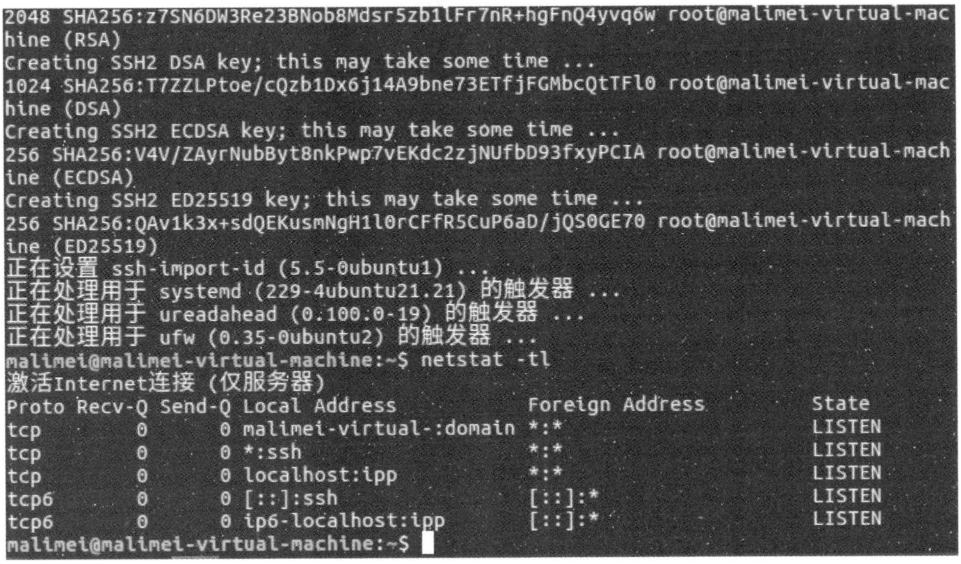

图 4.38　确认 ssh-server 已经启动

3. 在客户端配置 Putty

我们在虚拟机下安装的 Ubuntu Linux 服务器,因此,在 Windows 下安装 Putty。

用 Putty 来远程管理 Linux 十分好用,其主要优点如下。

(1) 完全免费。

(2) 在 Windows、Linux 下运行得都非常好。

(3) 全面支持 SSH1 和 SSH2。

(4) 体积很小,仅 484KB(0.63 版本);本教材使用的是 0.72 版本,大小为 4.48MB。

(5) 操作简单,所有的操作都在一个控制面板中实现。

Putty 的安装简单,解压后双击 putty-0.72-installer.msi 文件名,安装即可,如图 4.39 所示。安装完成后,在程序中生成菜单项,运行即可。

图 4.39 Putty 的安装文件

执行界面如图 4.40 所示,输入服务器的 IP 地址(查看服务器 IP 地址的方法是在服务器下输入命令 ifconfig,第 10 章介绍)和端口号 22,单击 Open 按钮,回答用户名和密码,正确后连接上服务器,这样就在字符方式下远程连接到服务器上了,如图 4.41 所示。

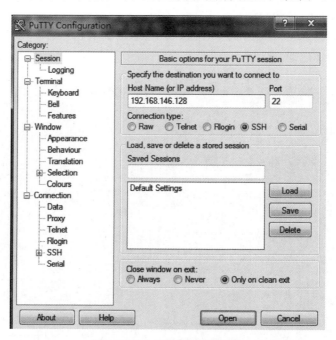

图 4.40 PuTTY 运行和配置

图 4.41　连接上服务器

4. 设置颜色、字体、字的大小等

如果要修改光标、文件名颜色和显示字体的大小,可以单击左上角计算机的图标,显示下拉菜单,选择 Changs Settings 菜单项,如图 4.42 所示。

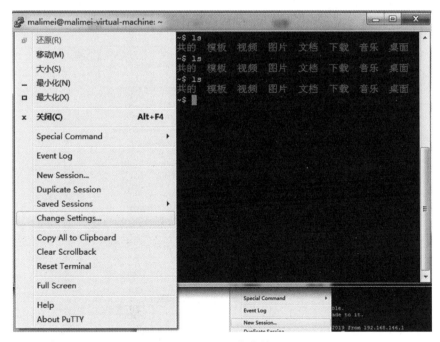

图 4.42　下拉菜单

例 4.2　设置文件名和目录名字体的颜色为黄色,选择 Change Settings 菜单项 Window 下的 Colours 选项,Indicate bolded text by changing 选择 The font 单选按钮,Select a colour to adjust 选择 ANSI Blue,然后单击 Modify 按钮,选择黄色,完成后单击 Apply 按钮,如图 4.43 所示。

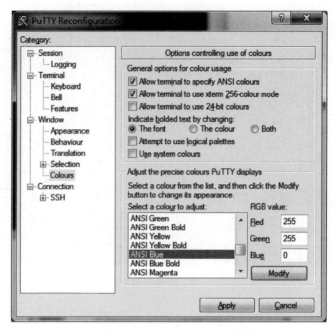

图 4.43　设置文件名和目录名的颜色为黄色

例 4.3　设置光标颜色为红色,选择 Change Settings 菜单项 Window 下的 Colours 选项,颜色选择 Cursor Colour,Red 255,单击 Apply 按钮,如图 4.44 所示。

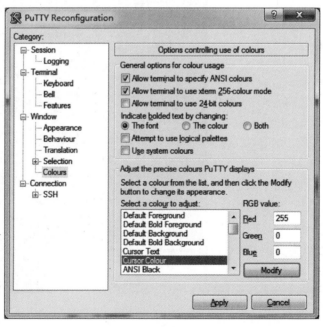

图 4.44　设置光标的颜色

例 4.4　设置字体大小,选择 Change Settings 菜单项 Window 下的 Appearance 选项,单击 Change 按钮,如图 4.45 所示。选择字体为仿宋,字形为粗体,字号为 20,如图 4.46 所示。

图 4.45　设置字体和字号

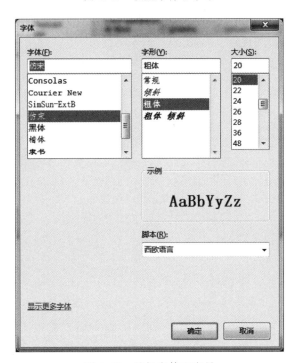

图 4.46　选择字体和字号

习　题

1. 判断题

（1）超级用户的提示符是 $,普通用户的提示符是 ♯。

（2）init 0 可以重新启动机器。

（3）init 6 可以关闭机器。

（4）init 1 可以重新启动机器。

（5）Putty 不支持 IPv6 连接，只支持 IPv4 连接。

（6）OpenSSH 可以支持多种认证模式，包括纯密码、公钥以及 Kerberos 票据。

2. 实验题

（1）显示机器当前的日期和时间。

（2）查看当前登录系统的用户。

（3）查看当前登录用户的信息。

（4）练习使用命令补齐功能。

（5）显示机器已经定义的别名，定义 cp 的别名为 copy。

（6）更改机器的提示符为 &，再更改回来。

（7）删除第 3 章安装的 GNOME 软件包。

（8）练习使用 Ubuntu 的几种运行级别。

（9）使用 Putty 远程登录 Ubuntu，设置颜色、字体、字号等。

3. 简答题

（1）简述 shutdown、halt、reboot、init 命令的相同点与不同点。

（2）请简述字符界面的优点。

第5章　Ubuntu 文件管理

本章学习目标：
- 了解文件系统的含义。
- 掌握 Ubuntu 文件系统的结构。
- 掌握 Ubuntu 文件系统的管理方法。
- 掌握文件管理的命令。

文件和目录管理是 Linux 系统运行维护的基础工作，在 Linux 系统下用户的数据和程序都是以文件的形式保存的，所以在使用 Linux 的过程中，经常要对文件和目录进行操作。

5.1　文件系统概述

文件系统是操作系统最重要的组成部分之一，操作系统之所以能够找到磁盘上的文件，是因为有磁盘上的文件名与存储位置的记录。文件系统是解决如何在存储设备上存储数据的一套方法，包括存储布局、文件命名、空间管理、安全控制等，用于对磁盘进行存储管理及输入输出。Linux 操作系统支持很多现代的流行文件系统，其中，Ext2、Ext3 和 Ext4 最普遍。Ext2 文件系统是伴随着 Linux 一起发展起来的，在 Ext2 的基础上增加日志就是 Ext3，Ext4 是第 4 代扩展文件系统，是 Linux 系统下的日志文件系统，是 Ext3 文件系统的后继版本。

2008 年 12 月 25 日，Linux Kernel 2.6.28 的正式版本发布。随着这一新内核的发布，Ext4 文件系统也结束实验期，成为稳定版。Ext4 在功能上与 Ext3 非常相似，但支持大文件系统，提高了对碎片的抵抗力，有更高的性能以及更好的时间戳。

目前的大部分 Linux 文件系统都默认采用 Ext4 文件系统。

5.1.1　文件系统

1. Ext2

第 2 代扩展文件系统（second extended filesystem，Ext2）是 Linux 内核所用的文件系统。它由 Rémy Card 设计，用以代替 Ext，于 1993 年 1 月加入 Linux 核心支持之中。Ext2 的经典实现为 Linux 内核中的 Ext2fs 文件系统驱动，最大可支持 2TB 的文件系统，到 Linux 核心 2.6 版时，扩展到可支持 32TB。Ext2 为 Debian、Red Hat Linux 等 Linux 发行版的默认文件系统。

Ext2 文件系统具有以下一些特点。

(1) 当创建 Ext2 文件系统时,系统管理员可以根据预期的文件平均长度来选择最佳的块大小(1024～4096B)。例如,当文件的平均长度小于几千字节时,块的大小为 1024B 是最佳的,因为这会产生较少的内部碎片——也就是文件长度与存放块的磁盘分区有较少的不匹配。另外,大的块对于大于几千字节的文件通常比较合适,因为这样的磁盘传送较少,因而减轻了系统的开销。

(2) 当创建 Ext2 文件系统时,系统管理员可以根据在给定大小的分区上预计存放的文件数来选择给该分区分配多少个索引节点。这可以有效地利用磁盘的空间。

(3) 文件系统把磁盘块分为组。每组包含存放在相邻磁道上的数据块和索引节点。正是这种结构,使得可以用较少的磁盘平均寻道时间对存放在一个单独块组中的文件并行访问。

(4) 在磁盘数据块被实际使用之前,文件系统就把这些块预分配给普通文件。因此当文件的大小增加时,因为物理上相邻的几个块已被保留,就减少了文件的碎片。

(5) 支持快速符号链接。如果符号链接表示一个短路径名(小于或等于 60 个字符),就把它存放在索引节点中而不用通过由一个数据块进行转换。

其单一文件大小与文件系统本身的容量上限与文件系统本身的簇大小有关,在一般常见的 x86 计算机系统中,簇最大为 4KB,则单一文件大小上限为 2048GB,而文件系统的容量上限为 16 384GB。

但由于目前 Linux 2.4 所能使用的单一分区最大只有 2048GB,实际上能使用的文件系统容量最多也只有 2048GB。

2. Ext3

第 3 代扩展文件系统(third extended filesystem,Ext3)是一个日志文件系统,常用于 Linux 操作系统。它是很多 Linux 发行版的默认文件系统。Stephen Tweedie 在 1999 年 2 月的内核邮件列表中,最早显示了他使用扩展的 Ext2,该文件系统从 2.4.15 版本的内核开始,合并到内核主线中。

Ext3 日志文件系统的特点如下。

(1) 高可用性。

系统使用了 Ext3 文件系统后,即使在非正常关机后,系统也不需要检查文件系统。宕机发生后,恢复 Ext3 文件系统只要数十秒钟。

如果在文件系统尚未 shutdown 前就关机(如停电)时,下次重新开机后会造成文件系统的资料不一致,因此,需做文件系统的重整工作,将不一致与错误的地方修复。然而,此项重整工作是相当耗时的,特别是容量大的文件系统,而且也不能百分之百保证所有的资料都不会损失。

为了解决此问题,使用所谓的"日志式文件系统(Journal File System)"。此类文件系统最大的特色是会将整个磁盘的写入动作完整记录在磁盘的某个区域上,以便有需要时可以回溯追踪。

在日志式文件系统中,由于详细纪录了每个细节,故当在某个过程中被中断时,系统可以根据这些记录直接回溯并重整被中断的部分,而不必花时间去检查其他的部分,故重整的工作速度相当快,几乎不需要花时间。

(2) 数据的完整性。

Ext3 文件系统能够极大地提高文件系统的完整性,避免了意外宕机对文件系统的破坏。在保证数据完整性方面,Ext3 文件系统有两种模式可供选择。其中之一就是"同时保持文件系统及数据的一致性"模式。采用这种方式,用户永远不再会看到由于非正常关机而存储在磁盘上的垃圾文件。

（3）文件系统的速度。

尽管使用 Ext3 文件系统时,有时在存储数据时可能要多次写数据,但是从总体上来看,Ext3 比 Ext2 的性能还要好一些。这是因为 Ext3 的日志功能对磁盘的驱动器读写头进行了优化。所以,文件系统的读写性能较之 Ext2 文件系统来说并没有降低。

（4）数据转换。

由 Ext2 文件系统转换成 Ext3 文件系统非常容易,只要简单地输入两条命令即可完成整个转换过程,用户不用花时间备份、恢复、格式化分区等。用一个 Ext3 文件系统提供的小工具 tune2fs,可以将 Ext2 文件系统轻松转换为 Ext3 日志文件系统。另外,Ext3 文件系统可以不经任何更改,而直接加载成为 Ext2 文件系统。

（5）多种日志模式。

Ext3 有多种日志模式,一种工作模式是对所有的文件数据及 metadata(定义文件系统中数据的数据,即元数据)进行日志记录(data＝journal 模式）；另一种工作模式则是只对 metadata 记录日志,而不对数据进行日志记录,也即所谓的 data＝ordered 或者 data＝writeback 模式。系统管理人员可以根据系统的实际工作要求,在系统的工作速度与文件数据的一致性之间做出选择。

3. Ext4

第 4 代扩展文件系统(fourth extended filesystem,Ext4)是 Linux 系统下的日志文件系统,是 Ext3 文件系统的后继版本。

Ext4 是由 Ext3 的维护者 Theodore Tso 领导的开发团队实现的,并引入 Linux 2.6.19 内核中。

Ext4 的产生原因是开发人员在 Ext3 中加入了新的高级功能,但在实现的过程出现了以下几个重要问题。

（1）一些新功能违背向后兼容性。

（2）新功能使 Ext3 代码变得更加复杂并难以维护。

（3）新加入的更改使原来十分可靠的 Ext3 变得不可靠。

由于这些原因,从 2006 年 6 月开始,开发人员决定把 Ext4 从 Ext3 中分离出来进行独立开发。Ext4 的开发工作从那时起开始进行,但大部分 Linux 用户和管理员都没有太关注这件事情,直到 2.6.19 内核在 2006 年 11 月发布,Ext4 第一次出现在主流内核里,但是它当时还处于实验阶段,因此很多人都忽视了它。

2008 年 12 月 25 日,Linux Kernel 2.6.28 的正式版本发布。随着这一新内核的发布,Ext4 文件系统也结束实验期,成为稳定版。

Linux Kernel 自 2.6.28 开始正式支持新的文件系统 Ext4。Ext4 是 Ext3 的改进版,修改了 Ext3 中部分重要的数据结构,而不仅像 Ext3 对 Ext2 那样,只是增加了一个日志功能而已。Ext4 可以提供更佳的性能和可靠性,还有更为丰富的功能。

Ext4 文件系统具有以下特点。

(1) 更大的文件系统和更大的文件。

Ext3 文件系统最多只能支持 32TB 的文件系统和 2TB 的文件,根据使用的具体架构和系统设置,实际容量上限可能比这个数字还要低,即只能容纳 2TB 的文件系统和 16GB 的文件。而 Ext4 文件系统容量达到 1EB,文件容量则达到 16TB,这是一个非常大的数字。对一般的台式计算机和服务器而言,这可能并不重要,但对于大型磁盘阵列的用户而言,这就非常重要了。

(2) 更多的子目录数量。

Ext3 目前只支持 32 000 个子目录,而 Ext4 取消了这一限制,理论上支持无限数量的子目录。

(3) 更多的块和 i-节点数量。

Ext3 文件系统使用 32 位空间记录块数量和 i-节点数量,而 Ext4 文件系统将它们扩充到 64 位。

(4) 多块分配。

当数据写入 Ext3 文件系统中时,Ext3 的数据块分配器每次只能分配一个 4KB 的块,如果写一个 100MB 的文件就要调用 25 600 次数据块分配器,而 Ext4 的多块分配器 Multiblock Allocator(MBAlloc)支持一次调用分配多个数据块。

(5) 持久性预分配。

如果一个应用程序需要在实际使用磁盘空间之前对它进行分配,大部分文件系统都是通过向未使用的磁盘空间写入 0 来实现分配,比如 P2P 软件。为了保证下载文件有足够的空间存放,常常会预先创建一个与所下载文件大小相同的空文件,以免未来的数小时或数天之内磁盘空间不足导致下载失败。而 Ext4 在文件系统层面实现了持久预分配并提供相应的 API,比应用软件自己实现更有效率。

(6) 延迟分配。

Ext3 的数据块分配策略是尽快分配,而 Ext4 的策略是尽可能地延迟分配,直到文件在缓冲中写完才开始分配数据块并写入磁盘,这样就能优化整个文件的数据块分配,显著提升性能。

(7) 盘区结构。

Ext3 文件系统采用间接映射地址,当操作大文件时,效率极其低下。例如,一个 100MB 大小的文件,在 Ext3 中要建立 25 600 个数据块(以每个数据块大小为 4KB 为例)的映射表;而 Ext4 引入了盘区的概念,每个盘区为一组连续的数据块,上述文件可以通过盘区的方式表示为"该文件数据保存在接下来的 25 600 个数据块中",提高了访问效率。

(8) 新的 i-节点结构。

Ext4 支持更大的 i-节点。之前的 Ext3 默认的 i-节点大小为 128B,Ext4 为了在 i-节点中容纳更多的扩展属性,默认 i-节点大小为 256B。另外,Ext4 还支持快速扩展属性和 i-节点保留。

(9) 日志校验功能。

日志是文件系统最常用的结构,日志也很容易损坏,而从损坏的日志中恢复数据会导致更多的数据损坏。Ext4 给日志数据添加了校验功能,日志校验功能可以很方便地判断日志数据是否损坏。而且 Ext4 将 Ext3 的两阶段日志机制合并成一个阶段,在增加安全性的同时提高了性能。

（10）支持"无日志"模式。

日志总归会占用一些开销。Ext4 允许关闭日志，以便某些有特殊需求的用户可以借此提升性能。

（11）默认启用 Barrier。

磁盘上配有内部缓存，以便重新调整批量数据的写操作顺序，优化写入性能，因此文件系统必须在日志数据写入磁盘之后才能写 Commit 记录。若 Commit 记录写入在先，而日志有可能损坏，那么就会影响数据完整性。Ext4 文件系统默认启用 Barrier，只有当 Barrier 之前的数据全部写入磁盘，才能写 Barrier 之后的数据。

（12）在线碎片整理。

尽管延迟分配、多块分配和盘区功能可以有效减少文件的碎片，但碎片还是不可避免会产生。Ext4 支持在线碎片整理，并提供 e4defrag 工具进行个别文件或整个文件系统的碎片整理。

（13）支持快速 fsck。

以前的文件系统版本执行 fsck 时很慢，因为它要检查所有的 i-节点，而 Ext4 给每个块组的 i-节点表中都添加了一份未使用 i-节点的列表，所以 Ext4 文件系统做一致性检查时就可以跳过它们而只去检查那些在使用的 i-节点，从而提高了速度。

（14）支持纳秒级时间戳。

Ext4 之前的扩展文件系统的时间戳都是以秒为单位的，这已经能够应付大多数设置，但随着处理器的速度和集成程度（多核处理器）不断提升，以及 Linux 开始向其他应用领域发展，它将时间戳的单位提升到纳秒。

Ext4 给时间范围增加了两个位，从而让时间寿命再延长 500 年。Ext4 的时间戳支持的日期到 2514 年 4 月 25 日，而 Ext3 只到 2038 年 1 月 18 日。

5.1.2 文件系统概念

在 Linux 系统中有一个重要的概念：一切都是文件，实现了设备无关性。其实这是 UNIX 哲学的一种体现，而 Linux 是重写 UNIX 而来，所以这个概念也就传承了下来。在 UNIX 系统中，把一切资源都看作文件，包括硬件设备。UNIX 系统把每个硬件都看成是一个文件，通常称为设备文件，这样用户就可以用读写文件的方式实现对硬件的访问，UNIX 权限模型也是围绕文件的概念来建立的，所以对设备也就可以同样处理了。

下面来详细地了解 Linux 文件系统的几个要点。

1. 物理磁盘到文件系统

我们知道文件最终是保存在硬盘上的。硬盘最基本的组成部分是由坚硬金属材料制成的涂以磁性介质的盘片，不同容量硬盘的盘片数不等。每个盘片有两面，都可记录信息。盘片被分成许多扇形的区域，每个区域叫一个扇区，每个扇区可存储 $128\times2^N(N=0,1,2,3)$ 字节信息。在 DOS 中每扇区是 $128\times2^2=512$ 字节，盘片表面上以盘片中心为圆心，不同半径的同心圆称为磁道。硬盘中，不同盘片相同半径的磁道所组成的圆柱称为柱面。磁道与柱面都表示不同半径的圆，在许多场合，磁道和柱面可以互换使用。每个磁盘有两个面，每个面都有一个磁头，人们习惯用磁头号来区分。扇区，磁道（或柱面）和磁头数构成了硬盘结

构的基本参数,通过这些参数可以得到硬盘的容量,其计算公式为:

存储容量=磁头数×磁道(柱面)数×每道扇区数×每扇区字节数

要点:

(1) 硬盘有数个盘片,每个盘片两个面,每个面一个磁头。

(2) 盘片被划分为多个扇形区域即扇区。

(3) 同一盘片不同半径的同心圆为磁道。

(4) 不同盘片相同半径构成的圆柱面即柱面。

(5) 公式:存储容量=磁头数×磁道(柱面)数×每道扇区数×每扇区字节数。

(6) 信息记录可表示为:××磁道(柱面),××磁头,××扇区。

那么这些空间又是怎么管理起来的呢? UNIX/Linux 使用了一个简单的方法,如图 5.1 所示。

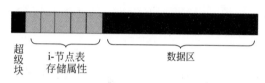

图 5.1   文件系统存储空间示意图

它将磁盘块分为以下三个部分。

(1) 超级块。文件系统中第一个块被称为超级块。这个块存放文件系统本身的结构信息。例如,超级块记录了每个区域的大小,超级块也存放未被使用的磁盘块的信息。

(2) i-点表。超级块的下一个部分就是 i-节点表。每个 i-节点就是一个对应文件/目录的结构,这个结构包含一个文件的长度、创建及修改时间、权限、所属关系、磁盘中的位置等信息。一个文件系统维护了一个索引节点的数组,每个文件或目录都与索引节点数组中的一个元素一一对应。系统给每个索引节点分配了一个号码,也就是该节点在数组中的索引号,称为索引节点号。

(3) 数据区。文件系统的第 3 个部分是数据区。文件的内容保存在这个区域。磁盘上所有块的大小都一样。如果文件包含超过一个块的内容,则文件内容会存放在多个磁盘块中。一个较大的文件很容易分布在上千个独立的磁盘块中。

2. 存储介质

用以存储数据的物理设备称为存储介质,如硬盘、光盘、Flash 盘、磁带、网络存储设备等。

3. 磁盘分区

对于容量较大的存储介质来说(通常指硬盘),在使用时需要合理地规划分区,因而牵涉到磁盘的分区。常用的 Linux 磁盘分区命令有 fdisk、cfdisk、parted 等。还有一些工具不是操作系统自带的,称为第三方工具,如 PQ 等。利用磁盘分区工具,可以将硬盘分割为大小不一的多个部分,以便规划和满足实际使用的需要。

4. 格式化

创建新的文件系统是一个过程,通常称为初始化或格式化,这个过程是针对存储介质进行的。一般情况下,各种操作系统都有自己的相应工具,Ubuntu 下格式化分区的命令是 mkfs,有时也可以借助第三方工具来完成此过程。而此过程是建立在磁盘分区的基础之上,也就是说先进行磁盘分区,再进行文件系统的创建或格式化。

5. 挂载

在使用磁盘分区前,需要挂载该分区,这相当于激活一个文件系统。

Windows 将磁盘分为若干个逻辑分区,如 C 盘、D 盘,在各个分区中挂载文件系统。这个过程是使用其内部机制完成的,用户无法探知其过程。

Linux 系统中,没有磁盘的逻辑分区(即没有 C 盘、D 盘等),任何一个种类的文件系统被创建后都需要挂载到某个特定的目录才能使用。Linux 使用 mount 和 umount 命令来对文件系统进行挂载和卸载,挂载文件系统时需要明确挂载点。如图 5.2 所示,把 U 盘/dev/sdb1(系统识别)挂载到 /mnt/usb 下;图 5.3 中则把 U 盘卸载,注意,不能在当前目录卸载,应到上一级目录或者根目录卸载。

```
malimei@malimei-virtual-machine:/$ sudo mount /dev/sdb1 /mnt/usb
mount: /dev/sdb1 is write-protected, mounting read-only
malimei@malimei-virtual-machine:/$ cd /mnt/usb
malimei@malimei-virtual-machine:/mnt/usb$ ls
02-竞赛模型图.jpg
02-竞赛模型图.vsd
03155413g3kk.rar
03.pdf
```

图 5.2　挂载 U 盘

```
malimei@malimei-virtual-machine:/mnt/usb$ cd /
malimei@malimei-virtual-machine:/$ sudo umount /dev/sdb1
malimei@malimei-virtual-machine:/$
```

图 5.3　卸载 U 盘

5.1.3　文件与目录的定义

Linux 操作系统中,以文件来表示所有的逻辑实体与非逻辑实体。逻辑实体指文件与目录;非逻辑实体泛指硬盘、终端机、打印机等。一般而言,Linux 文件名由字母、标点符号、数字等构成,中间不能有空格、路径名称符号"/"或"#、*、%、&、{}、[]"等与 Shell 有关的特殊字符。

Linux 文件系统中,结构上以根文件系统最为重要。根文件系统是指开机时将 root partition 挂载在根目录(/),若无法挂载根目录,开机时就无法进入 Linux 系统中。根目录下有 /etc、/dev、/boot、/home、/lib、/lost＋found、/mnt、/opt、/proc、/root、/bin、/sbin、/tmp、/var、/usr 等重要目录。

下面分别使用图形界面和命令终端查看各个目录,如图 5.4 和图 5.5 所示。

1. /etc

本目录下存放着许多系统所需的重要配置与管理文件,如/etc/hostname 存放配置主机名字的文件,/etc/network/interfaces 存放配置修改网络接口的 IP 地址、子网掩码、网关的文件,/etc/resolv.conf 存放指定 DNS 服务器的文件等。图 5.6 显示了配置文件 hostname 和 resolv.conf 的内容。通常在修改/etc 目录下的配置文件内容后,只需重新启动相关服务,一般不用重启系统。

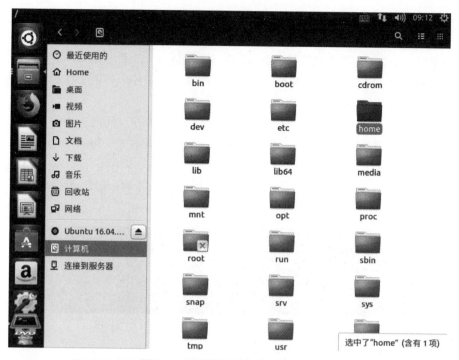

图 5.4   图形界面下查看文件目录

```
malimei@malimei:/home/a$ ls
Desktop  Documents  Downloads  Music  Pictures  Public  Templates  Videos
malimei@malimei:/home/a$ cd ..
malimei@malimei:/home$ cd ..
malimei@malimei:/$ ls
bin   cdrom  etc   initrd.img  lost+found  mnt  proc  run   srv  tmp  var
boot  dev    home  lib         media       opt  root  sbin  sys  usr  vmlinuz
malimei@malimei:/$
```

图 5.5   Shell 终端下查看文件目录

```
malimei@malimei-virtual-machine: ~
malimei@malimei-virtual-machine:~$ cat /etc/network/interfaces
# interfaces(5) file used by ifup(8) and ifdown(8)
auto lo
iface lo inet loopback
malimei@malimei-virtual-machine:~$ ifconfig eth0
eth0      Link encap:以太网  硬件地址 00:0c:29:22:51:f2
          inet 地址:192.168.3.4  广播:192.168.3.255  掩码:255.255.255.0
          inet6 地址: fe80::20c:29ff:fe22:51f2/64 Scope:Link
          UP BROADCAST RUNNING MULTICAST  MTU:1500  跃点数:1
          接收数据包:150 错误:0 丢弃:0 过载:0 帧数:0
          发送数据包:84 错误:0 丢弃:0 过载:0 载波:0
          碰撞:0 发送队列长度:1000
          接收字节:62482 (62.4 KB)  发送字节:12119 (12.1 KB)
          中断:19 基本地址:0x2000

malimei@malimei-virtual-machine:~$ hostname
malimei-virtual-machine
malimei@malimei-virtual-machine:~$ cat /etc/hostname
malimei-virtual-machine
malimei@malimei-virtual-machine:~$ cat /etc/resolv.conf
# Dynamic resolv.conf(5) file for glibc resolver(3) generated by resolvconf(8)
#      DO NOT EDIT THIS FILE BY HAND -- YOUR CHANGES WILL BE OVERWRITTEN
nameserver 127.0.1.1
malimei@malimei-virtual-machine:~$
```

图 5.6   查看配置文件

2. /dev

/dev 目录中存放了 device file(装置文件)，使用者可以经由核心存取系统中的硬设备，当使用装置文件时内核会辨识出输入输出请求，并传递到相应装置的驱动程序以便完成特定的动作。

该目录包含所有在 Linux 系统中使用的外部设备，每个设备在/dev 目录下均有一个相应的项目，如图 5.7 所示。注意 Linux 与 Windows/DOS 不同，不是存放外部设备的驱动程序，而是一个访问这些外部设备的端口。如/dev/cdrom 下存放光驱中的文件，/dev/u 下存放 U 盘中的文件，/dev/sda1 下一般存放的是第一块硬盘第一分区中的文件。

```
malimei@malimei:/dev$ ls
agpgart           loop-control      rtc0        tty25    tty57    ttyS3
autofs            lp0               sda         tty26    tty58    ttyS30
block             mapper            sda1        tty27    tty59    ttyS31
bsg               mcelog            sda2        tty28    tty6     ttyS4
btrfs-control     mem               sda5        tty29    tty60    ttyS5
bus               midi              sg0         tty3     tty61    ttyS6
cdrom             net               sg1         tty30    tty62    ttyS7
char              network_latency   sg2         tty31    tty63    ttyS8
console           network_throughput shm        tty32    tty7     ttyS9
core              null              snapshot    tty33    tty8     uhid
cpu               parport0          snd         tty34    tty9     uinput
cpu_dma_latency   port              sr0         tty35    ttyprintk urandom
cuse              ppp               sr1         tty36    ttyS0    vcs
disk              psaux             stderr      tty37    ttyS1    vcs1
dmmidi            ptmx              stdin       tty38    ttyS10   vcs2
dri               pts               stdout      tty39    ttyS11   vcs3
ecryptfs          ram0              tty         tty4     ttyS12   vcs4
fb0               ram1              tty0        tty40    ttyS13   vcs5
fd                ram10             tty1        tty41    ttyS14   vcs6
```

(a) 查看/dev 下的所有装置文件

```
malimei@malimei:/dev/bus$ ls -R
.:
usb

./usb:
001  002

./usb/001:
001

./usb/002:
001  002  003  004
```

(b) 查看/dev/bus 下的装置文件

```
malimei@malimei:/dev/input$ ls -R
.:
by-id  by-path  event0  event1  event2  event3  mice  mouse0  mouse1

./by-id:
usb-VMware_VMware_Virtual_USB_Mouse-event-mouse
usb-VMware_VMware_Virtual_USB_Mouse-mouse

./by-path:
pci-0000:02:00.0-usb-0:1:1.0-event-mouse    platform-i8042-serio-1-event-mouse
pci-0000:02:00.0-usb-0:1:1.0-mouse          platform-i8042-serio-1-mouse
platform-i8042-serio-0-event-kbd
```

(c) 查看/dev/input 下的装置文件

图 5.7　查看外部设备

第 5 章

Ubuntu 文件管理

目录下还有一些项目是没有的装置,这通常是在安装系统时所建立的,它不一定对应到实体的硬件装置。此外还有一些虚拟的装置,不对应到任何实体装置,例如空设备的/dev/null,任何写入该设备的请求均会被执行,但被写入的资料均会如进入空设备般消失。

3. /boot

该目录下存放与系统激活相关的文件,是系统启动时用到的程序。如图 5.8 所示,initrd.img、vmlinuz、System.map 均为重要文件,不可任意删除。其中,initrd.img 为系统激活时最先加载的文件;vmlinuz 为 Kernel 的镜像文件;System.map 包括 Kernel 的功能及位置。top、ps 命令读此文件来显示系统目前的信息状态。

```
malimei@malimei-virtual-machine:/mnt$ cd /boot
malimei@malimei-virtual-machine:/boot$ ls
config-4.15.0-45-generic       memtest86+.elf
config-4.15.0-54-generic       memtest86+_multiboot.bin
config-4.15.0-55-generic       System.map-4.15.0-45-generic
grub                           System.map-4.15.0-54-generic
initrd.img-4.15.0-45-generic   System.map-4.15.0-55-generic
initrd.img-4.15.0-54-generic   vmlinuz-4.15.0-45-generic
initrd.img-4.15.0-55-generic   vmlinuz-4.15.0-54-generic
lost+found                     vmlinuz-4.15.0-55-generic
memtest86+.bin
malimei@malimei-virtual-machine:/boot$
```

图 5.8　/boot 下的文件

4. /home

登录用户的主目录就放在此目录下,以用户的名称作为/home 目录下各个子目录的名称。如果建立一个用户,用户名是"malimei",那么在/home 目录下就有一个对应的/home/malimei 路径,当用户 malimei 登录时,其所在的默认目录就是/home/malimei,如图 5.9 所示。

```
malimei@malimei-virtual-machine: ~
malimei@malimei-virtual-machine:~$ pwd
/home/malimei
malimei@malimei-virtual-machine:~$ ls -l
总用量 104672
-rw-rw-r-- 1 malimei malimei   10240 8月  16 09:41 11.tar
-rw-rw-r-- 1 user1   malimei      15 8月  16 11:59 11.txt
```

图 5.9　查看/home 下的用户目录

也可以在图形管理界面中查看用户主目录下的文档,如图 5.10 所示,标签页显示路径为/home,其下存放了三个用户各自的目录。双击图标 user1,进入用户 user1 的主目录,该用户的文件都存放在其中,如图 5.11 所示。

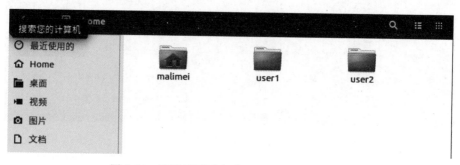

图 5.10　图形界面下查看/home 下的用户目录

图 5.11　用户 user1 的工作目录/home/user1

说明：创建用户的命令是 adduser 和 useradd,将在第 6 章介绍。

5./lib

本目录存放了许多系统激活时所需要的重要的共享函数库,lib 是 library(库)的英文缩写。几乎所有的应用程序都会用到这个目录下的共享库。例如,文件名为 library. so. version 的共享函数库就放在/lib 目录下,该函数库包含很多像 GNU C library(C 编译程序)这样的重要部分。在图 5.12 中,用命令 ls 查看了该目录下的库文件(该命令是在/lib 目录下使用的)。

```
malimei@malimei:/lib$ ls
apparmor                              libip4tc.so.0        modules
brltty                                libip4tc.so.0.1.0    modules-load.d
cpp                                   libip6tc.so.0        plymouth
crda                                  libip6tc.so.0.1.0    recovery-mode
firmware                              libiptc.so.0         resolvconf
hdparm                                libiptc.so.0.0.0     systemd
i386-linux-gnu                        libxtables.so.10     terminfo
ifupdown                              libxtables.so.10.0.0 udev
init                                  linux-sound-base     ufw
klibc-SDKhWJaiUdo40xxZ-mvprY1CZus.so  lsb                  xtables
ld-linux.so.2                         modprobe.d
```

图 5.12　查看/lib 下的库文件

Linux 下的库分为动态库和静态库,一般情况下,. so 为共享库,用于动态连接,. a 为静态库,用于静态连接。

6./usr/lib

本目录下存放一些应用程序的共享函数库,例如 Netscape、X Server 等。图 5.13 中使用 ls 命令查看了该目录下的文件。其中,最重要的函数库为 libc 或 glibc(glibc 2. x 便是 libc 6. x 版本,标准 C 语言函数库),几乎所有的程序都会用到 libc 或 glibc,因为这两个程序提供了对于 Linux Kernel 的标准接口。还有文件名为 library. a 的静态函数库,也放在/user/lib 下。

```
malimei@malimei:/$ cd usr
malimei@malimei:/usr$ ls
bin  games  include  lib  local  sbin  share  src
malimei@malimei:/usr$ cd lib
malimei@malimei:/usr/lib$ ls
2013.com.canonical.certification:checkbox
2013.com.canonical.certification:plainbox-resources
accountsservice
apg
apt
aspell
at-spi2-core
avahi
```

图 5.13　查看/usr/libs 下的共享函数库文件

7. /mnt

这个目录在一般情况下是空的,是系统默认的挂载点,可以临时将别的文件系统挂在这个目录下,如图 5.14 所示。如果要挂载额外的文件系统到/mnt 目录,需要在该目录下建立任一目录作为挂载目录。如新建/mnt/usb 目录,作为 USB 移动设备的挂载点。

```
malimei@malimei-virtual-machine: /mnt
malimei@malimei-virtual-machine:~$ cd /mnt
malimei@malimei-virtual-machine:/mnt$ ls
hgfs  usb
malimei@malimei-virtual-machine:/mnt$
```

图 5.14　查看/mnt 下的文件

8. /proc

本目录为一个虚拟文件系统,它不占用硬盘空间,该目录下的文件均放置于内存中。/proc 会记录系统正在运行的进程、硬件状态、内存使用的多少等信息,这些信息是在内存中由系统自己产生的。每当存取/proc 文件系统时,Kernel 会拦截存取动作并获取相关信息再动态地产生目录与文件内容,如图 5.15 所示。

```
malimei@malimei:/proc$ ls
1     140   168   2169  28    3041  471   asound       modules
10    141   169   22    2811  3053  472   buddyinfo    mounts
1091  142   17    222   2814  3064  473   bus          mpt
1098  143   170   2251  2816  3072  485   cgroups      mtrr
11    144   171   23    2818  3083  5     cmdline      net
1112  145   172   230   2822  3137  50    consoles     pagetypeinfo
1127  146   173   231   2823  3144  508   cpuinfo      partitions
1129  147   174   2312  2829  3158  536   crypto       sched_debug
1131  148   175   24    2830  3163  545   devices      schedstat
12    149   176   2545  2835  3170  552   diskstats    scsi
1234  15    177   2564  2857  3178  557   dma          self
124   150   178   2568  2870  3195  561   driver       slabinfo
125   151   179   26    2882  3260  647   execdomains  softirqs
1253  152   18    2633  29    361   65    fb           stat
126   153   180   2644  2915  3670  670   filesystems  swaps
127   1530  181   2655  2926  3677  7     fs           sys
1278  154   182   2660  2966  3678  71    interrupts   sysrq-trigger
```

图 5.15　查看/proc 下的进程文件

9. /root

/root 是系统管理用户 root 的主目录,如果用户是以超级用户的身份登录的,这个就是超级用户的主目录,如图 5.16 所示。

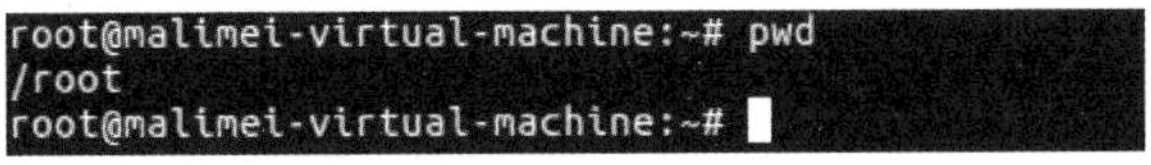

图 5.16　超级用户的主目录/root

10. /bin

本目录存放一些系统启动时所需要的普通程序和系统程序,及一些经常被其他程序调用的程序,是 Linux 常用的外部命令存放的目录。例如,ls、cat、cp、mkdir、rm、su、tar 等,和外部命令相对应的还有内部命令,只要 Linux 系统启动起来,内部命令就可以应用,如 cd 等,如图 5.17 所示。

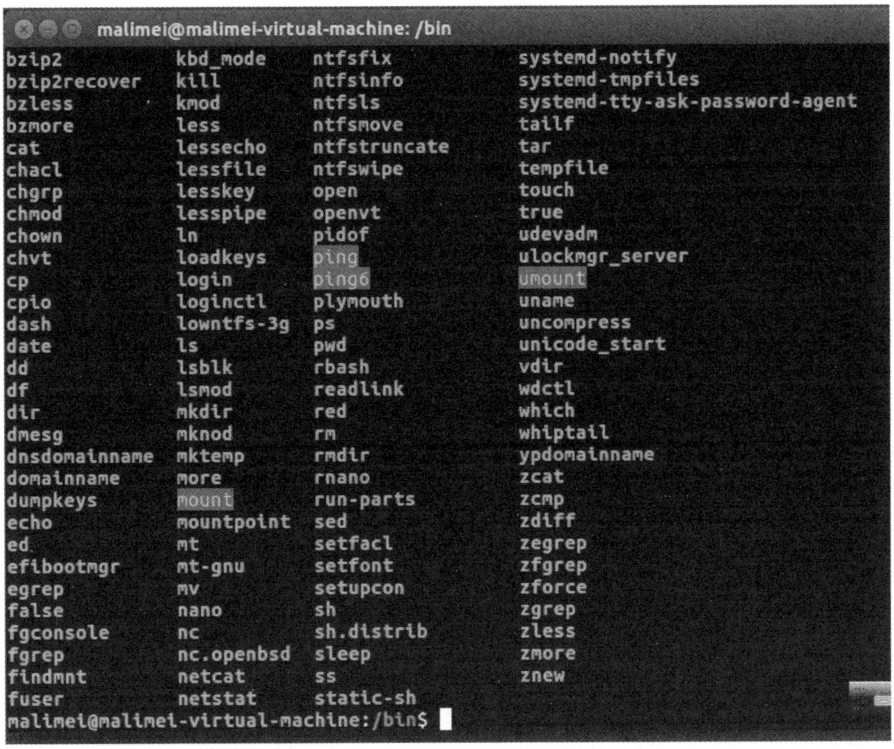

图 5.17　查看/bin 下的程序文件

11. /tmp

该目录存放系统启动时产生的临时文件。有时某些应用程序执行中产生的临时文件也会暂放在此目录,如图 5.18 所示。

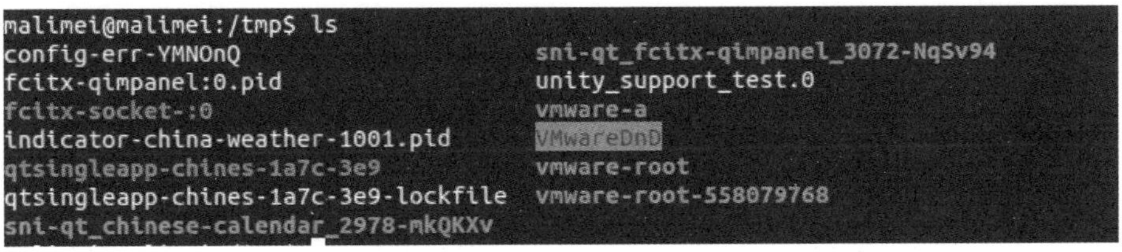

图 5.18　查看/tmp 下的临时文件

103

第 5 章

Ubuntu 文件管理

12. /var

该目录存放被系统修改过的数据。在这个目录下的重要目录有 /var/log、/var/spool、/var/run 等,分别用于存放记录文件、新闻邮件、运行时信息,如图 5.19 所示。

```
malimei@malimei:/var$ ls
backups   crash   local   log   metrics   run   tmp
cache     lib     lock    mail  opt       spool
malimei@malimei:/var$
```

图 5.19　查看/var 下的文件

5.1.4　文件的结构、类型和属性

1. 文件结构

文件结构是文件存放在磁盘等存储设备上的组织方法,主要体现在对文件和目录的组织上。目录提供了管理文件的一个方便而有效的途径。Linux 使用标准的目录结构,在安装的时候,安装程序就已经为用户创建了文件系统和完整而固定的目录组成形式,并指定了每个目录的作用和其中的文件类型。

Linux 采用的是树形结构。最上层是根目录,其他的所有目录都是从根目录出发而生成的。微软的 DOS 和 Windows 也是采用树形结构,但是在 DOS 和 Windows 中这样的树形结构的根是磁盘分区的盘符,有几个分区就有几个树形结构,它们之间的关系是并列的。但是在 Linux 中,无论操作系统管理几个磁盘分区,这样的目录树只有一个。从结构上讲,各个磁盘分区上的树形目录不一定是并列的,因为 Linux 是一个多用户系统,一个固定的目录规划有助于对系统文件和不同的用户文件进行统一管理。

Linux 中对文件路径的表达有两种方法——绝对路径和相对路径。

绝对路径:从根目录/开始的路径。比如"/home/malimei/Documents/test1,"这一路径与当前处于哪个目录没有关系,表达式是固定的。

相对路径:以"."或".."开始的,"."表示用户当前操作所处的位置,而".."表示上级目录。比如"./Documents/test1",与当前目录相关。

下面举例说明这两种路径,在 home 下存在用户 malimei 和用户 user1,当前用户为 malimei,即当前目录为/home/malimei。现有 malimei/Documents 下的 test1 文件和 user1/Documents 下的 test2 文件,使用 cat 命令查看这两个文件时,可分别使用这两种不同的路径方式。如图 5.20 所示使用的是绝对路径方式,如图 5.21 所示使用的是相对路径的方式。

说明:请比较一下,对于这个例子用哪种路径的方法显示文件比较好? 为什么?

```
malimei@malimei-virtual-machine:~$ cd /home/malimei
malimei@malimei-virtual-machine:~$ cat /home/malimei/documents/test1
Good morning!
How are you!

malimei@malimei-virtual-machine:~$ cat /home/user1/documents/test2
Good afternoon!
How are you!
```

图 5.20　用绝对路径的方法显示文件 test1 和 test2

图 5.21　用相对路径的方法显示文件 test1 和 test2

2. 文件类型

在 Linux 系统中主要根据文件头信息来判断文件类型，Linux 系统的文件类型有以下几种。

（1）普通文件。

普通文件就是用户通常访问的文件，由 ls -l 命令显示出来的属性中，第一个属性为"-"。

可以使用 ls -l 来查看文件属性，如图 5.22 所示，显示了 /bin 下的各个文件，其中的第一个"bash"就是一个普通文件，其属性（左侧第一列）的第一位是"-"。

图 5.22　查看普通文件

（2）纯文本文件。

普通文件中，有些文件内容可以直接读取，如文本文件，文件的内容一般是字母、数字以及一些符号等。可以使用 cat、vi 命令直接查看文件内容，如图 5.23 所示。有些文件是为系统准备的，如二进制文件，可执行的文件就是这种格式，如命令 cat 就是二进制文件。还有些文件是为运行中的程序准备的，如数据格式的文件，Linux 用户在登录系统时，会将登录数据记录在 /var/log/wtmp 文件内，这个文件就是数据文件。

（3）目录文件。

目录文件就是目录，相当于 Windows 中的文件夹。

可以使用 ls -l 命令显示文件的属性，其中第一个属性为 d 的是目录文件，如图 5.24 所示，根目录下的 bin、boot、dev 等都是目录。

```
malimei@malimei:~/Documents$ ls -l
总用量 4
-rw-rw-r-- 1 malimei malimei 28 Oct 30 08:49 test1
-rw-rw-r-- 1 malimei malimei  0 Oct 30 05:28 test2
malimei@malimei:~/Documents$ cat test1
1111111111111
1111111111111
malimei@malimei:~/Documents$
```

图 5.23　用 cat 查看纯文本文件内容

```
malimei@malimei:/$ ls -l
total 92
drwxr-xr-x   2 root root   4096 Aug  5 21:09 bin
drwxr-xr-x   3 root root   4096 Aug  5 21:11 boot
drwxrwxr-x   2 root root   4096 Aug  5 20:29 cdrom
drwxr-xr-x  16 root root   4260 Oct 30 03:57 dev
drwxr-xr-x 130 root root  12288 Oct 30 04:05 etc
drwxr-xr-x   5 root root   4096 Oct 30 04:05 home
lrwxrwxrwx   1 root root     33 Aug  5 21:09 initrd.img -> boot/initrd.img-3.16.0
-30-generic
drwxr-xr-x  23 root root   4096 Aug  5 21:09 lib
drwx------   2 root root  16384 Aug  5 20:22 lost+found
drwxr-xr-x   3 root root   4096 Feb 18  2015 media
drwxr-xr-x   3 root root   4096 Aug  5 21:11 mnt
drwxr-xr-x   2 root root   4096 Aug  5 21:11 opt
dr-xr-xr-x 236 root root      0 Oct 30 03:56 proc
drwx------   5 root root   4096 Oct 30 03:42 root
drwxr-xr-x  23 root root    800 Oct 30 03:58 run
```

图 5.24　查看目录文件

（4）链接文件。

在 Linux 中有两种链接方式：符号链接和硬链接。符号链接相当于 Windows 中的快捷方式。可用 ls -l 命令查看文件属性，符号链接文件的第一个属性用 l 表示，只有符号链接才会显示属性 l。如图 5.25 所示，bzcmp 就是一个链接文件，其指向 bzdiff(5.5 节将详细介绍链接文件)。

```
malimei@malimei:/$ cd bin
malimei@malimei:/bin$ ls -l
total 9468
-rwxr-xr-x 1 root root  986672 Oct  7  2014 bash
-rwxr-xr-x 1 root root   30240 Oct 21  2013 bunzip2
-rwxr-xr-x 1 root root 1713424 Nov 14  2013 busybox
-rwxr-xr-x 1 root root   30240 Oct 21  2013 bzcat
lrwxrwxrwx 1 root root       6 Aug  5 20:23 bzcmp -> bzdiff
-rwxr-xr-x 1 root root    2140 Oct 21  2013 bzdiff
lrwxrwxrwx 1 root root       6 Aug  5 20:23 bzegrep -> bzgrep
-rwxr-xr-x 1 root root    4877 Oct 21  2013 bzexe
lrwxrwxrwx 1 root root       6 Aug  5 20:23 bzfgrep -> bzgrep
-rwxr-xr-x 1 root root    3642 Oct 21  2013 bzgrep
-rwxr-xr-x 1 root root   30240 Oct 21  2013 bzip2
-rwxr-xr-x 1 root root    9624 Oct 21  2013 bzip2recover
lrwxrwxrwx 1 root root       6 Aug  5 20:23 bzless -> bzmore
```

图 5.25　查看链接文件

（5）设备文件。

设备文件是 Linux 系统中最特殊的文件。Linux 系统为外部设备提供一种标准接口，将外部设备视为一种特殊的文件，即设备文件。它能够在系统设备初始化时动态地在/dev 目录下创建好各种设备的文件节点，如图 5.26 所示，在设备卸载后自动删除/dev 下对应的

图 5.26　查看各分区对应的设备文件

文件节点。在编写设备驱动的时候，不必再为设备指定主设备号，在设备注册时用 0 来动态获取可用的主设备号，然后在驱动中来实现创建和销毁设备文件。

在 Linux 系统中设备文件分为字符设备文件和块设备文件。字符设备文件是指设备发送和接收数据以字符的形式进行；而块设备文件则以整个数据缓冲区的形式进行。由 ls -l/dev 命令显示出来的属性中，字符设备文件的第一个属性是 c，块设备文件的第一个属性是 b。在图 5.27 中，第一行的 agpgart 是字符设备文件，而倒数第二行的 fd0 是块设备文件。

图 5.27　查看设备文件

执行 ls -l /dev/ | grep "^c"，这条命令的意思就是在/dev 目录下查找以 c 开头的文件，这里以 c 开头的文件就是字符设备文件，如图 5.28 所示。

（6）套接字文件。

套接字文件通常用于网络数据连接。由 ls -l 命令显示出来的属性中，套接字文件的第一个属性用 s 表示，如图 5.29 所示的 acpid. socket 文件。

（7）管道文件。

主要用来解决多个程序同时访问一个文件所造成的错误。由 ls -l 命令显示出来的属性中，管道文件的第一个属性用 p 表示，管道一般的权限是：所有者有读写权限，而所属组与其他用户都只有读的权限，管道文件一般都是存放在/dev 目录下面，可以执行下面的命令去查看一下它的属性位：ls -l /dev/|grep "^p"。这条命令的意思就是：列出/dev/目录下的文件的详细信息，然后查找以 p 开头的文件，这里的 p 就是管道文件类型，如图 5.30 所示。

```
malimei@malimei-virtual-machine:/dev$ ls -l /dev/|grep "^c"
crw-------  1 root root    10, 175 8月  15 08:23 agpgart
crw-r--r--  1 root root    10, 235 8月  15 08:23 autofs
crw-------  1 root root    10, 234 8月  15 08:23 btrfs-control
crw-------  1 root root     5,   1 8月  15 08:24 console
crw-------  1 root root    10,  59 8月  15 08:23 cpu_dma_latency
crw-------  1 root root    10, 203 8月  15 08:23 cuse
crw-rw----+ 1 root audio   14,   9 8月  15 08:23 dmmidi
crw-------  1 root root    10,  61 8月  15 08:23 ecryptfs
crw-rw----  1 root video   29,   0 8月  15 08:23 fb0
crw-rw-rw-  1 root root     1,   7 8月  15 08:23 full
crw-rw-rw-  1 root root    10, 229 8月  15 08:23 fuse
crw-------  1 root root   244,   0 8月  15 08:23 hidraw0
crw-------  1 root root    10, 228 8月  15 08:23 hpet
crw-------  1 root root    10, 183 8月  15 08:23 hwrng
crw-r--r--  1 root root     1,  11 8月  15 08:23 kmsg
crw-rw----  1 root disk    10, 237 8月  15 08:23 loop-control
crw-------  1 root root    10, 227 8月  15 08:23 mcelog
crw-r-----  1 root kmem     1,   1 8月  15 08:23 mem
crw-------  1 root root    10,  56 8月  15 08:23 memory_bandwidth
crw-rw----+ 1 root audio   14,   2 8月  15 08:23 midi
crw-------  1 root root    10,  58 8月  15 08:23 network_latency
```

图 5.28　查找以 c 开头的字符设备文件

```
malimei@malimei:/var/run$ ls -l
total 52
-rw-r--r-- 1 root      root         4 Oct 30 03:57 acpid.pid
srw-rw-rw- 1 root      root         0 Oct 30 03:57 acpid.socket
drwxr-xr-x 2 root      root        40 Oct 30 03:57 alsa
drwxr-xr-x 2 avahi     avahi       80 Oct 30 08:00 avahi-daemon
```

图 5.29　查看套接字文件

```
malimei@malimei-virtual-machine:/dev$ ls -l *.pipe
prw-r--r-- 1 root root 0 8月  17 09:39 1.pipe
malimei@malimei-virtual-machine:/dev$ ls -l /dev/ | grep "^p"
prw-r--r--  1 root root        0 8月  17 09:39 1.pipe
malimei@malimei-virtual-machine:/dev$
```

图 5.30　管道文件

3. 文件属性

对于 Linux 系统的文件来说,其基本的属性有三种:读(r/4)、写(w/2)、执行(x/1)。不同用户对于文件拥有不同的读、写和执行权限。

(1) 读权限:具有读取目录结构的权限,可以查看和阅读文件,禁止对其做任何的更改操作,用 r 或 4 表示。

(2) 写权限:可以新建、删除、重命名、移动目录或文件(不过写权限受父目录权限控制),用 w 或 2 表示。

(3) 执行权限:文件拥有执行权限,才可以运行,比如二进制文件和脚本文件。有执行权限才可以进入目录文件,用 x 或 1 表示。

文件被创建时,文件所有者自动拥有对该文件的读、写和可执行权限,以便于对文件的阅读和修改。用户也可根据需要把访问权限设置为需要的任何组合。

5.2   文件操作命令

5.2.1   显示文件内容

1. cat

功能描述：用来串接文件或显示文件的内容，也可以从标准输入设备读取数据并将其结果重定向到一个新的文件中，达到建立新文件的目的。

语法：cat [选项] [文件名]

选项：cat 命令中的常用选项如表 5.1 所示。

表 5.1   cat 命令中的常用选项

选　　　项	作　　　　　用
-n 或 -number	由 1 开始对所有输出的行数编号
-b	和-n 相似，只不过对于空白行不编号
-s	当遇到有连续两行以上的空白行时，就代换为一行空白行
-E	--show-ends,在每行结束处显示 $

1）显示文件内容到屏幕

例 5.1   查看文件/etc/network/interfaces 的内容，带行号，如图 5.31 所示。

```
$ cd  /etc              更改当前目录为/etc。
$ cd  network           更改当前目录为/etc/network。
$ ls                    查看/etc/network 下的文件。
$ cat  - n  interfaces  查看该目录下文件 interfaces 的内容。
```

图 5.31   查看文件内容

2）显示文件内容到文件

cat 命令可以用于输出重定向，可以将现有文件的内容重定向到已有文件，如果目标文件不存在，则建立新文件。

格式一：cat a1.txt a2.txt > a3.txt

其中，">"表示输出重定向，将 a1 和 a2 的内容输出到 a3。如果 a3.txt 不存在，就新建一个 a3 文件。

格式二：cat a1.txt a2.txt >> a3.txt

其中，">>"表示追加重定向，将 a1 和 a2 的内容添加到 a3 的尾部，如果 a3 不存在，就新建一个 a3 文件。

3）串接输入内容到文件

cat 命令也可以从标准输入设备读取数据到已有文件或新建文件。

格式一：cat　＞a.txt

格式二：cat　－＞a.txt

从标准输入设备输入内容到文件 a.txt,如果 a.txt 不存在则新建一个 a.txt 文件。从屏幕输入时,用按 Ctrl＋D 组合键退出输入。

例 5.2　查看文件内容,并将内容复制到其他文件。

$ cat　test1	查看 test1 的内容。
$ cat　test1＞test2	将 test1 内容重定向到 test2(test2 原来为空文本)。
$ cat　test1≫test2	将 test1 内容重定向到 test2 的尾部,如图 5.32 所示。
$ cat　test1　test2≫test3	将 test1 和 test2 合并到新文件 test3,如图 5.33 所示。
$ cat　$ cat　－≫test3	从键盘输入内容到 test3(按 Ctrl＋D 组合键退出输入),如图 5.34 所示。

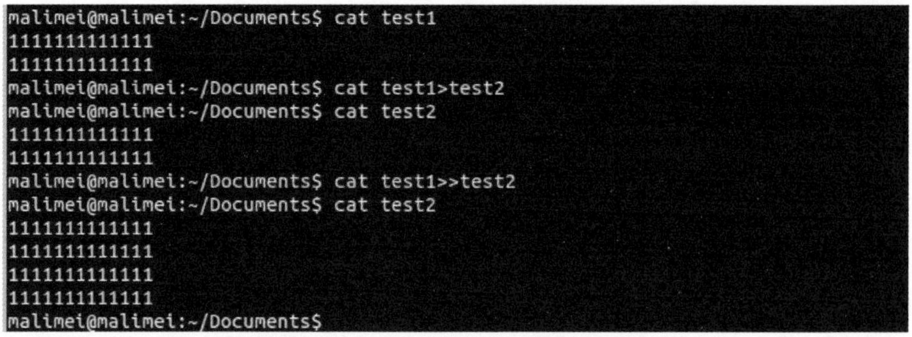

图 5.32　将 test1 内容复制到 test2(或尾部)

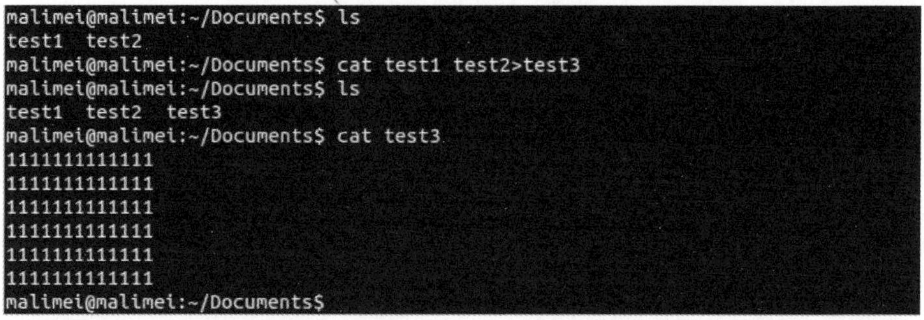

图 5.33　将 test1 和 test2 内容合并复制到 test3

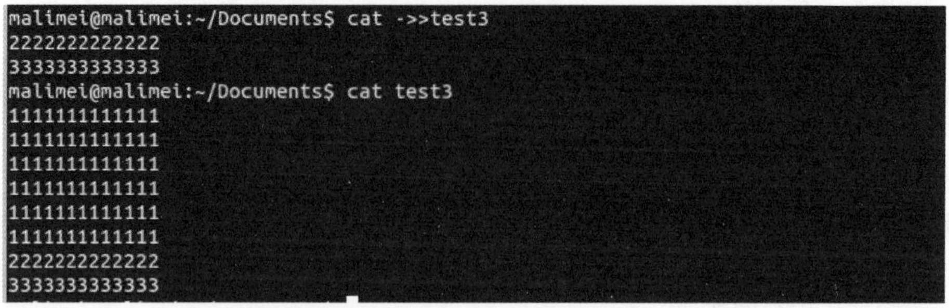

图 5.34　从键盘输入内容到 test3

例 5.3 创建文件并为文件输入内容,遇到结束标志 EOF 退出编辑,如图 5.35 所示。

```
$ cat > textfile << EOF          创建 textfile 文件。
> This is a text file.          输入内容。
> I like it.                    输入内容。
> EOF                           退出编辑状态。
```

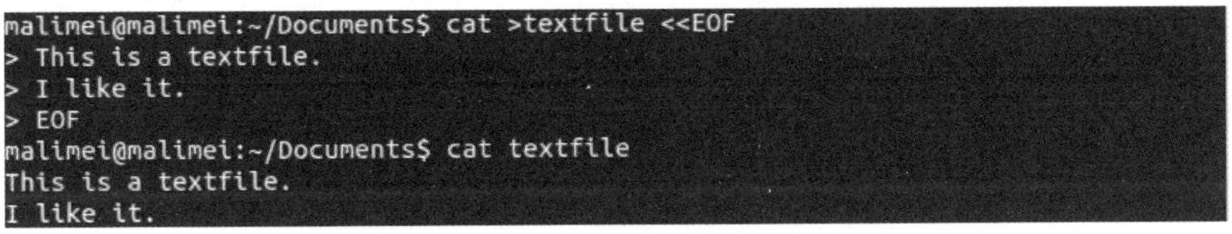

```
malimei@malimei:~/Documents$ cat >textfile <<EOF
> This is a textfile.
> I like it.
> EOF
malimei@malimei:~/Documents$ cat textfile
This is a textfile.
I like it.
```

图 5.35 从键盘输入到新文件

例 5.4 向已存在文件追加内容,遇到结束标志 EOF 退出编辑,如图 5.36 所示。

```
$ cat >> textfile << EOF         向 textfile 文件追加内容。
> really?                       所追加的内容。
> yes!                          所追加的内容。
> EOF                           退出编辑。
```

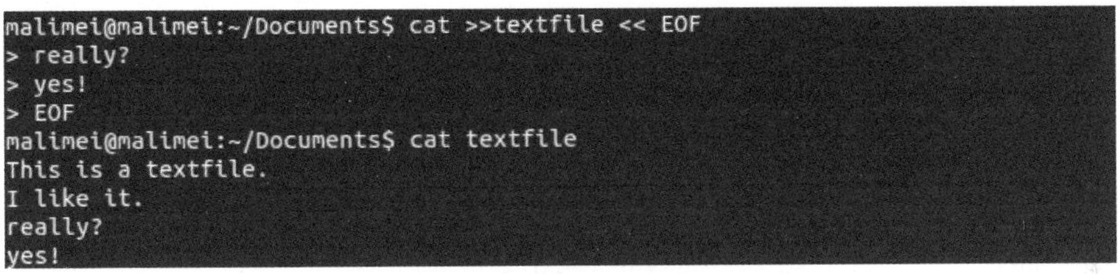

```
malimei@malimei:~/Documents$ cat >>textfile << EOF
> really?
> yes!
> EOF
malimei@malimei:~/Documents$ cat textfile
This is a textfile.
I like it.
really?
yes!
```

图 5.36 从键盘输入到已有文件

例 5.5 连接多个文件内容并且输出到一个文件中,如图 5.37 所示。

```
$ cat text1 text2 text3 > text0      将 text1、text2、text3 文件内容放入 text0 文件。
```

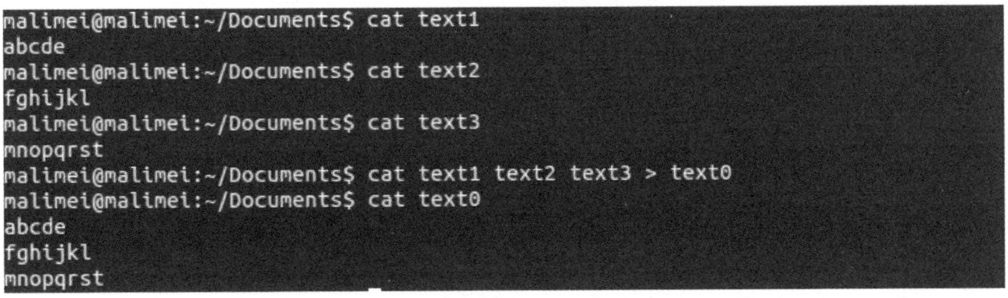

```
malimei@malimei:~/Documents$ cat text1
abcde
malimei@malimei:~/Documents$ cat text2
fghijkl
malimei@malimei:~/Documents$ cat text3
mnopqrst
malimei@malimei:~/Documents$ cat text1 text2 text3 > text0
malimei@malimei:~/Documents$ cat text0
abcde
fghijkl
mnopqrst
```

图 5.37 复制多个文件内容到 text0

在该例中,如果输出到的文件已存在则会将文件中原有内容先清空。

例 5.6 将一个或多个已存在的文件内容追加到一个已存在的文件中,不影响原文件内容,如图 5.38 所示。

```
$ cat text1 text2 text3 >> text4     将 text1、text2、text3 文件追加到 text4 文件中。
```

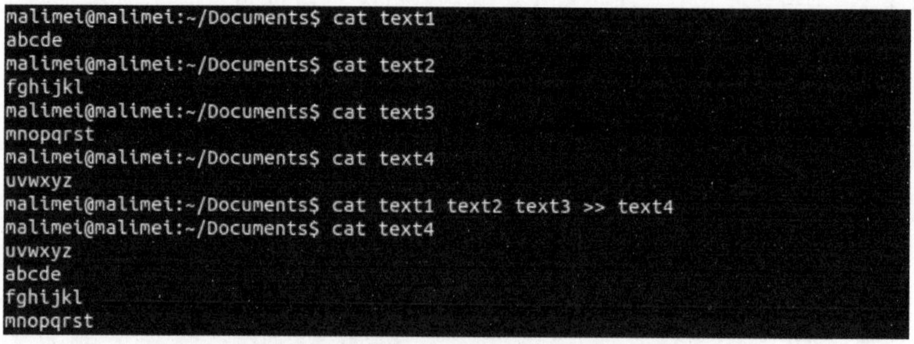

```
malimei@malimei:~/Documents$ cat text1
abcde
malimei@malimei:~/Documents$ cat text2
fghijkl
malimei@malimei:~/Documents$ cat text3
mnopqrst
malimei@malimei:~/Documents$ cat text4
uvwxyz
malimei@malimei:~/Documents$ cat text1 text2 text3 >> text4
malimei@malimei:~/Documents$ cat text4
uvwxyz
abcde
fghijkl
mnopqrst
```

图 5.38　复制多个文件内容到 text4 尾部

2. more

功能描述：显示输出的内容,然后根据窗口的大小进行分页显示,在终端底部打印出
"--More--"及已显示文本占全部文本的百分比。

语法：more　[选项][文件名]

选项：more 命令的常用选项如表 5.2 所示。

表 5.2　more 命令的常用选项

选　　项	作　　用
f 或<空格>	显示下一页
<回车>	显示下一行
q 或 Q	退出 more
+num	从第 num 行开始显示
-num	定义屏幕大小为 num 行
+/pattern	从 pattern 前两行开始显示
-c	从顶部清屏然后开始显示
-d	提示按空格键继续,按 Q 键退出,禁止响铃功能
-l	忽略换页(Ctrl+l)字符
-p	通过清除窗口而不是滚屏来对文件进行换页
-s	把连续的多个空行显示为一行
-u	把文件内容中的下画线去掉

例 5.7　查看文件内容,如图 5.39 所示。

```
$ more  isolat1.ent
```
分页显示文件 isolat1.ent 的内容。

当文件较大时,文本内容会在屏幕上快速显示,more 命令解决了这个问题,一次只显示
一屏的文本。输入命令后显示的是文本内容的第一页,按 Enter 键显示下一行,按 f 键或空
格键显示下一页,按 Ctrl+B 组合键返回上一屏,按 q 键退出显示。

例 5.8　带选项查看文件内容,如图 5.40 所示。

```
$ more +5  test3
$ more - 4  test3
$ more +/2  test3
$ more - dc  test3
```
从文件的第 5 行开始显示。
每屏只显示 4 行。
从文件中的第一个"2"的前两行开始显示。
显示提示,并从终端或控制台顶部显示。

```
malimei@malimei:/usr/share/yelp/dtd$ more isolat1.ent

<!--
    File isolat1.ent produced by the XSL script entities.xsl
    from input data in unicode.xml.

    Please report any errors to David Carlisle
    via the public W3C list www-math@w3.org.

    The numeric character values assigned to each entity
    (should) match the Unicode assignments in Unicode 4.0.

    Entity names in this file are derived from files carrying the
    following notice:

    (C) International Organization for Standardization 1986
    Permission to copy in any form is granted for use with
    conforming SGML systems and applications as defined in
    ISO 8879, provided this notice is included in all copies.

-->

<!--
--更多--(10%)
```

图 5.39　使用 more 命令查看文件内容

```
malimei@malimei:~/Documents$ cat test3
1111111111111
1111111111111
1111111111111
1111111111111
1111111111111
 Firefox Web Browser
2222222222222
3333333333333
malimei@malimei:~/Documents$ more +5 test3
1111111111111
1111111111111
2222222222222
3333333333333
malimei@malimei:~/Documents$ more -4 test3
1111111111111
1111111111111
1111111111111
1111111111111
--More--(50%)
[3]+  Stopped                    more -4 test3
malimei@malimei:~/Documents$ more +/2 test3

...skipping
1111111111111
1111111111111
2222222222222
3333333333333
malimei@malimei:~/Documents$
```

图 5.40　查看文件内容

3. less

功能描述：显示输出的内容，然后根据窗口的大小进行分页显示。

语法：less　[选项]　[文件名]

选项：less 命令的常用选项如表 5.3 所示。

Ubuntu 文件管理

表 5.3　less 命令的常用选项

选　项	作　用
-m	显示读取文件的百分比
-M	显示读取文件的百分比、行号及总行数
-N	在每行前输出行号
-s	把连续多个空白行作为一个空白行显示
-c	从上到下刷新屏幕,并显示文件内容
-f	强制打开文件,禁止文件显示时不提示警告
-i	搜索时忽略大小写,除非搜索串中包含大写字母
-I	搜索时忽略大小写,除非搜索串中包含小写字母
-p	搜索 pattern

例 5.9　查看文件内容,如图 5.41 所示。

```
$ less  - N  English                    显示文件 English 的内容时显示行号。
```

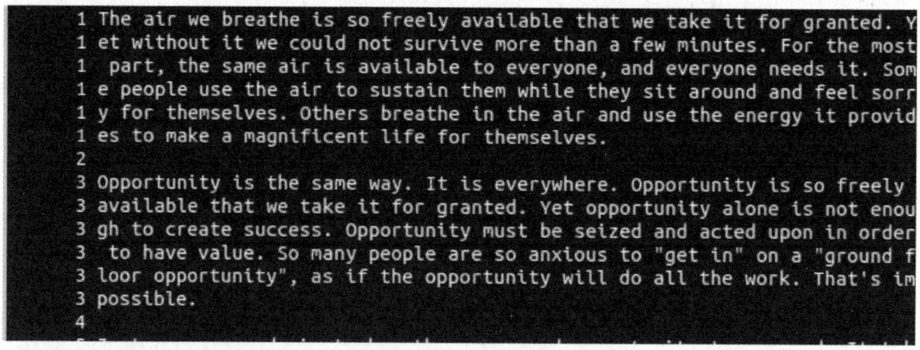

图 5.41　使用 less 命令查看文件内容

在 Ubuntu 中还有一些类似的命令,如 head、tail。

4. head

功能描述:显示文件的前 n 行/段,不带选项时,默认显示文件的前 10 行。

语法:head　[选项]　[文件名]

选项:head 命令的常用选项如表 5.4 所示。

表 5.4　head 命令的常用选项

选　项	作　用
-n	显示文件的前 n 行,系统默认值是 10
-c	显示文件的前 n 个字节

例 5.10　按照行/段查看文件内容,如图 5.42 所示。

```
$ head  - n  3  English                 显示 English 文件的前 3 行/段内容。
```

从例 5.10 中可以看到,这里显示的其实是前 3 段,在 Ubuntu 中行是以回车或换行符来隔开的。

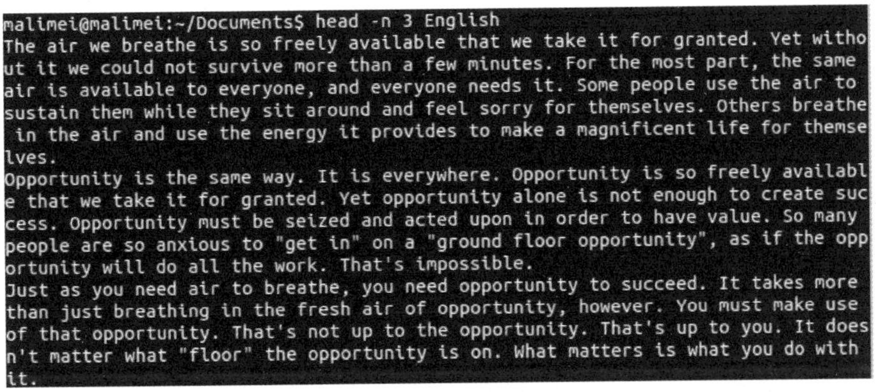

```
malimei@malimei:~/Documents$ head -n 3 English
The air we breathe is so freely available that we take it for granted. Yet witho
ut it we could not survive more than a few minutes. For the most part, the same
air is available to everyone, and everyone needs it. Some people use the air to
sustain them while they sit around and feel sorry for themselves. Others breathe
 in the air and use the energy it provides to make a magnificent life for themse
lves.
Opportunity is the same way. It is everywhere. Opportunity is so freely availabl
e that we take it for granted. Yet opportunity alone is not enough to create suc
cess. Opportunity must be seized and acted upon in order to have value. So many
people are so anxious to "get in" on a "ground floor opportunity", as if the opp
ortunity will do all the work. That's impossible.
Just as you need air to breathe, you need opportunity to succeed. It takes more
than just breathing in the fresh air of opportunity, however. You must make use
of that opportunity. That's not up to the opportunity. That's up to you. It does
n't matter what "floor" the opportunity is on. What matters is what you do with
it.
```

图 5.42 显示文件的前 3 行/段

例 5.11 带选项查看文件，如图 5.43 所示。

$ head – 2 test3	显示文件的前 2 行。
$ head – n 2 test3	显示文件的前 2 行。
$ head – n – 5 test3	显示文件除后 5 行以外的所有内容。

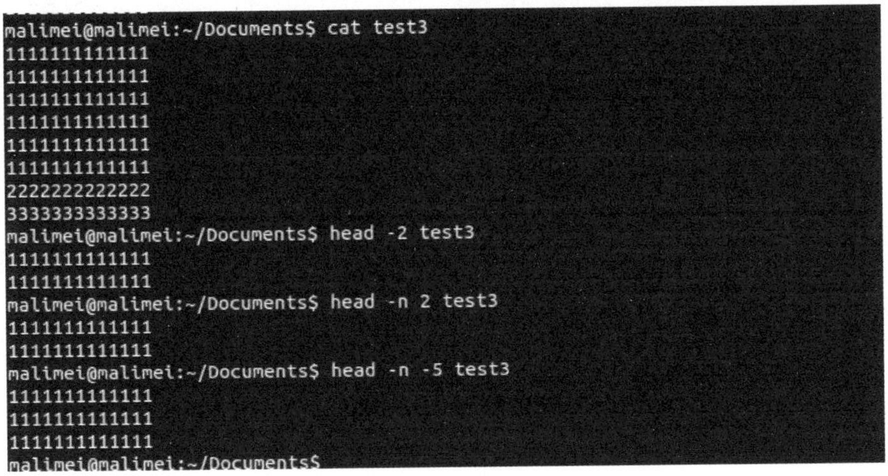

```
malimei@malimei:~/Documents$ cat test3
111111111111
111111111111
111111111111
111111111111
111111111111
111111111111
222222222222
333333333333
malimei@malimei:~/Documents$ head -2 test3
111111111111
111111111111
malimei@malimei:~/Documents$ head -n 2 test3
111111111111
111111111111
malimei@malimei:~/Documents$ head -n -5 test3
111111111111
111111111111
111111111111
malimei@malimei:~/Documents$
```

图 5.43 按照行查看文件

例 5.12 显示文件的前 n 个字节，如图 5.44 所示。

$ head – c 25 test3	显示文件的前 25 个字节。
$ head – c – 50 test3	显示文件除了最后 50 个字节以外的内容。

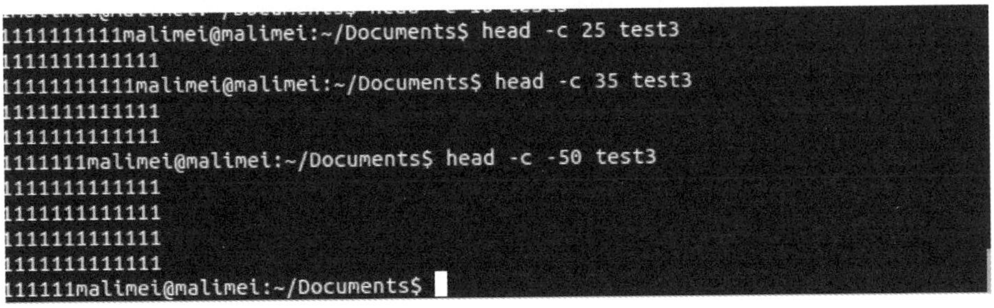

```
111111111malimei@malimei:~/Documents$ head -c 25 test3
111111111111
111111111111malimei@malimei:~/Documents$ head -c 35 test3
111111111111
111111111111
1111111malimei@malimei:~/Documents$ head -c -50 test3
111111111111
111111111111
111111111111
111111111111
111111malimei@malimei:~/Documents$
```

图 5.44 按照字节查看文件

115

第 5 章

Ubuntu 文件管理

5. tail

功能描述：显示文件的最后 n 行。

语法：tail ［选项］ ［文件名］

选项：tail 命令的常用选项如表 5.5 所示。

表 5.5 tail 命令的常用选项

选 项	作 用
-n	显示文件的最后 n 行，系统默认值是 10
-f	不断读取文件的最新内容，达到实时监控的目的

例 5.13 查看文件内容，如图 5.45 所示。

```
$ tail  -3  test3           显示文件的最后 3 行。
$ tail  -n  2  test3        显示文件的最后 2 行。
$ tail  -f  test3           显示文件内容，并且不断刷新。按 Ctrl + Z 组合键退出实时监控。
```

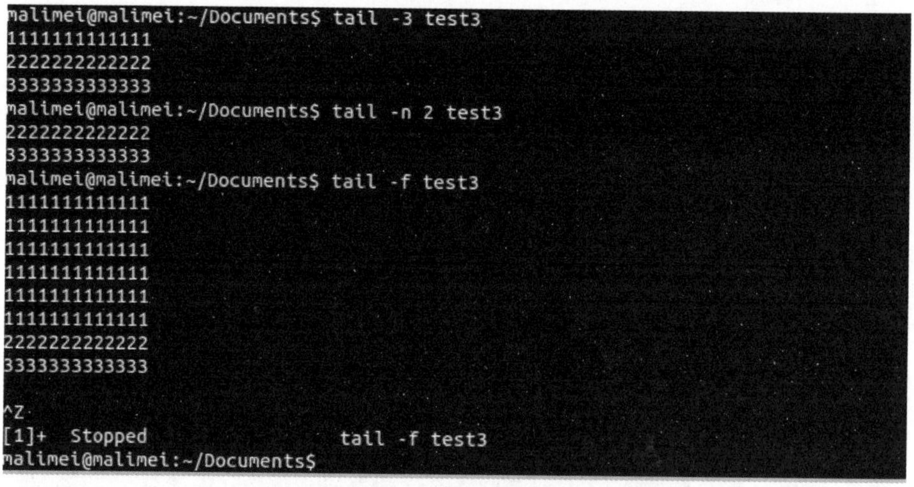

图 5.45 使用 tail 命令查看文件内容

6. echo

功能描述：输出字符串到基本输出，通常是在显示器上输出，输出的字符串间以空白字符隔开，并在最后加上换行号。

echo 命令的功能是在显示器上显示一段文字，一般起到提示的作用。该命令在 Shell 编程中极为常用，如检查变量 value 的取值时，可以利用 echo 命令将 value 值打印到显示器上。

语法：echo[选项] 字符串

选项：echo 的常用选项如表 5.6 所示。

如图 5.46 所示，在 echo 命令中选项 n 表示输出文字后不换行；字符串能加引号，也能不加引号；用 echo 命令输出加引号的字符串时，将字符串原样输出；用 echo 命令输出不加引号的字符串时，将字符串中的各个单词作为字符串输出，各字符串之间用一个空格分隔。

表 5.6　echo 的常用命令选项

选　项	作　　用	选　项	作　　用
-n	不输出末尾的换行符	\b	退格
-e	启用反斜线转义	\\	反斜线
\a	发出警告声	\n	另起一行
\c	最后不加上换行符号	\r	回车
\f	换行但光标仍旧停留在原来的位置	\t	插入 Tab
\nnn	插入 nnn(八进制)所代表的 ASCII 字符	\v	垂直制表符

图 5.46　echo 命令输出内容

例 5.14　输出内容,如图 5.47 所示。

$ echo　- e　"I \nlike\nyou!"　　　　　输入"I like you!",\n 表示换行。

图 5.47　echo - e 输出内容

7. od

功能描述：od 命令用于输出文件的八进制、十六进制或其他格式编码的字节,通常用于显示或查看文件中不能直接显示在终端的字符。

语法：od [选项] 字符串

选项：od 命令的常用选项如表 5.7 所示。

表 5.7　od 命令的常用选项

选　项	作　　用
-a	表示 ASCII 码的名字
-b	按照 3 个数值位的八进制数进行解释
-c	选择 ASCII 码字符或者是转义字符
-d	选择无符号两字节单位
-f	选择单精度浮点数
-I	等价于-t dI,选择十进制整型
-l	等价于-t dL,选择十进制长整型
-o	等价于-t o2,选择两字节单元并按照八进制解释
-s	等价于-t d2,选择两字节单元并按照十进制解释
-x	等价于-t x2,选择两字节单元并按照十六进制解释

例 5.15 按照八进制输出,如图 5.48 所示。

$ od − b text1.doc   使用单字节八进制进行输出。

```
malimei@malimei:~/Documents$ cat text1
abcde
malimei@malimei:~/Documents$ od -b text1
0000000 141 142 143 144 145 012
0000006
```

图 5.48 以八进制格式输出文件

5.2.2 显示目录及文件

1. ls

功能描述:列出目录的内容,是 list 的简写形式。

语法: ls [选项] [文件或目录]

选项: ls 命令的常用选项如表 5.8 所示。

表 5.8 ls 命令的常用选项

选项	作用
-a	显示所有文件,包括隐藏文件(以“.”开头的文件和目录是隐藏的),还包括本级目录“.”和上一级目录“..”
-A	显示所有文件,包括隐藏文件,但不列出“.”和“..”
-b	显示当前工作目录下的目录
-l	使用长格式显示文件的详细信息,包括文件状态、权限、拥有者,以及文件大小和文件名等
-F	附加文件类别,符号在文件名最后
-d	如果参数是目录,只显示其名称而不显示其下的各个文件
-t	将文件按照建立时间的先后次序列出
-r	将文件以相反次序显示(默认按英文字母顺序排序)
-R	递归显示目录,若目录下有文件,则以下的文件也会被依序列出
-i	显示文件的 inode(索引节点)信息

例 5.16 -l 使用长格式显示文件的详细信息,包括文件状态、权限、拥有者,以及文件大小和文件名等,如图 5.49 所示。

$ ls −l work   将 work 目录下的详细信息列出来。

```
malimei@malimei:~/Documents$ ls -l work
total 32
-rw-rw-r-- 1 malimei malimei 5743 Nov 10 05:45 English
-rw-rw-r-- 1 malimei malimei   23 Nov 10 08:22 text0
-rw-rw-r-- 1 malimei malimei    6 Nov  9 16:11 text1
-rw-rw-r-- 1 malimei malimei    8 Nov  9 16:12 text2
-rw-rw-r-- 1 malimei malimei    9 Nov  9 16:12 text3
-rw-rw-r-- 1 malimei malimei   30 Nov 10 08:24 text4
-rw-rw-r-- 1 malimei malimei   44 Nov 10 08:11 textfile
```

图 5.49 查看详细信息

选项-l 会显示文件的详细信息,各列的含义如下。

第 1 列表示是文件还是目录(d 开头的为目录)。

第 2 列表示如果是目录,则是目录下的子目录和文件数目;如果是文件,则是文件的数目或文件的链接数。

第 3 列表示文件的所有者名字。

第 4 列表示所属的组名字。

第 5 列表示文件的字节数。

第 6～8 列表示上一次修改的时间。

第 9 列表示文件名。

例 5.17 带参数显示目录下的内容,如图 5.50 所示。

```
$ ls  - a              列出当前目录下的所有文件和目录,包括隐藏文件。
$ ls  - A              列出当前目录下的所有文件和目录,包括隐藏文件,不包括. 和..。
$ ls  - R              递归显示,若目录下还有目录,则其下的文件也会被依序列出。
$ ls  - R  - l         以递归的形式显示当前目录下文件或目录的详细信息。
$ ls  Documents        列出/Documents 下的文件和目录。
$ ls  - F  Documents   列出/Documents 下的文件和目录,在目录后加斜线以区分。
```

```
malimei@malimei:~$ ls
a.txt  Documents
malimei@malimei:~$ ls -a
.  ..  a.txt  .bash_history  .bash_logout  .bashrc  Documents  .profile
malimei@malimei:~$ ls -A
a.txt  .bash_history  .bash_logout  .bashrc  Documents  .profile
malimei@malimei:~$ ls -l
总用量 4
-rw-rw-r-- 1 malimei malimei    0 Oct 31 05:13 a.txt
drwxrwxr-x 2 malimei malimei 4096 Oct 31 03:14 Documents
malimei@malimei:~$ ls -R
.:
a.txt  Documents

./Documents:
test1  test2   test3
malimei@malimei:~$ ls -R -l
.:
总用量 4
-rw-rw-r-- 1 malimei malimei    0 Oct 31 05:13 a.txt
drwxrwxr-x 2 malimei malimei 4096 Oct 31 03:14 Documents

./Documents:
总用量 12
-rw-rw-r-- 1 malimei malimei  28 Oct 30 08:49 test1
-rw-rw-r-- 1 malimei malimei  56 Oct 31 03:11 test2
-rw-rw-r-- 1 malimei malimei 112 Oct 31 03:15 test3
malimei@malimei:~$ ls Documents
English~  text1~  text2~  text3~  text4~  textfile~  work
malimei@malimei:~$ ls -F Documents
English~   text1~   text2~   text3~   text4~   textfile~   work/
```

图 5.50 带参数查看当前目录下的内容

例 5.18 /bin 目录下显示的是 Linux 的命令,命令包括内部命令和外部命令。在/bin 下显示文件名的是外部命令,没有显示的是内部命令。如图 5.51 所示,pwd、ls、touch 是外部命令,cd 是内部命令。

```
dbus-uuidgen       lsblk        plymouth               whiptail
dd                 lsmod        plymouth-upstart-bridge ypdomainname
df                 mkdir        ps                     zcat
dir                mknod        pwd                    zcmp
dmesg              mktemp       rbash                  zdiff
dnsdomainname      more         readlink               zegrep
domainname         mount        red                    zfgrep
dumpkeys           mountpoint   rm                     zforce
echo               mt           rmdir                  zgrep
ed                 mt-gnu       rnano                  zless
egrep              mv           running-in-container   zmore
false              nano         run-parts              znew
malimei@malimei-virtual-machine:/bin$ ls pwd
pwd
malimei@malimei-virtual-machine:/bin$ ls cd
ls: 无法访问cd: 没有那个文件或目录
malimei@malimei-virtual-machine:/bin$ ls ls
ls
malimei@malimei-virtual-machine:/bin$ ls touch
touch
malimei@malimei-virtual-machine:/bin$ cd ~
malimei@malimei-virtual-machine:~$ pwd
/home/malimei
malimei@malimei-virtual-machine:~$
```

图 5.51　查看/bin下的命令文件

例 5.19　显示文件的 inode 索引节点的信息,如图 5.52 所示。

$ ls - il 　　　　　　　　显示当前目录下每个文件的索引节点号。

```
malimei@malimei-virtual-machine:~$ ls -il
总用量 76
134885 -rw-rw-r--  1 malimei malimei     4 12月 17 16:33 a
134896 lrwxrwxrwx  1 malimei malimei     1 12月 17 16:47 a1 -> a
134909 drwxrwxr-x  2 malimei malimei  4096 3月  31 15:20 c1
134923 -rw-rw-r--  1 malimei malimei   344 3月  31 15:50 d1.tar
131421 drwxrwxr-x  5 malimei malimei  4096 3月  31 16:13 d3
129962 -rw-rw-r--  1 malimei malimei     0 7月  19  2019 dd
129794 -rw-r--r--  1 malimei malimei  8980 7月  19  2019 examples.desktop
134891 lrwxrwxrwx  1 malimei malimei     1 12月 17 16:38 rss -> a
130286 drwxrwxrwx  2 malimei malimei  4096 12月 10 16:21 share
134890 drwxrwxr-x  2 malimei malimei  4096 12月 17 16:48 ss
130027 drwxrwxr-x  3 malimei malimei  4096 7月  20  2019 vmware
134924 -rw-rw-r--  1 malimei malimei  1774 3月  31 15:51 zd1.zip
129807 drwxr-xr-x  2 malimei malimei  4096 7月  19  2019 公共的
129806 drwxr-xr-x  2 malimei malimei  4096 7月  19  2019 模板
129811 drwxr-xr-x  2 malimei malimei  4096 7月  19  2019 视频
129810 drwxr-xr-x  2 malimei malimei  4096 4月   3 16:49 图片
129808 drwxr-xr-x  2 malimei malimei  4096 7月  19  2019 文档
129805 drwxr-xr-x  2 malimei malimei  4096 7月  19  2019 下载
129809 drwxr-xr-x  2 malimei malimei  4096 7月  19  2019 音乐
129804 drwxr-xr-x  2 malimei malimei  4096 7月  21  2019 桌面
```

图 5.52　查看文件的信息及索引节点号

这里所说的 inode,中文译名为"索引节点",与文件的存储有关。

文件存储在硬盘上,硬盘的最小存储单位叫作"扇区"(sector)。每个扇区存储 512B(相当于 0.5KB)。操作系统读取硬盘的时候,不会一个个扇区地读取,这样效率太低,而是一次性连续读取多个扇区,即一次性读取一个"块"(block)。这种由多个扇区组成的"块",是文件存取的最小单位。"块"的大小，最常见的是 4KB，即连续 8 个 sector 组成一个 block。文件数据都存储在"块"中，那么很显然，我们还必须找到一个地方存储文件的元信息，比如文件的创建者、文件的创建日期、文件的大小等。这种存储文件元信息的区域就叫作 inode，ls -i 则显示了文件的这一信息。

inode 包含文件的元信息，具体来说有以下内容。

（1）文件的字节数。

（2）文件拥有者的 User ID。

（3）文件的 Group ID。

（4）文件的读、写、执行权限。

（5）文件的时间，共有三个：ctime 指 inode 上一次变动的时间，mtime 指文件内容上一次变动的时间，atime 指文件上一次打开的时间。

（6）链接数，即有多少文件名指向这个 inode。

（7）文件数据 block 的位置。

可以用 stat 命令，查看某个文件的 inode 信息，如图 5.53 所示。总之，除了文件名以外的所有文件信息，都存在 inode 之中。

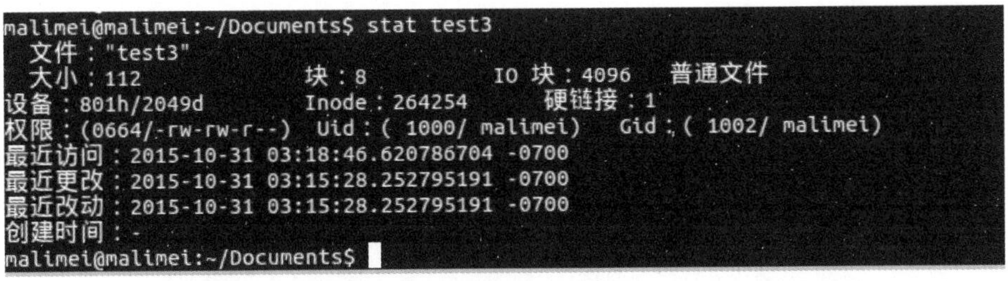

图 5.53　查看文件的 indoe 信息

2. pwd

功能描述：显示当前工作目录的完整路径。

语法：pwd

选项：pwd 的常用选项如表 5.9 所示。

表 5.9　pwd 的常用命令选项

选　　项	作　　用
-P	如果目录是链接时，显示出实际路径，而非使用链接（link）路径

例 5.20　查看当前工作路径，如图 5.54 所示。

```
$ pwd                    查看默认工作目录的完整路径。
```

3. cd

功能描述：改变当前工作目录。把希望进入的目录名称作为参数，从而在目录间进行移动，目录名称可以是工作目录下的子目录名称，也可以是系统中任何目录的全路径名。想要回到主目录，只需要直接输入 cd 或 cd～。

语法：cd [目录]

```
malimei@malimei-virtual-machine:~$ pwd
/home/malimei
malimei@malimei-virtual-machine:~$ cd ..
malimei@malimei-virtual-machine:/home$ pwd
/home
malimei@malimei-virtual-machine:/home$ cd /home/user1
malimei@malimei-virtual-machine:/home/user1$ pwd
/home/user1
malimei@malimei-virtual-machine:/home/user1$
```

图 5.54　查看当前目录的路径

例 5.21　回到上一级目录,如图 5.55 所示。

$ cd ..　　　　　　　　　　返回上一级路径。

```
malimei@malimei:~$ pwd
/home/malimei
malimei@malimei:~$ cd ..
malimei@malimei:/home$ pwd
/home
malimei@malimei:/home$ cd ..
malimei@malimei:/$ pwd
/
```

图 5.55　返回上一级路径

例 5.22　切换到用户的主目录,如图 5.56 所示。

$ cd 　 ～　　　　　　　　　回到用户的主目录。

```
malimei@malimei-virtual-machine:/home$ cd /home/user1
malimei@malimei-virtual-machine:/home/user1$ pwd
/home/user1
malimei@malimei-virtual-machine:/home/user1$ cd ~
malimei@malimei-virtual-machine:~$ pwd
/home/malimei
malimei@malimei-virtual-machine:~$
```

图 5.56　切换当前目录

5.2.3　文件创建、删除命令

1. touch

功能描述：生成空文件和修改文件存取时间。当执行了 touch 命令后,文件的创建时间或修改时间会更新为当前系统的时间,如果文件不存在,就会自动添加一个空文件。

语法：touch　[选项]　[文件名]

选项：touch 命令的常用选项如表 5.10 所示。

表 5.10　touch 命令的常用选项

选　　项	作　　用
-d	以 yyyymmdd 的形式给出要修改的时间,而非现在的时间
-a	只更改存取时间
-c	不建立任何文档
-f	此参数将忽略不予处理,仅负责解决 BSD 版本指令的兼容性问题
-m	只更改变动时间
-r	把指定文档或目录的日期时间设成参考文档或目录的日期时间

例 5.23 创建新的空文件,如图 5.57 所示。

$ touch t1　t2   创建新的空文件 t1 和 t2。

```
malimei@malimei-virtual-machine:~/ss$ touch t1 t2
malimei@malimei-virtual-machine:~/ss$ ls -l
总用量 4
-rw-rw-r-- 1 malimei malimei 4 12月 17 16:48 a
lrwxrwxrwx 1 malimei malimei 1 12月 17 16:48 a1 -> a
-rw-rw-r-- 1 malimei malimei 0 5月  13 16:10 t1
-rw-rw-r-- 1 malimei malimei 0 5月  13 16:10 t2
malimei@malimei-virtual-machine:~/ss$
```

图 5.57　创建新的空文件

例 5.24 修改文件的时间,如图 5.58 所示。

$ touch − r a t1   将 t1 的文件时间更改为和文件 a 一样的文件时间。

```
malimei@malimei-virtual-machine:~/ss$ touch -r a t1
malimei@malimei-virtual-machine:~/ss$ ls -l
总用量 4
-rw-rw-r-- 1 malimei malimei 4 12月 17 16:48 a
lrwxrwxrwx 1 malimei malimei 1 12月 17 16:48 a1 -> a
-rw-rw-r-- 1 malimei malimei 0 12月 17 16:48 t1
-rw-rw-r-- 1 malimei malimei 0 5月  13 16:10 t2
malimei@malimei-virtual-machine:~/ss$
```

图 5.58　修改文件的时间

例 5.25 指定修改文件的时间,如图 5.59 所示。

$ touch − d　time　filename   将 filename 的文件时间更改为指定的时间。

```
malimei@malimei-virtual-machine:~$ ls --full-time a
-rw-rw-r-- 1 malimei malimei 4 2019-12-17 16:33:57.681220390 +0800 a
malimei@malimei-virtual-machine:~$ touch -d "2020-08-20 20:25:30" a
malimei@malimei-virtual-machine:~$ ls --full-time a
-rw-rw-r-- 1 malimei malimei 4 2020-08-20 20:25:30.000000000 +0800 a
malimei@malimei-virtual-machine:~$
```

图 5.59　指定修改文件的时间

2. rm

功能描述:删除一个目录中的若干个文件或子目录。在默认情况下,rm 命令只能删除指定的文件,而不能删除目录,如果删除目录必须加参数-r。

注意:一旦用命令删除文件,不容易恢复。

语法:rm　[选项]　[文件或目录]

选项:rm 命令的常用选项如表 5.11 所示。

表 5.11　rm 命令的常用选项

选　　项	作　　用
-f	强制删除。忽略不存在的文件,不提示确认
-i	在删除前会有提示,需要确认

续表

选　　项	作　　用
-I	在删除超过 3 个文件时或在递归删除前需要确认
-r(R)	递归删除目录及其内容(无该选项时只删除文件)

例 5.26 删除文件,删除前确认,如图 5.60 所示。

```
$ rm  -i  *.doc                删除所有.doc 文件,执行前系统会先询问是否删除。
```

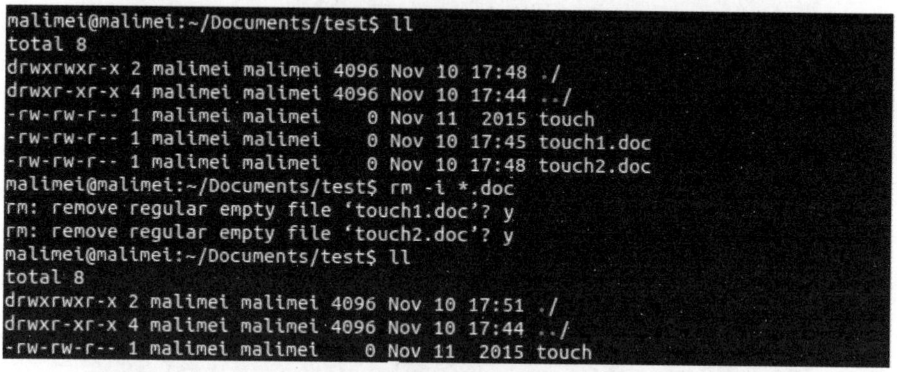

图 5.60　删除文件前确认

例 5.27 删除目录及其下的子目录和文件,如图 5.61 所示。

```
$ rm  -ri  documents           删除目录 documents 及其下的子目录 d1 和 d1 目录中的文件。
```

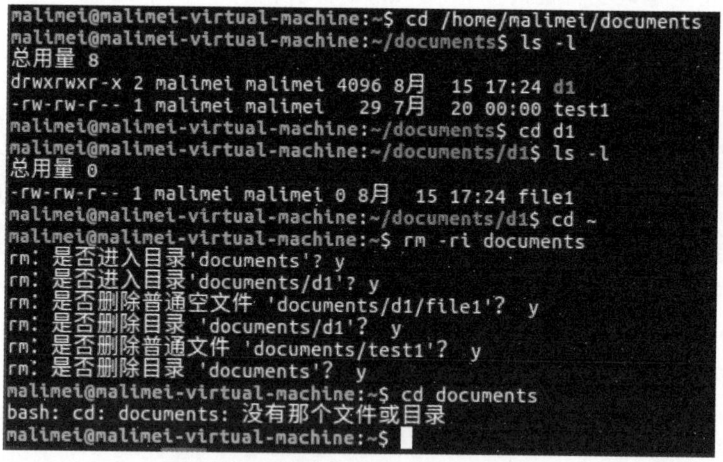

图 5.61　删除目录及其下子目录和文件

例 5.28 I 和 i 的区别。I 删除子目录前一次性确认,i 删除子目录前逐个确认,如图 5.62 所示。

```
$ rm  -ri  cc                  逐个确认删除 cc 子目录。
$ rm  -rI  cc                  一次性确认删除 cc 子目录。
```

```
malimei@malimei-virtual-machine:~$ cd cc
malimei@malimei-virtual-machine:~/cc$ ls
cc
malimei@malimei-virtual-machine:~/cc$ cd ..
malimei@malimei-virtual-machine:~$ rm -ri cc
rm：是否进入目录"cc"? y
rm：是否进入目录"cc/cc"? y
rm：是否删除目录 "cc/cc/[c1,c2]"？ y
rm：是否删除目录 "cc/cc"？ y
rm：是否删除目录 "cc"？ y
malimei@malimei-virtual-machine:~$ cd ww
malimei@malimei-virtual-machine:~/ww$ ls
malimei@malimei-virtual-machine:~/ww$ mkdir bb
malimei@malimei-virtual-machine:~/ww$ cd bb
malimei@malimei-virtual-machine:~/ww/bb$ mkdir cc
malimei@malimei-virtual-machine:~/ww/bb$ cd ..
malimei@malimei-virtual-machine:~/ww$ cd ..
malimei@malimei-virtual-machine:~$ rm -rI ww
rm：递归删除所有参数？ y
malimei@malimei-virtual-machine:~$
```

图 5.62　I 和 i 的区别

5.2.4　目录创建、删除命令

1. mkdir

功能描述：mkdir 命令用来创建指定名称的目录，要求创建目录的用户在当前目录中具有写权限，并且指定的目录名不能是当前目录中已有的目录。

语法：mkdir　[选项]　[目录名]

选项：mkdir 命令的常用选项如表 5.12 所示。

表 5.12　mkdir 命令的常用选项

选　　项	作　　用
-p	依次创建目录，需要时创建目标目录的上级目录
-m	设置权限模式，在建立目录时按模式指定设置目录权限
-v	每次创建新目录都显示执行过程信息

其中的-m 选项用来设置目录的权限。对目录的读权限是 4、写权限是 2、执行权限是 1，这三个数字的和表达了对该目录的权限，如 7 代表同时具有读、写和执行权限，6 代表具有读和写的权限，4 则代表只有读的权限。

-m 的格式为 mkdir -m [参数] [目录名]，这里的参数由三位如上所述的数字组成，分别代表目录所有者的权限、组中其他人对目录的权限和系统中其他人对目录的权限。常用的组合如表 5.13 所示。

表 5.13　-m 参数的含义

参　　数	含　　义
600	只有所有者有读和写的权限
644	所有者有读和写的权限，组用户只有读的权限
666	每个人都有读和写的权限
700	只有所有者有读和写以及执行的权限
777	每个人都有读和写以及执行的权限

例 5.29 创建目录,如图 5.63 所示。

```
$ mkdir  c-language              在当前目录下创建子目录 c-language。
```

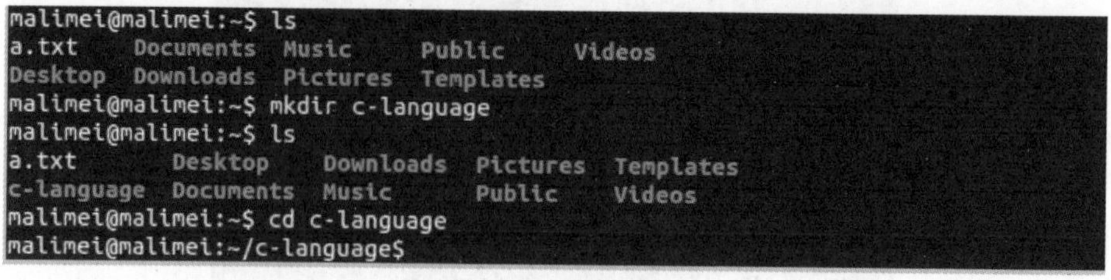

图 5.63　创建目录

例 5.30 依次创建目录,如果上级目录不存在,则同时创建上级目录,如图 5.64 所示。

```
$ mkdir  -p  aaa/test            创建子目录 aaa,并在其下建立子目录 test。
```

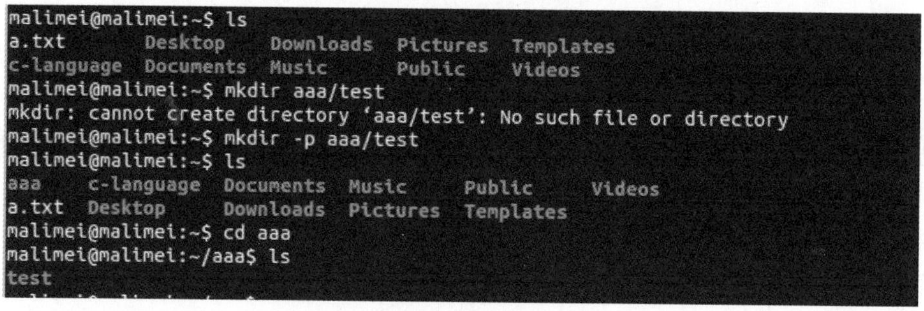

图 5.64　创建目标及父目录

例 5.31 同时创建多个目录,如图 5.65 所示。

```
$ mkdir -vp scf/{lib/,bin/,doc/{info,product}}
```
创建目录 scf; scf 下创建目录 lib、bin、doc; doc 下创建目录 info、product,并显示过程。

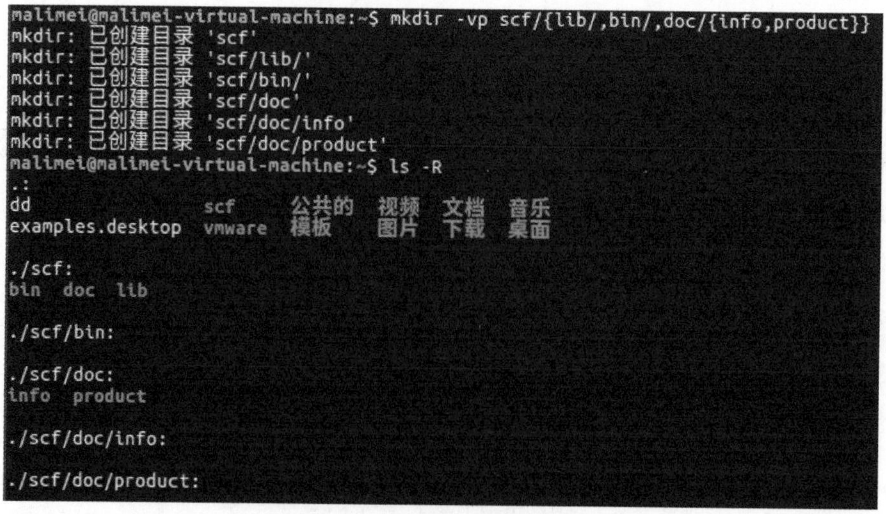

图 5.65　逐层创建、查看创建的多级目录

例 5.32 创建新目录,同时设置访问权限,如图 5.66 所示。

$ mkdir − m 777 test4   创建目录 test4,每个人对该目录都有读、写和执行的权限。

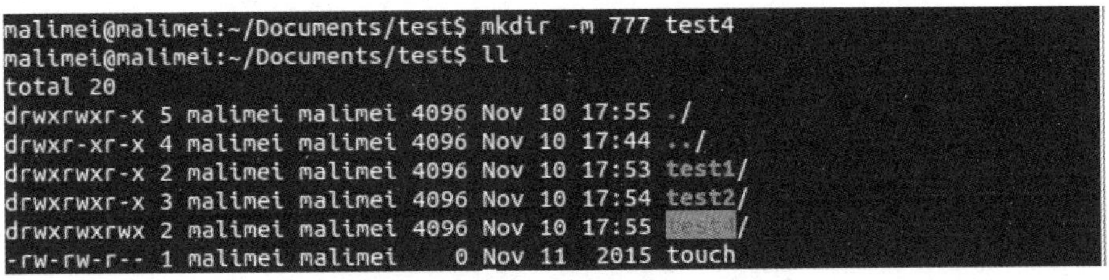

```
malimei@malimei:~/Documents/test$ mkdir -m 777 test4
malimei@malimei:~/Documents/test$ ll
total 20
drwxrwxr-x 5 malimei malimei 4096 Nov 10 17:55 ./
drwxr-xr-x 4 malimei malimei 4096 Nov 10 17:44 ../
drwxrwxr-x 2 malimei malimei 4096 Nov 10 17:53 test1/
drwxrwxr-x 3 malimei malimei 4096 Nov 10 17:54 test2/
drwxrwxrwx 2 malimei malimei 4096 Nov 10 17:55 test4/
-rw-rw-r-- 1 malimei malimei    0 Nov 11  2015 touch
```

图 5.66 创建新目录并设置权限

例 5.33 只能在自己的工作目录下建立子目录,否则必须具有超级用户权限,如图 5.67 所示。

$ mkdir − m 700 d11   在根目录下创建子目录 d11,只有超级用户才可以建立。

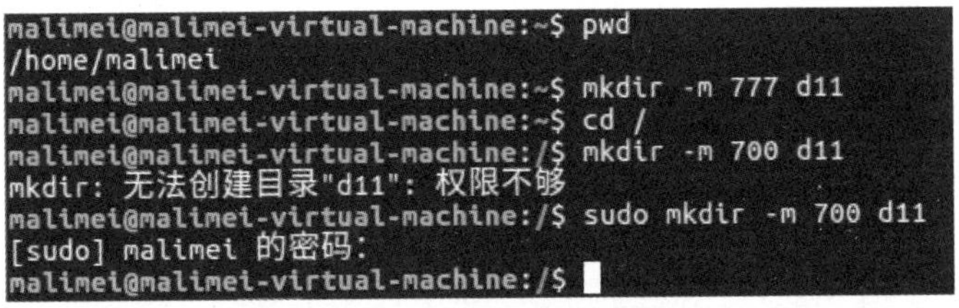

```
malimei@malimei-virtual-machine:~$ pwd
/home/malimei
malimei@malimei-virtual-machine:~$ mkdir -m 777 d11
malimei@malimei-virtual-machine:~$ cd /
malimei@malimei-virtual-machine:/$ mkdir -m 700 d11
mkdir: 无法创建目录"d11": 权限不够
malimei@malimei-virtual-machine:/$ sudo mkdir -m 700 d11
[sudo] malimei 的密码:
malimei@malimei-virtual-machine:/$
```

图 5.67 root 权限创建目录

2. rmdir

功能描述:删除空目录。在操作系统中,有时会出现比较多的空目录,这是可以使用目录删除命令 rmdir 将它们都删除。rmdir 命令只能删除空目录,如果有文件需要先删除文件。

语法:rmdir [选项] [目录列表]

选项:rmdir 命令的常用选项如表 5.14 所示。

表 5.14 rmdir 命令的常用选项

选　　项	作　　用
−p	当子目录被删除后其父目录为空目录时,也一起被删除
−v	显示详细的进行步骤

可使用空格来分隔多个目录名(称为目录列表),同时删除多个目录。注意:要删除的目录必须为空,如果其下有文件,需要先将文件删除。

例 5.34 删除目录,如图 5.68 所示。

$ rmdir c − language   删除当前目录下的子目录 c − language。

例 5.35 删除目标目录,删除后如果上级目录成为空目录,则同时删除,如图 5.69 所示。

$ rmdir − p aaa/test   删除目标目录 test 和上级目录 aaa(aaa 下只有 test 一个子目录)。

```
malimei@malimei:~$ ls
aaa    c-language  Documents  Music     Public     Videos
a.txt  Desktop     Downloads  Pictures  Templates
malimei@malimei:~$ rmdir c-language
malimei@malimei:~$ ls
aaa    Desktop    Downloads  Pictures  Templates
a.txt  Documents  Music      Public    Videos
malimei@malimei:~$
```

图 5.68　删除目录

```
malimei@malimei:~$ ls
aaa    Desktop    Downloads  Pictures  Templates
a.txt  Documents  Music      Public    Videos
malimei@malimei:~$ cd aaa
malimei@malimei:~/aaa$ ls
test
malimei@malimei:~/aaa$ cd
malimei@malimei:~$ rmdir -p aaa/test
malimei@malimei:~$ ls
a.txt    Documents  Music     Public     Videos
Desktop  Downloads  Pictures  Templates
malimei@malimei:~$
```

图 5.69　删除目标及上级目录

例 5.36　删除带文件目录,如图 5.70 所示。

$ rm *	删除目录 test2 下的所有文件。
$ rmdir　test2	删除目录 test2。

```
malimei@malimei-virtual-machine:/home$ sudo rmdir test2
rmdir: 删除 "test2" 失败: 目录非空
malimei@malimei-virtual-machine:/home$ cd test2
malimei@malimei-virtual-machine:/home/test2$ ls
wj  wj1  wj1~  wj21
malimei@malimei-virtual-machine:/home/test2$ sudo rm *.*
rm: 无法删除"*.*": 没有那个文件或目录
malimei@malimei-virtual-machine:/home/test2$ sudo rm *
malimei@malimei-virtual-machine:/home/test2$ ls
malimei@malimei-virtual-machine:/home/test2$ cd ..
malimei@malimei-virtual-machine:/home$ sudo rmdir test2
malimei@malimei-virtual-machine:/home$
```

图 5.70　先删文件后删目录

从图 5.70 中可以看出,rmdir 只能删除空白目录,如果目录不空(如 test2),则不能删除,需要先删除文件再删除目录。

例 5.37　显示删除的详细过程,如图 5.71 所示。

```
malimei@malimei:~/Documents/test$ rmdir -v test2
rmdir: removing directory, 'test2'
rmdir: failed to remove 'test2': Directory not empty
malimei@malimei:~/Documents/test$ rmdir -v test1
rmdir: removing directory, 'test1'
malimei@malimei:~/Documents/test$ ll
total 20
drwxrwxr-x 5 malimei malimei 4096 Nov 10 18:02 ./
drwxr-xr-x 4 malimei malimei 4096 Nov 10 17:44 ../
drwxrwxr-x 5 malimei malimei 4096 Nov 10 18:00 scf/
drwxrwxr-x 3 malimei malimei 4096 Nov 10 17:54 test2/
drwxrwxrwx 2 malimei malimei 4096 Nov 10 17:55 test4/
-rw-rw-r-- 1 malimei malimei    0 Nov 11  2015 touch
```

图 5.71　删除目录并显示过程

```
$ rmidr  - v  test2        删除目录 test2 并显示过程(test2 不是空白目录不能删除)
$ rmidr  - v  test1        删除目录 test1 并显示详细步骤
```

5.2.5 复制、移动命令

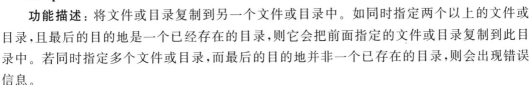

1. cp

功能描述：将文件或目录复制到另一个文件或目录中。如同时指定两个以上的文件或目录,且最后的目的地是一个已经存在的目录,则它会把前面指定的文件或目录复制到此目录中。若同时指定多个文件或目录,而最后的目的地并非一个已存在的目录,则会出现错误信息。

语法：cp [选项][源文件或目录][目的文件或目录]
          cp [选项] 源文件组 目标目录

cp 命令可以复制多个文件,将要复制的多个文件用空格分隔,所形成的列表称为源文件组。

选项：cp 命令的常用选项如表 5.15 所示。

表 5.15 cp 命令的常用选项

选 项	作 用
-b	将要覆盖的文件做备份,但不接受参数递归时特殊文本的副本内容
-i	覆盖前查询,提示是否覆盖已存在的目标文件
-f	强制复制文件,若目标文件无法打开则将其移除并重试
-p	保留源文件或目录的属性,如日期
-R	复制所有文件及目录
-a	不进行文件数据复制,只对每一个现有目标文件的属性进行备份
-H	跟踪源文件中的命令行符号链接
-l	链接文件而不复制
-L	总是跟随源文件中的符号链接
-n	不要覆盖已存在的文件
-P	不跟随源文件中的符号链接
-s	只创建符号链接而不复制文件
-t	将所有参数指定的源文件/目录复制到目标目录下
-T	将目标目录视为普通文件
-u	只在源文件比目标文件新或目标文件不存在时才进行复制
-v	显示详细的进行步骤
-x	不跨越文件系统进行操作

例 5.38 复制文件,如图 5.72 所示。

```
$ cp  test1/file1  test2        将 test1 文件夹下的 file1 文件复制到目录 test2 中。
```

例 5.39 复制并备份已有文件,如图 5.73 所示。

```
$ cp - i a1 a2        复制文件 a1 为 a2,如果文件 a2 存在,则询问是否覆盖 a2。
$ cp - b a1 a2        复制文件 a1 为 a2,若 a2 存在,则将 a2 备份为 a2~。
```

```
malimei@malimei:~/Documents/test$ ls test1
file1
malimei@malimei:~/Documents/test$ ls test2
test3
malimei@malimei:~/Documents/test$ cp test1/file1 test2
malimei@malimei:~/Documents/test$ ls test1
file1
malimei@malimei:~/Documents/test$ ls test2
file1   test3
```

图 5.72　复制文件

```
                    al-machine:~$ ls
1.txt   a1   a3   bb          deja-dup   te   wt11    公共的   视频   文档   音乐
a       a2   aa2  bb.tar.gz    p.txt     wt   wt11~   模板     图片   下载   桌面
malimei@malimei-virtual-machine:~$ cp -i a1 a2
cp：是否覆盖"a2"？ y
malimei@malimei-virtual-machine:~$ ls
1.txt   a1   a3   bb          deja-dup   te   wt11    公共的   视频   文档   音乐
a       a2   aa2  bb.tar.gz    p.txt     wt   wt11~   模板     图片   下载   桌面
malimei@malimei-virtual-machine:~$ cp -b a1 a2
malimei@malimei-virtual-machine:~$ ls
1.txt   a1   a2~  aa2  bb.tar.gz  p.txt  wt    wt11~   模板   图片  下载  桌面
a       a2   a3   bb   deja-dup   te     wt11  公共的  视频   文档  音乐
malimei@malimei-virtual-machine:~$ ls -l
总用量 60
-rw-rw-r-- 1 malimei malimei    9 10月 12 11:06 1.txt
-rw-r-xrw- 1 malimei malimei    0  9月 14 11:19 a
-rw-rw-r-- 2 malimei malimei    0 10月 12 10:13 a1
-rw-rw-r-- 1 malimei malimei    0 10月 20 17:17 a2
-rw-rw-r-- 1 malimei malimei    0 10月 20 17:17 a2~
-rw-rw-r-- 1 malimei malimei    0 10月 12 10:13 a3
-rw-rw-r-- 2 malimei malimei    0 10月 12 10:13 aa2
drwxr-xr-x 4 root    root    4096 10月 19 18:03 bb
-rw-r--r-- 1 root    root     254 10月 12 10:18 bb.tar.gz
drwxrwxr-x 2 malimei malimei 4096  9月 12 11:22 deja-dup
```

图 5.73　复制文件并覆盖原文件

例 5.40　复制文件,如果目标目录不存在则无法复制,如图 5.74 所示。

```
$ cp f1 f2 dir1                      复制文件 f1 和 f2 到目录/dir1。
$ cp f1 f2 dir2                      复制文件 f1 和 f2 到目录/dir2,若该目录不存在,则报错。
```

```
malimei@malimei-virtual-machine:~/dir$ sudo touch f1 f2
malimei@malimei-virtual-machine:~/dir$ ls
dir1  f1  f2
malimei@malimei-virtual-machine:~/dir$ sudo cp f1 f2 dir1
malimei@malimei-virtual-machine:~/dir$ cd dir1
malimei@malimei-virtual-machine:~/dir/dir1$ ls
f1  f2
malimei@malimei-virtual-machine:~/dir/dir1$ sudo cp f1 f2 dir2
cp：目标"dir2" 不是目录
malimei@malimei-virtual-machine:~/dir/dir1$
```

图 5.74　复制文件到目标目录

2. mv

功能描述：将文件或目录改名,或将文件由一个目录移入另一个目录。

语法：mv　[选项] [源文件或目录] [目的文件或目录]

选项：mv 命令的常用选项如表 5.16 所示。

表 5.16　mv 命令的常用选项

选　　项	作　　用
-f	禁止交互模式,本选项会使 mv 命令执行移动而不给出提示(在权限足够的情况下直接执行;如果目标文件存在但用户没有写权限时,mv 会给出提示)
-i	交互模式,当移动的目录已存在同名的目标文件名时,用覆盖方式写文件,但在写入之前系统会询问用户是否重写,要求用户回答 y 或者 n,这样可以避免误覆盖文件
-n	不要覆盖已存在的文件
-u	只在源文件比目标文件新或者目标文件不存在时才进行移动
-v	显示详细的进行步骤

例 5.41　移动文件,如图 5.75 所示。

$ mv − v　test1/file2　test2　　　　将 test1 目录中的 file2 文件移动到目录 test2 中。

```
malimei@malimei:~/Documents/test$ ls test1
file1  file2
malimei@malimei:~/Documents/test$ ls test2
file1  test3
malimei@malimei:~/Documents/test$ mv -v test1/file2 test2
'test1/file2' -> 'test2/file2'
malimei@malimei:~/Documents/test$ ls test1
file1
malimei@malimei:~/Documents/test$ ls test2
file1  file2   test3
```

图 5.75　移动文件

例 5.42　更改文件名字,如图 5.76 所示。

$ mv　1.txt　11.txt　　　　　　将文件 1.txt 更名为 11.txt。
$ mv　2.txt　11.txt　　　　　　将文件 2.txt 更名为 11.txt,原 11.txt 被覆盖。
$ mv　− i　3.txt　11.txt　　　　将文件 3.txt 更名为 11.txt,覆盖原 11.txt 之前询问。

```
malimei@malimei-virtual-machine:~$ touch 1.txt
malimei@malimei-virtual-machine:~$ touch 2.txt
malimei@malimei-virtual-machine:~$ touch 3.txt
malimei@malimei-virtual-machine:~$ mv 1.txt 11.txt
malimei@malimei-virtual-machine:~$ mv 2.txt 11.txt
malimei@malimei-virtual-machine:~$ mv -i 3.txt 11.txt
mv: 是否覆盖'11.txt'? y
malimei@malimei-virtual-machine:~$ ls -l
总用量 64
-rw-rw-r-- 1 malimei malimei    0 8月  15 18:12 11.txt
drwx------ 2 malimei malimei 4096 8月  15 17:52 cc
```

图 5.76　移动并覆盖同名文件

5.2.6　压缩、备份命令

1. tar 压缩、解压缩

功能描述: tar 命令是在 Ubuntu 中广泛应用的压缩解压命令,可以把许多文件打包成为一个归档文件或者把它们写入备份文件。tar 可以对文件和目录进行打包,能支持的格式为 tar、gz 等。

语法: tar　[选项][目标文件名]　[源文件名]

选项：tar 命令的选项如表 5.17 所示。

表 5.17 tar 命令的选项

选 项	作 用
-z	使用 gzip 或者 gunzip 压缩格式处理备份文件。如果配合选项 c 使用是压缩,配合选项 x 使用是解压缩
-c	创建一个新的压缩文件,格式为.tar
-v	显示过程
-f	指定压缩后的文件名
-x	从压缩文件中还原文件
-u	仅转换比压缩文件新的内容
-r	新增文件至已存在的压缩文件中结尾部分

例 5.43 压缩小文件,如图 5.77 所示。

$ tar – zcf 111.tar 11.txt   将 11.txt 文件压缩成 tar 格式,并命名为 111.tar。

图 5.77 压缩小文件

对于很小的文件,在进行 tar 打包并压缩或者 zip 压缩时,其占用的磁盘空间会比源文件大很多(11.txt 大小为 84KB 压缩后 111.tar 为 147KB)。

例 5.44 压缩多个文件,并显示过程,如图 5.78 所示。

$ tar – czvf doc.tar.gz *.doc   将目录中所有 doc 文件打包成 doc.tar 后并用 gzip 压缩,生成一个 gzip 压缩过的包,命名为 doc.tar.gz,显示过程。

图 5.78 压缩多个文件

例 5.45 压缩大于 500MB 的文件,如图 5.79 所示。

$ tar – czf VM.tar VMware – workstation – full – 15.1.0 – 13591040.exe   将大文件压缩。

压缩大文件(500MB 以上)时,压缩比例在 10%左右。

例 5.46 压缩、打包目录,如图 5.80 所示。

```
malimei@malimei-virtual-machine:~/cc$ tar -czvf VM.tar  VMware-workstation-full-
15.1.0-13591040.exe
VMware-workstation-full-15.1.0-13591040.exe
malimei@malimei-virtual-machine:~/cc$ ls -l
总用量 1212664
-rw-rw-r-- 1 malimei malimei        25 8月  16 09:32 cc1
drwxrwxr-x 2 malimei malimei      4096 8月  16 10:23 d1
-rw-rw-r-- 1 malimei malimei 107070761 8月  16 10:25 d11.tar
-rw-r--r-- 1 malimei malimei      8980 8月  16 09:31 examples.desktop
-rw-r--r-- 1 malimei malimei   1584023 8月  16 10:42 u.tar
-rw-rw-r-- 1 malimei malimei 485456668 8月  16 10:59 VM.tar
-rw-rw-r-- 1 malimei malimei 107704942 8月  16 09:37 VMWARETO.TGZ
-rwxr-xr-x 1 malimei malimei 538195976 8月  16 10:54 VMware-workstation-full-15.
1.0-13591040.exe
```

图 5.79　压缩大于 500MB 的文件

```
malimei@malimei-virtual-machine:~/cc$ cd d1
malimei@malimei-virtual-machine:~/cc/d1$ ls -l
总用量 105196
-rw-r--r-- 1 malimei malimei      8980 8月  16 10:23 examples.desktop
-rw-rw-r-- 1 malimei malimei 107704942 8月  16 10:23 VMWARETO.TGZ
malimei@malimei-virtual-machine:~/cc/d1$ cd ..
malimei@malimei-virtual-machine:~/cc$ ls -l
总用量 105204
-rw-rw-r-- 1 malimei malimei        25 8月  16 09:32 cc1
drwxrwxr-x 2 malimei malimei      4096 8月  16 10:23 d1
-rw-r--r-- 1 malimei malimei      8980 8月  16 09:31 examples.desktop
-rw-rw-r-- 1 malimei malimei 107704942 8月  16 09:37 VMWARETO.TGZ
malimei@malimei-virtual-machine:~/cc$ tar -czvf d11.tar d1
d1/
d1/VMWARETO.TGZ
d1/examples.desktop
malimei@malimei-virtual-machine:~/cc$ ls -l
总用量 209768
-rw-rw-r-- 1 malimei malimei        25 8月  16 09:32 cc1
drwxrwxr-x 2 malimei malimei      4096 8月  16 10:23 d1
-rw-rw-r-- 1 malimei malimei 107070761 8月  16 10:25 d11.tar
-rw-r--r-- 1 malimei malimei      8980 8月  16 09:31 examples.desktop
-rw-rw-r-- 1 malimei malimei 107704942 8月  16 09:37 VMWARETO.TGZ
malimei@malimei-virtual-machine:~/cc$
```

图 5.80　压缩、打包目录

$ tar　- czvf　d11.tar　d1　　　　　　　　将目录 d1 打包压缩成 d11.tar 文件。

例 5.47　解压缩文件,如图 5.81 所示。

$ tar　- xvf　doc.tar.gz　　　　　　　　将压缩包 doc.tar.gz 解压缩到当前目录。

```
malimei@malimei:~/Documents$ tar -xvf doc.tar.gz
tar1.doc
tar2.doc
```

图 5.81　解压缩文件

　　这里需要注意,解压缩时必须先进入目标目录,然后再解压缩。如果当前目录不是目标目录,而是把目标目录写到了命令中,会出现错误,如图 5.82 所示。

　　一般情况下,小于 0.5MB 的文件,在进行 tar 打包并压缩或者 zip 压缩时,其占用的磁盘空间会比源文件大很多;大于 0.5MB 的文件,在进行 tar 打包并压缩或者 zip 压缩时,其占用的磁盘空间大小不变;中等文件(100MB 左右的 PDF 文件),在进行 tar 打包并压缩或

```
drwxrwxr-x 2 malimei malimei      4096 8月    16 11:14 d11
drwxrwxr-x 2 malimei malimei      4096 8月    16 11:15 d111
-rw-rw-r-- 1 malimei malimei 107070761 8月    16 10:25 d11.tar
-rw-r--r-- 1 malimei malimei      8980 8月    16 09:31 examples.desktop
-rw-rw-r-- 1 malimei malimei   1584023 8月    16 10:42 u.tar
-rw-rw-r-- 1 malimei malimei 485456668 8月    16 10:59 VM.tar
-rw-r--r-- 1 malimei malimei   1719632 8月    16 10:42 下载ubuntu.docx
malimei@malimei-virtual-machine:~/cc$ tar -xzvf ./d11 d11.tar
tar (child): ./d11: 无法 read: 是一个目录
tar (child): 处于磁带的起点,现在退出
tar (child): Error is not recoverable: exiting now

gzip: stdin: unexpected end of file
tar: Child returned status 2
tar: Error is not recoverable: exiting now
malimei@malimei-virtual-machine:~/cc$ cd d111
malimei@malimei-virtual-machine:~/cc/d111$ tar -xzvf ../d11.tar
d1/
d1/VMWARETO.TGZ
d1/examples.desktop
```

图 5.82　加目标路径后解压缩出错

者 zip 压缩时,大约节省 20%～30%的空间;对于大文件(500MB),大约节省 10%空间,也会由于文件类型不同,压缩比例有所不同。

2. gzip 只压缩不打包

功能描述:gzip 是在 Linux 系统中经常使用的一个对文件进行压缩和解压缩的命令,用 Lempel-Ziv coding(LZ77)技术压缩文件,压缩后文件格式为 .gz,只压缩不打包。gzip 不仅可以用来压缩大的、较少使用的文件以节省磁盘空间,还可以和 tar 命令一起构成 Linux 操作系统中比较流行的压缩文件格式。据统计,gzip 命令对文本文件有 60%～70% 的压缩率。

语法:gzip　[选项]　要压缩的源文件名

选项:gzip 命令的常用选项如表 5.18 所示。

表 5.18　**gzip 命令的常用选项**

选　　项	作　　用
-1	数字 1,表示快速压缩
-9	9 代表最佳状况压缩,读音 nine 约等于 nice
-r	递归式地查找指定目录并压缩其中的所有文件或者是解压缩
-c	压缩结果写入标准输入,源文件保持不变
-v	对每一个压缩和解压的文件,显示文件名和压缩比
-d	解压缩指定文件
-t	测试压缩文件的完整性
-l	对每个压缩文件,显示压缩文件的大小、未压缩文件的大小、压缩比、未压缩文件的名字等详细信息

例 5.48　压缩、解压缩文件,如图 5.83 所示。

```
$ gzip  -9  a.txt          以最佳压缩比压缩文件 a.txt,生成 a.txt.gz。
$ gzip  -d  a.txt.gz        将压缩包 a.txt.gz 解压缩到当前目录。
```

```
malimei@malimei:~$ ls
a.txt     Documents  Music      Public     Templates
Desktop   Downloads  Pictures   tar.tar    Videos
malimei@malimei:~$ gzip -9 a.txt
malimei@malimei:~$ ls
a.txt.gz  Documents  Music      Public     Templates
Desktop   Downloads  Pictures   tar.tar    Videos
malimei@malimei:~$ gzip -d a.txt.gz
malimei@malimei:~$ ls
a.txt     Documents  Music      Public     Templates
Desktop   Downloads  Pictures   tar.tar    Videos
```

图 5.83　压缩、解压缩文件

例 5.49　压缩多个文件，如图 5.84 所示。

$ gzip   *   压缩当前目录下的所有文件为.gz 文件。

```
malimei@malimei:~/Documents/work$ gzip *
malimei@malimei:~/Documents/work$ ll
total 36
drwxrwxr-x 2 malimei malimei 4096 Nov 10 18:27 ./
drwxr-xr-x 4 malimei malimei 4096 Nov 10 18:25 ../
-rw-rw-r-- 1 malimei malimei 2534 Nov 10 05:45 English.gz
-rw-rw-r-- 1 malimei malimei   49 Nov 10 08:22 text0.gz
-rw-rw-r-- 1 malimei malimei   32 Nov  9 16:11 text1.gz
-rw-rw-r-- 1 malimei malimei   34 Nov  9 16:12 text2.gz
-rw-rw-r-- 1 malimei malimei   35 Nov  9 16:12 text3.gz
-rw-rw-r-- 1 malimei malimei   56 Nov 10 08:24 text4.gz
-rw-rw-r-- 1 malimei malimei   71 Nov 10 08:11 textfile.gz
```

图 5.84　压缩多个文件

例 5.50　压缩目标目录下的文件并解压缩，如图 5.85 所示。

$ gzip   - r   Documents   压缩 Documents 下的所有文件为.gz 文件。
$ gzip   - dr Documents   解压缩 Documents 下的所有文件。

```
malimei@malimei:~$ ls Documents
a.txt  scf  test1  test2  test3
malimei@malimei:~$ gzip -r Documents
malimei@malimei:~$ ls
a.txt     Documents  Music      Public     Templates
Desktop   Downloads  Pictures   tar.tar    Videos
malimei@malimei:~$ ls Documents
a.txt.gz  scf  test1.gz  test2.gz  test3.gz
malimei@malimei:~$ gzip -d Documents
gzip: Documents is a directory -- ignored
malimei@malimei:~$ gzip -dr Documents
malimei@malimei:~$ ls Documents
a.txt  scf  test1  test2  test3
```

图 5.85　解压缩目标目录下的文件

3. gunzip

功能描述：解压缩以 gzip 压缩的.gz 文件。

语法：gunzip　[选项]　[文件或目录]

选项：gunzip 命令的常用选项如表 5.19 所示。

表 5.19　gunzip 命令的常用选项

选　　项	作　　用
-a	使用 ASCII 文字模式
-d	解压文件
-c	把解压后的文件输出到标准输出设备
-f	强行解压压缩文件,不理会文件名称或硬链接是否存在
-h	在线帮助
-l	列出压缩文件的相关信息
-L	显示版本与版权信息
-n	解压文件时,若压缩文件内容含有原来的文件名称及时间戳记,则将其忽略不予处理
-p	不显示警告信息
-r	递归处理,将指定目录下的所有文件及子目录一并处理
-S	更改压缩字尾字符串
-t	测试压缩文件是否正确无误
-v	显示指令执行过程

例 5.51　解压缩文件,如图 5.86 所示。

```
$ gunzip  - dr  Documents                解压缩 Documents 下的所有.gz 文件。
```

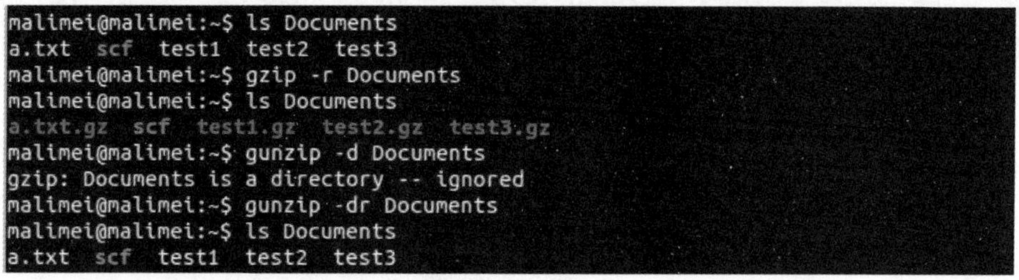

```
malimei@malimei:~$ ls Documents
a.txt  scf  test1  test2  test3
malimei@malimei:~$ gzip -r Documents
malimei@malimei:~$ ls Documents
a.txt.gz  scf  test1.gz  test2.gz  test3.gz
malimei@malimei:~$ gunzip -d Documents
gzip: Documents is a directory -- ignored
malimei@malimei:~$ gunzip -dr Documents
malimei@malimei:~$ ls Documents
a.txt  scf  test1  test2  test3
```

图 5.86　解压缩指定目录下的.gz 文件

对于文件,如果不加任何参数,gzip 是压缩,gunzip 是解压缩。

4. zip 压缩打包

功能描述：zip 是一个压缩和归档工具,压缩文件时使用 zip 命令。会创建一个带.zip 扩展名的 zip 文件,如果没有指定文件,则 zip 会将压缩数据输出到标准输出。

语法：zip　[选项]　压缩后生成的目标文件名　源文件名

选项：zip 命令的常用选项如表 5.20 所示。

表 5.20　zip 命令的常用选项

选　　项	作　　用
-f	以新文件取代现有文件
-u	只更新改变过的文件和新文件
-d	从 zip 文件中移出一个文件
-m	将特定文件移入 zip 文件中,并且删除特定文件
-r	递归压缩子目录下的所有文件,包括子目录

选 项	作 用
-j	只存储文件的名称,不含目录
-1	最快压缩,压缩率最差
-9	表示最慢速度的压缩(最佳压缩),预设值为－6
-q	安静模式,不会显示相关信息和提示
-v	显示版本资讯或详细信息

例 5.52 压缩单个文件,如图 5.87 所示。

```
#zip  test2.zip  test2
```
　　　　　　　　　　　　将文件 test2 压缩为 test2.zip。

图 5.87　压缩单个文件

例 5.53 递归压缩,如图 5.88 所示。

```
#zip  －r  test.zip  ./*
```
　　　　　　　　　　　将当前目录下的所有子目录和文件递归压缩为 test.zip。

图 5.88　压缩当前目录下的所有文件和文件夹

例 5.54 删除压缩文件中的部分文件,如图 5.89 所示。

```
#zip  －d  test.zip  touch
#zip  －d  test.zip  test2/file2
```
　删除压缩文件 test.zip 中的文件 touch。
　删除压缩文件 test.zip 中的 test2 目录下的 file2 文件。

例 5.55 向压缩文件中添加文件,如图 5.90 所示。

```
#zip  －m  test.zip  touch
```
　　　　　　　　　　　向压缩文件 test.zip 中添加 touch 文件。

137

第5章

```
root@malimei:/home/malimei/Documents/test# zip -d test.zip  touch
deleting: touch
root@malimei:/home/malimei/Documents/test# zip -d test.zip test2/file2
deleting: test2/file2
```

图 5.89　删除压缩包中的部分文件

```
root@malimei:/home/malimei/Documents/test# zip -m test.zip touch
 adding: touch (stored 0%)
```

图 5.90　添加文件到压缩包

例 5.56　压缩文件时排除某个文件,如图 5.91 所示。

#zip test.zip./* -x test2/file1　　压缩当前目录下所有文件,除了 test2/file1 文件。

```
root@malimei:/home/malimei/Documents/test# zip test.zip ./* -x test2/file1
 adding: test1/ (stored 0%)
 adding: test2/ (stored 0%)
```

图 5.91　设置压缩范围

5. unzip

功能描述:解压缩 zip 文件。

语法:unzip　[选项]　压缩文件名

选项:unzip 命令的常用选项见表 5.21。

表 5.21　unzip 命令的常用选项

选　　项	作　　用
-x	"文件列表"解压文件,但不包含文件列表中指定的文件
-t	测试压缩文件有无损坏,并不解压
-v	查看压缩文件的详细信息,具体包括压缩文件中包含的文件大小、文件名和压缩比等,并不解压
-n	解压时不覆盖已经存在的文件
-o	解压时覆盖已经存在的文件,并且不要求用户确认
-d	按目录名把压缩文件解压到指定目录下

例 5.57　解压缩文件,如图 5.92 所示。

#unzip test.zip　　　　　　　　　　将 test.zip 压缩文件直接解压到当前目录。

```
root@malimei:/home/malimei/Documents/test# unzip test.zip
Archive:  test.zip
replace test2/file1? [y]es, [n]o, [A]ll, [N]one, [r]ename: y
 extracting: test2/file1
```

图 5.92　解压缩文件

例 5.58　解压缩文件到指定目录,如图 5.93 所示。

#unzip -n test.zip -d /home/malimei/Documents　将 test.zip 压缩文件解压到目录/home/malimei/Documents 下。

```
root@malimei:/home/malimei/Documents/test# unzip -n test.zip -d /home/malimei/Do
cuments
Archive:  test.zip
 extracting: /home/malimei/Documents/test2/file1
  creating: /home/malimei/Documents/test1/
```

图 5.93　解压缩文件到指定目录

与 tar 命令不同,在 unzip 命令后面添加-d 就可以指定目标目录,而不需要必须进入目标目录再解压缩。

例 5.59　解压缩并覆盖已有文件,如图 5.94 所示。

$ unzip　－o　test.zip　－d　/home/malimei/Documents　将压缩文件 test.zip 解压到目录/home/malimei/Documents 下,如有相同文件则覆盖。

```
root@malimei:/home/malimei/Documents/test# unzip -o test.zip -d /home/malimei/Do
cuments
Archive:  test.zip
 extracting: /home/malimei/Documents/test2/file1
```

图 5.94　解压缩并覆盖已有文件

例 5.60　查看压缩文件,如图 5.95 所示。

$ unzip　－v　cc1.zip　　　　　　　　　查看压缩文件 cc1.zip 的详细信息。

```
malimei@malimei-virtual-machine:~/cc$ unzip -v cc1.zip
Archive:  cc1.zip
 Length   Method    Size  Cmpr    Date    Time   CRC-32   Name
--------  ------  ------- ----  ---------- ----- --------  ----
      25  Defl:N       24   4%  2019-08-16 09:32 6361b56e  cc1
--------          ------- ----                             -------
      25               24   4%                             1 file
malimei@malimei-virtual-machine:~/cc$
```

图 5.95　查看压缩文件

5.2.7　权限管理命令

1. chgrp

功能描述:改变文件或目录的所属组。在 Linux 系统中,文件或者目录的权限由拥有者和所属群组来管理,采用群组名称或者群组识别码来标记不同权限,超级用户拥有最大权限。chgrp 命令是 change group 的缩写,要被改变的组名必须在/etc/group 文件内存在才可以,默认情况下只有 root 权限才能执行。

语法:chgrp　[选项][群组][文件或目录]
选项:chgrp 命令的常用选项见表 5.22。

表 5.22　chgrp 命令的常用选项

选　　项	作　　用
-R	处理指定目录以及其子目录下的所有文件
-c	当发生改变时输出调试信息
-f	不显示错误信息

续表

选 项	作 用
-v	运行时显示详细的处理信息
-dereference	作用于符号链接的指向,而不是符号链接本身
--no-dereference	作用于符号链接本身
--reference	=文件 1,文件 2,改变文件 2 所属群组,使其与文件 1 相同

例 5.61　改变文件的群组属性并显示过程,如图 5.96 所示。

```
$ chgrp  -v  bin  tar1.doc                将 tar1.doc 文件由 malimei 群组改为 bin。
```

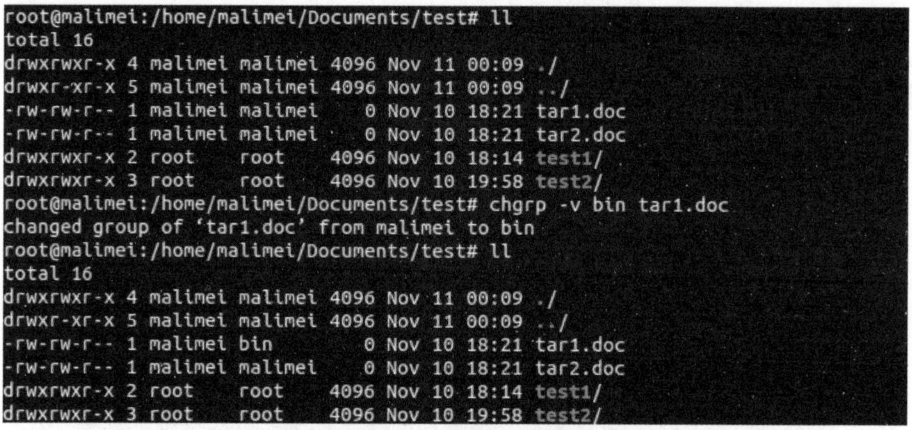

```
root@malimei:/home/malimei/Documents/test# ll
total 16
drwxrwxr-x 4 malimei malimei 4096 Nov 11 00:09 ./
drwxr-xr-x 5 malimei malimei 4096 Nov 11 00:09 ../
-rw-rw-r-- 1 malimei malimei    0 Nov 10 18:21 tar1.doc
-rw-rw-r-- 1 malimei malimei    0 Nov 10 18:21 tar2.doc
drwxrwxr-x 2 root    root    4096 Nov 10 18:14 test1/
drwxrwxr-x 3 root    root    4096 Nov 10 19:58 test2/
root@malimei:/home/malimei/Documents/test# chgrp -v bin tar1.doc
changed group of 'tar1.doc' from malimei to bin
root@malimei:/home/malimei/Documents/test# ll
total 16
drwxrwxr-x 4 malimei malimei 4096 Nov 11 00:09 ./
drwxr-xr-x 5 malimei malimei 4096 Nov 11 00:09 ../
-rw-rw-r-- 1 malimei bin        0 Nov 10 18:21 tar1.doc
-rw-rw-r-- 1 malimei malimei    0 Nov 10 18:21 tar2.doc
drwxrwxr-x 2 root    root    4096 Nov 10 18:14 test1/
drwxrwxr-x 3 root    root    4096 Nov 10 19:58 test2/
```

图 5.96　更改文件所属的群组

例 5.62　根据指定文件改变文件的群组属性,如图 5.97 所示。

```
$ chgrp -- reference = tar2.doc  tar1.doc  改变 tar1.doc 文件所属群组,使其与 tar2.doc 相同。
```

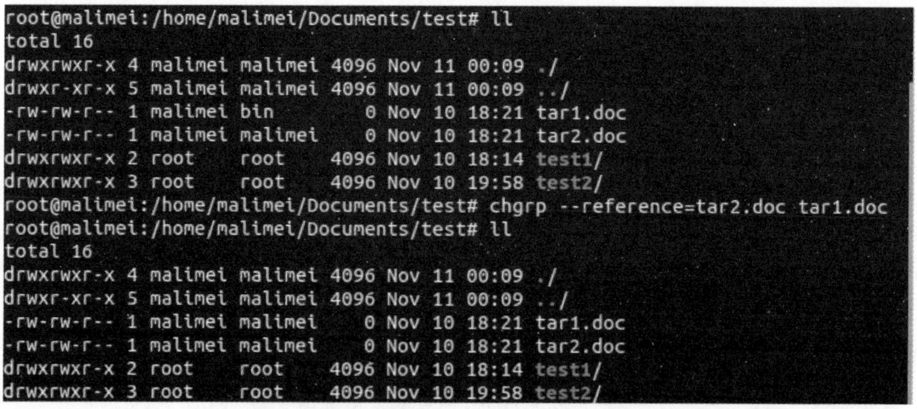

```
root@malimei:/home/malimei/Documents/test# ll
total 16
drwxrwxr-x 4 malimei malimei 4096 Nov 11 00:09 ./
drwxr-xr-x 5 malimei malimei 4096 Nov 11 00:09 ../
-rw-rw-r-- 1 malimei bin        0 Nov 10 18:21 tar1.doc
-rw-rw-r-- 1 malimei malimei    0 Nov 10 18:21 tar2.doc
drwxrwxr-x 2 root    root    4096 Nov 10 18:14 test1/
drwxrwxr-x 3 root    root    4096 Nov 10 19:58 test2/
root@malimei:/home/malimei/Documents/test# chgrp --reference=tar2.doc tar1.doc
root@malimei:/home/malimei/Documents/test# ll
total 16
drwxrwxr-x 4 malimei malimei 4096 Nov 11 00:09 ./
drwxr-xr-x 5 malimei malimei 4096 Nov 11 00:09 ../
-rw-rw-r-- 1 malimei malimei    0 Nov 10 18:21 tar1.doc
-rw-rw-r-- 1 malimei malimei    0 Nov 10 18:21 tar2.doc
drwxrwxr-x 2 root    root    4096 Nov 10 18:14 test1/
drwxrwxr-x 3 root    root    4096 Nov 10 19:58 test2/
```

图 5.97　改变文件群组属性与指定文件相同

例 5.63　递归改变多个文件的群组属性,如图 5.98 所示。

```
$ chgrp  -R  malimei  test1          递归改变目录 test1 及其下文件的所属群组为 malimei。
```

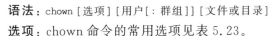

图 5.98　递归改变目录及其下文件的群组属性

从该例可以看出，添加了参数-R后，test1目录及目录中的文件所属的组都改变为malimei组，这是一种递归改变。如果不添加参数-R，仅改变目录test1的组，但是目录中的文件所属的组没变，如图5.99所示。

图 5.99　仅改变目录的群组属性

2. chown

功能描述：chown是change owner的简写，将文件或目录的所有者改变为指定用户，还可以修改文件所属组群。如果需要将某一目录下的所有文件都改变其拥有者，可以使用-R参数。

语法：chown [选项] [用户[：群组]] [文件或目录]

选项：chown命令的常用选项见表5.23。

表 5.23 chown 命令的常用选项

选 项	作 用
-c	显示更改的部分信息
-f	忽略错误信息
-R	处理指定目录以及其子目录下的所有文件,递归式地改变指定目录及其下的所有子目录和文件的拥有者
-v	显示详细的处理信息
-reference=<目录或文件>	把指定的目录/文件作为参考,把操作的目录/文件设置成参考文件/目录相同所有者和群组

例 5.64 改变文件所有者及所属组,如图 5.100 所示。

$ chown root:bin file1   将 file1 文件的所有者改为 root,所属群组为 bin。

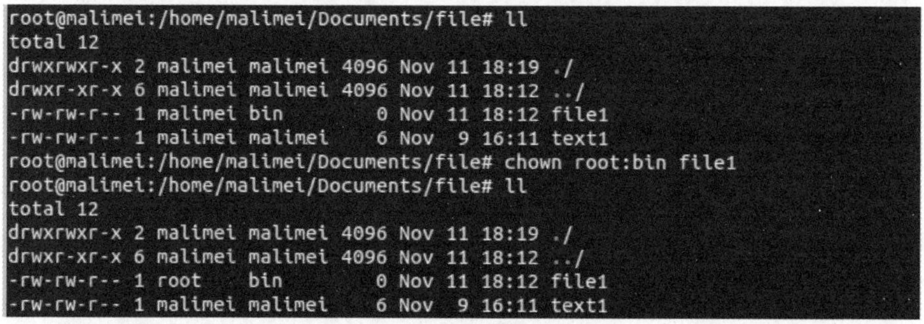

图 5.100 改变文件所有者及所属组

例 5.65 更改目录及子目录所有者,如图 5.101 所示。

$ chown -R malimei test1   将 test1 目录及其下文件的所有者更改为 malimei。

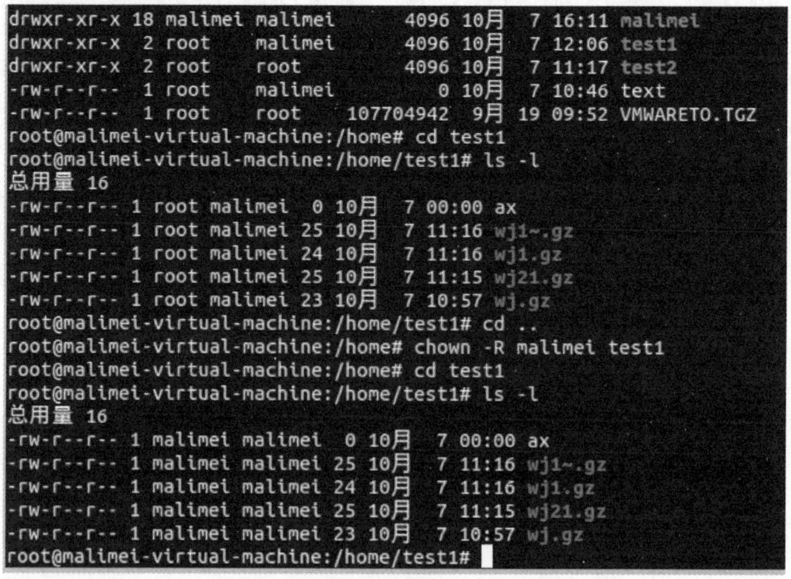

图 5.101 更改目录及子目录所有者

从例 5.65 可以看出,chown 命令是在超级用户下执行的,需要 root 权限。

例 5.66 更改所有者实例。

文件 11.txt 的所有者是 malimei,更改所有者为 user1,转到 user1 用户下,user1 用户就可以对 11.txt 文件进行编辑、修改,如图 5.102 所示。如果不是这个文件的所有者,也不是同组人,就是其他人,那么就不能修改文件,如 user2 用户就不能修改 11.txt 文件,如图 5.103 所示。

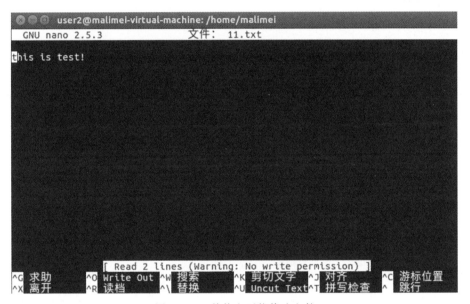

图 5.102　更改文件的所有者

图 5.103　其他人不能修改文件

3. chmod

功能描述:改变文件或目录的访问权限。

在 Linux 系统中,用户设定文件权限控制使其他用户不能访问、修改。但在系统应用中,有时需要让其他用户使用某个原来其不能访问的文件或目录,这时就需要重新设置文件的权限,使用的命令是 chmod 命令。并不是谁都可改变文件和目录的访问权限,只有文件和目录的所有者才有权限修改其权限。另外,超级用户可对所有文件或目录进行权限设置。

文件或目录的访问权限分为只读、只写和可执行三种。文件所有者拥有对该文件的读、写和可执行权限,用户也可根据需要把访问权限设置为需要的任何组合。访问文件的用户有三种类型:文件所有者、组成员用户和普通用户,他们都有各自的文件访问方式。

语法：chmod[选项] [模式] 文件

chmod 命令有两种模式：符号模式和绝对模式。

选项：chmod 命令的常用选项如表 5.24 所示。

表 5.24　chomd 命令的常用选项

选　项	作　用
-v	运行时显示详细的处理信息
-c	显示改变部分的命令执行过程
-f	不显示错误信息
-R	将指定目录下的所有文件和子目录做递归处理
-reference=<目录或者文件>	设置成与指定目录或者文件具有相同的权限

下面分别介绍该命令的两种不同模式。

1) 符号模式

chmod [选项] [who] operator [permission] files

其中，who、operator 和 permission 的选项如表 5.25～表 5.27 所示。

表 5.25　chmod 命令的 who 选项

选　项	作　用
-a	所有用户均具有的权限
-o	除了目录或者文件的当前用户或群组以外的用户或者群组
-u	文件或目录的当前所有者
-g	文件或者目录的当前群组

表 5.26　chmod 命令的 operator 选项

选　项	作　用
+	增加权限
−	取消权限
=	设定权限

表 5.27　chmod 命令的 permission 选项

选　项	作　用
r	读权限
w	写权限
x	执行权限

2) 绝对模式

chmod [选项] mode files

其中，mode 代表权限等级，由三个八进制数表示。

这三位数的每一位都表示一个用户类型的权限设置，取值是 0～7，即二进制的[000]～[111]。这个三位二进制数的每一位分别表示读、写、执行权限，如 000 表示三项权限均无，100 表示只读。这样，就有了下面的对应。

0 [000]：无任何权限。

1 [001]：执行权限。

2 [010]：写权限。

3 [011]：写、执行权限。

4[100]：只读权限。

5[101]：读、执行权限。

6[110]：读、写权限。

7[111]：读、写、执行权限。

三个如上所示的二进制字符串（[000]～[111]）构成了模式，第一位表示所有者的权限，第二位表示组用户的权限，第三位表示其他用户的权限。常用的模式如下。

600：只有所有者有读和写的权限。

644：所有者有读和写的权限，组用户只有读的权限。

700：只有所有者有读和写以及执行的权限。

666：每个人都有读和写的权限。

777：每个人都有读、写以及执行的权限。

例 5.67　查看文件的权限，如图 5.104 所示。

```
$ ls   -l                         查看当前目录下所有文件及子目录的详细信息。
```

```
malimei@malimei:~/Documents$ ll
total 24
drwxrwxr-x  3 malimei malimei 4096 Nov 28 00:36 ./
drwxr-xr-x 15 malimei malimei 4096 Nov 28 00:14 ../
-rw-rw-r--  1 malimei malimei    0 Oct 31 05:13 a.txt
drwxrwxr-x  5 malimei malimei 4096 Nov 27 19:10 scf/
-rw-rw-r--  1 malimei malimei   28 Oct 30 08:49 test1
-rw-rw-r--  1 malimei malimei   56 Oct 31 03:11 test2
-rw-rw-r--  1 malimei malimei  112 Oct 31 03:15 test3
```

图 5.104　查看文件的权限

在图 5.104 中，ls 命令显示了文件或目录的详细信息，其中最左边一列（第一个字母除外）为文件的访问权限。具体如下。

r：表示文件可以被读（read）。

w：表示文件可以被写（write）。

x：表示文件可以被执行（如果它是程序的话）。

—：表示相应的权限还没有被授予。

例 5.68　符号模式下添加可执行权限，如图 5.105 所示。

```
#chmod  a+x  file1              给 file1 文件所有用户增加可执行权限。
```

```
root@malimei:/home/malimei/Documents/file# ls -al file1
-rw-rw-r-- 1 root bin 0 Nov 11 18:12 file1
root@malimei:/home/malimei/Documents/file# chmod a+x file1
root@malimei:/home/malimei/Documents/file# ls -al file1
-rwxrwxr-x 1 root bin 0 Nov 11 18:12 file1
```

图 5.105　设置文件权限为所有用户可执行

例 5.69　符号模式下设置文件仅可执行，如图 5.106 所示。

```
#chmod  u=x  file1              设置文件 file1 所有者的权限为可执行。
```

从图 5.106 可以看到，使用"=x"选项时，文件 file1 所有者的权限从"rwx"变为"--x"，即原有的权限被撤销，重新设置为仅可执行。这与"+"选项不同。

```
root@malimei:/home/malimei/Documents/file# ls -al file1
-rwxrwxr-- 1 root bin 0 Nov 11 18:12 file1
root@malimei:/home/malimei/Documents/file# chmod u=x file1
root@malimei:/home/malimei/Documents/file# ls -al file1
---xrwxr-- 1 root bin 0 Nov 11 18:12 file1
```

图 5.106 设置文件权限为只可读

例 5.70 符号模式下设置文件的多重权限,如图 5.107 所示。

＃chmod ug＋w,o－x file1　　　　给 file1 文件的所有者和文件属群增加写权限,删除其他用户
　　　　　　　　　　　　　　　的执行权限。

```
root@malimei:/home/malimei/Documents/file# ls -al file1
-r-xr-xr-x 1 root bin 0 Nov 11 18:12 file1
root@malimei:/home/malimei/Documents/file# chmod ug+w,o-x file1
root@malimei:/home/malimei/Documents/file# ls -al file1
-rwxrwxr-- 1 root bin 0 Nov 11 18:12 file1
```

图 5.107 设置文件的多重权限

从例 5.70 可以看出,在符号模式下可以使用",",来连接多个选项,为所有者、所属群和其他用户分别设置不同的权限。

例 5.71 符号模式下设置文件的多重权限,如图 5.108 所示。

$ sudo chmod u＋x,g－r,o＋w cc1　　为所有者添加执行权限,同组人去掉读权限,其他人(普通人)
　　　　　　　　　　　　　　　加上写的权限。

```
      malimei@malimei-virtual-machine: ~/cc
搜索您的计算机  -virtual-machine:~/cc$ ls -l
总用重 581904
-rw-rw-r-- 1 malimei malimei        25 8月   16 09:32 cc1
-rw-rw-r-- 1 malimei malimei       180 8月   16 11:33 cc1.zip
drwxrwxr-x 2 malimei malimei      4096 8月   16 11:35 d1
drwxrwxr-x 2 malimei malimei      4096 8月   16 11:14 d11
drwxrwxr-x 3 malimei malimei      4096 8月   16 11:16 d111
-rw-rw-r-- 1 malimei malimei 107070761 8月   16 10:25 d11.tar
-rw-r--r-- 1 malimei malimei      8980 8月   16 09:31 examples.desktop
-rw-rw-r-- 1 malimei malimei   1584023 8月   16 10:42 u.tar
-rw-rw-r-- 1 malimei malimei 485456668 8月   16 10:59 VM.tar
-rw-r--r-- 1 malimei malimei   1719632 8月   16 10:42 下载ubuntu.docx
malimei@malimei-virtual-machine:~/cc$ sudo chmod u+x,g-r,o+w cc1
[sudo] malimei 的密码:
malimei@malimei-virtual-machine:~/cc$ ls -l
总用量 581904
-rwx-w-rw- 1 malimei malimei        25 8月   16 09:32 cc1
```

图 5.108 设置文件的多重权限

例 5.72 绝对模式下设置对文件的权限,如图 5.109 所示。

$ chmod 712 cc1　　　　设置 a 的权限:所有者具有读、写和执行权限,同组人具有可执行权限,其
　　　　　　　　　　他人具有写权限。

从例 5.72 中可以看出,文件的所有者不使用 sudo 命令,可以更改文件的权限。

注意:符号模式和绝对模式不能混着用,要遵循各自的格式。如图 5.110 所示的命令"chmod u-w　g＋7　o＋1　a",既然使用了符号模式,那么 permission 选项只能使用"r""w""x",不能采用绝对模式中用数字表示权限的方法。

```
malimei@malimei-virtual-machine:~/cc$ ls -l
总用量 581904
                     mei malimei       25 8月    16 09:32 cc1
       Firefox网络浏览器 mei malimei      180 8月    16 11:33 cc1.zip
drwxrwxr-x 2 malimei malimei     4096 8月    16 11:35 d1
drwxrwxr-x 2 malimei malimei     4096 8月    16 11:14 d11
drwxrwxr-x 3 malimei malimei     4096 8月    16 11:16 d111
-rw-rw-r-- 1 malimei malimei 107070761 8月    16 10:25 d11.tar
-rw-r--r-- 1 malimei malimei     8980 8月    16 09:31 examples.desktop
-rw-rw-r-- 1 malimei malimei  1584023 8月    16 10:42 u.tar
-rw-rw-r-- 1 malimei malimei 485456668 8月    16 10:59 VM.tar
-rw-r--r-- 1 malimei malimei  1719632 8月    16 10:42 下载ubuntu.docx
malimei@malimei-virtual-machine:~/cc$ chmod 712 cc1
malimei@malimei-virtual-machine:~/cc$ ls -l
总用量 581904
-rwx--x-w- 1 malimei malimei       25 8月    16 09:32 cc1
```

图 5.109   绝对模式下设置文件的权限

```
malimei@malimei-virtual-machine:~$ chmod u-w g+7 o+1 a
chmod: 无法访问"g+7": 没有那个文件或目录
chmod: 无法访问"o+1": 没有那个文件或目录
malimei@malimei-virtual-machine:~$ chmod u-w g+1 o+2 a
chmod: 无法访问"g+1": 没有那个文件或目录
chmod: 无法访问"o+2": 没有那个文件或目录
malimei@malimei-virtual-machine:~$ chmod u-w 1 2 a
chmod: 无法访问"1": 没有那个文件或目录
chmod: 无法访问"2": 没有那个文件或目录
```

图 5.110   符号模式和绝对模式不能混淆

例 5.73   文件 lx 属于 malimei 用户,我们看到同组人对文件 lx 有 rw 的权限,把 user2 用户加到 malimei 组里,就是同组人,如图 5.111 所示。user2 就可以修改文件 malimei 用户的文件了,如图 5.112 所示。

```
malimei@malimei-virtual-machine:~/cc/d11$ ls -l
总用量 4
-rw-rw-r-- 1 malimei malimei 16 8月    16 12:19 lx
malimei@malimei-virtual-machine:~/cc/d11$ sudo gpasswd -a user2 malimei
正在将用户"user2"加入到"malimei"组中
malimei@malimei-virtual-machine:~/cc/d11$ id user2
uid=1002(user2) gid=1002(user2) 组=1002(user2),1000(malimei)
malimei@malimei-virtual-machine:~/cc/d11$
```

图 5.111   加入同组人

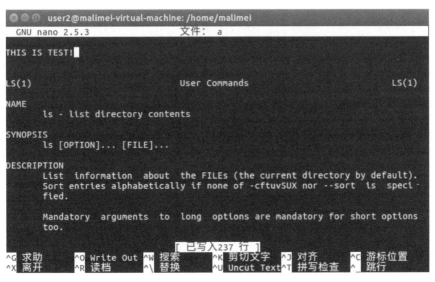

图 5.112   同组用户 user2 修改属于 malimei 用户的文件 a

5.2.8 文件查找命令

文件查找命令有 whereis、find 和 locate。和 find 相比,whereis 查找的速度非常快,当使用 whereis 和 locate 时会从 Linux 的数据库中查找数据,但是该数据库并不是实时更新的,默认情况下是一星期更新一次。因此,在用 whereis 和 locate 查找文件时,有时会找到已经被删除的数据,或者刚刚建立文件却无法查找到,原因就是因为数据库文件没有被更新。

1. whereis

功能描述:寻找命令的二进制文件,同时也会找到其帮助文件。

这个程序的主要功能是寻找一个命令所在的位置,例如,最常用的 ls 命令,它是在/bin 这个目录下的。如果希望知道某个命令存在哪一个目录下,可以用 whereis 命令来查询。但是 whereis 命令只能用于程序名的搜索,而且只搜索二进制文件(参数-b)、帮助文件(参数-m)和源代码文件(参数-s)。如果省略参数,则返回所有信息。

语法:whereis [选项] [文件名]

选项:whereis 命令的常用选项如表 5.28 所示。

表 5.28 whereis 命令的常用选项

选 项	作 用
-b	定位可执行文件
-m	定位帮助文件
-s	定位源代码文件
-u	搜索默认路径下除可执行文件、源代码文件、帮助文件以外的其他文件
-B	指定搜索可执行文件的路径
-M	指定搜索帮助文件的路径

例 5.74 搜索命令,如图 5.113 所示。

```
$ whereis ls              搜索 ls 命令的路径。
$ whereis find            搜索 find 命令的路径。
$ whereis tar             搜索 tar 命令的路径。
```

```
find: /usr/share/man/man1/find.1.gz
malimei@malimei:~$ whereis ls
ls: /bin/ls /usr/share/man/man1/ls.1.gz
malimei@malimei:~$ whereis find
find: /usr/bin/find /usr/bin/X11/find /usr/share/man/man1/find.1.gz
malimei@malimei:~$ whereis tar
tar: /bin/tar /usr/lib/tar /usr/include/tar.h /usr/share/man/man1/tar.1.gz
malimei@malimei:~$
```

图 5.113 搜索命令的路径

例 5.75 搜索命令的帮助文件,如图 5.114 所示。

```
$ whereis -m ls           搜索 ls 的帮助文件。
$ whereis -m find         搜索 find 的帮助文件。
$ whereis -m tar          搜索 tar 的帮助文件。
```

图 5.114　搜索命令的帮助文件(man)的路径

2. help

功能描述：查看命令的内容和使用方法。

whereis 只查找命令文件的路径,要想查看命令的内容和使用方法,则可以使用 help 命令,help 用于查看所有 Shell 命令。

语法：help　[选项]　[命令]

选项：help 命令的常用选项见表 5.29。

表 5.29　help 命令的常用选项

选　　项	作　　用
-s	输出短格式的帮助信息,仅包括命令格式
-d	输出命令的简短描述,仅包括命令的功能
-m	仿照 man 格式显示命令的功能、格式及用法

例 5.76　查看命令的帮助文件,如图 5.115 所示。

```
$ help   help                查看 help 命令的帮助文件,显示该命令的内容和使用方法。
```

图 5.115　查看 help 命令的内容和使用方法

例 5.77　分别查看命令的格式、功能和详细帮助信息,如图 5.116 所示。

```
$ help   -s  cd              查看 cd 命令的格式。
$ help   -d  cd              查看 cd 命令的功能。
$ help   cd                  查看 cd 命令的帮助信息。
```

149

第 5 章

Ubuntu 文件管理

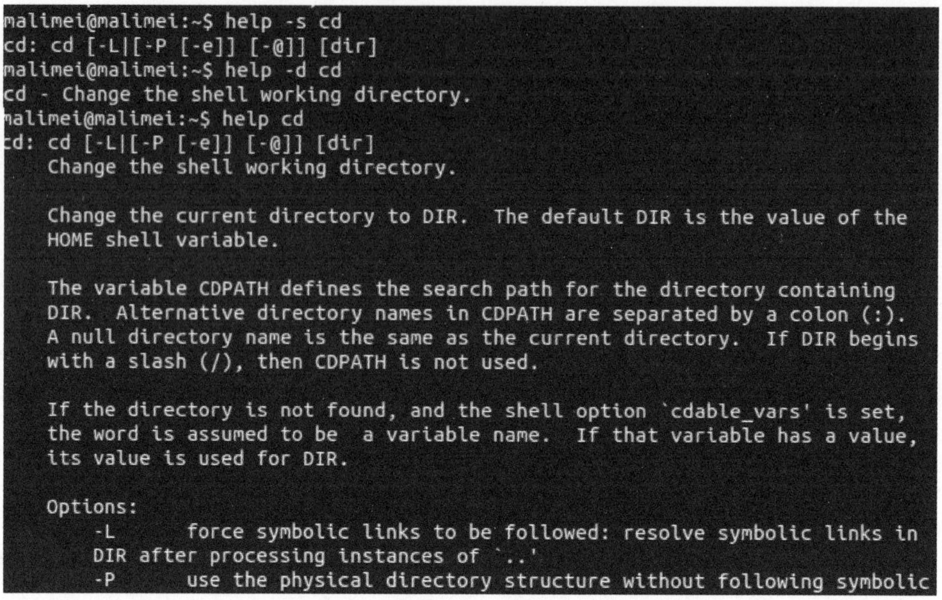

```
malimei@malimei:~$ help -s cd
cd: cd [-L|[-P [-e]] [-@]] [dir]
malimei@malimei:~$ help -d cd
cd - Change the shell working directory.
malimei@malimei:~$ help cd
cd: cd [-L|[-P [-e]] [-@]] [dir]
    Change the shell working directory.

    Change the current directory to DIR.  The default DIR is the value of the
    HOME shell variable.

    The variable CDPATH defines the search path for the directory containing
    DIR.  Alternative directory names in CDPATH are separated by a colon (:).
    A null directory name is the same as the current directory.  If DIR begins
    with a slash (/), then CDPATH is not used.

    If the directory is not found, and the shell option `cdable_vars' is set,
    the word is assumed to be  a variable name.  If that variable has a value,
    its value is used for DIR.

    Options:
      -L        force symbolic links to be followed: resolve symbolic links in
        DIR after processing instances of `..'
      -P        use the physical directory structure without following symbolic
```

图 5.116 带参数查看命令 cd 的帮助

例 5.78 查看命令 ls 的帮助信息,如图 5.117 所示。

`$ ls -- help`   查看 ls 命令的帮助信息,给出了用法和各个选项。

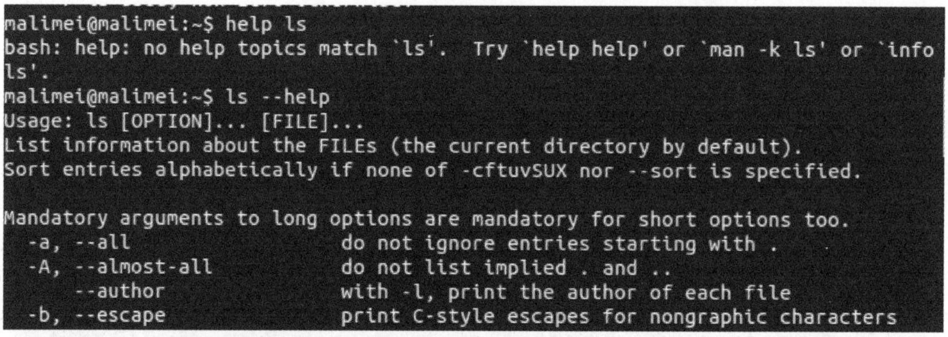

```
malimei@malimei:~$ help ls
bash: help: no help topics match `ls'.  Try `help help' or `man -k ls' or `info
ls'.
malimei@malimei:~$ ls --help
Usage: ls [OPTION]... [FILE]...
List information about the FILEs (the current directory by default).
Sort entries alphabetically if none of -cftuvSUX nor --sort is specified.

Mandatory arguments to long options are mandatory for short options too.
  -a, --all                   do not ignore entries starting with .
  -A, --almost-all            do not list implied . and ..
      --author                with -l, print the author of each file
  -b, --escape                print C-style escapes for nongraphic characters
```

图 5.117 查看 ls 命令的帮助信息

注意:使用 help 查看命令的帮助信息时需要区分是内部命令还是外部命令:对于内部命令格式为 help <命令>,如前面的例 5.76、例 5.77;而外部命令需要使用<命令> --help 格式,如例 5.78。

3. man

功能描述:查看命令的帮助手册。

查找命令的帮助信息更常用的是 man 命令。man 用来查看帮助手册,通常使用者只要在命令 man 后输入想要获取的帮助命令的名称(例如 ls),man 就会列出一份完整的说明,其内容包括命令语法、各选项的意义以及相关命令等。

语法:man [选项] 命令名称

选项:man 命令的常用选项见表 5.30。

表 5.30 man 命令的常用选项

选　　项	作　　用
-s	根据章节显示,具体见后面的说明
-f	只显示出命令的功能而不显示其中详细的说明文件
-w	不显示手册页,只显示将被格式化和显示的文件所在位置
-a	显示所有的手册页,而不是只显示第一个
-E	在每行的末尾显示 $ 符号

其中,选项-s 是根据章节显示帮助,常用的章节选项见表 5.31。

表 5.31 选项-s 的章节参数

章 节 参 数	作　　用
1	一般使用者的命令
2	系统调用的命令
3	C 语言函数库的命令
4	有关驱动程序和系统设备的解释
5	配置文件的解释
6	游戏程序的命令
7	其他的软件或程序的命令和有关系统维护的命令

例 5.79　查看 ls 命令的帮助手册,如图 5.118 所示。

```
$ man  - s  1  ls              查看 ls 命令的帮助手册
```

```
malimei@malimei:~$ man -s 1 ls
malimei@malimei:~$ man -s 2 ls
No manual entry for ls
See 'man 7 undocumented' for help when manual pages are not available.
```

图 5.118　查看 ls 命令的帮助手册

从例 5.79 中可以看出,ls 是一般使用者的命令,加-s 参数时用"1"选项。如果用其他章节参数会提示错误。

使用 man 命令后会显示所查看命令的 man 文件。如图 5.119 所示,可以使用鼠标上下滑动来翻页,按 Q 键退出帮助手册返回命令界面。

4. find

功能描述:寻找文件或目录的位置。

如果有大量的文件保存在许多不同的目录中,可能需要搜索它们,以便能找出某种类型的一个或者多个文件,这就需要 find 命令。find 命令可以按照文件名、类型、所有者甚至最后更新的时间来搜索文件。

语法:find [搜索路径] [搜寻关键字] [文件或目录]

选项:find 命令的常用选项如表 5.32 所示。

152

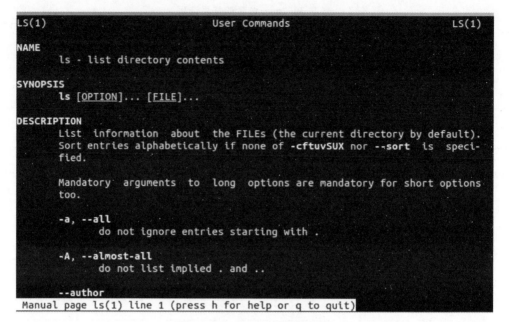

图 5.119 命令 ls 的帮助手册

表 5.32 find 命令的常用选项

选 项	作 用
-type	查找某一类型的文件,具体参数见后面说明
-name	按照文件名查找文件
-group	按照文件所属的组来查找文件
-user	按照文件所有者来查找文件
-print	find 命令将匹配的文件输出到标准输出
-link	按照文件的链接数来查找文件
-size n : [c]	查找文件长度为 n 块的文件,带有 c 时表示文件长度以字节计
-newer file1 ! file2	查找更改时间比文件 file1 新,但比文件 file2 旧的文件
-perm	按照文件权限来查找文件
-depth	在查找文件时,首先查找当前目录中的文件,然后在其子目录中查找
-prune	不在指定的目录中查找,如同时使用-depth 选项,-prune 将被忽略
-nogroup	查找无有效所属组的文件,即该文件所属的组在/etc/groups 中不存在
-nouser	查找无有效属主的文件,即该文件的属主在/etc/passwd 中不存在

其中,选项-type 表示按照文件类型查找文件,具体的参数见表 5.33。

表 5.33 -type 选项参数

type 参数	作 用	type 参数	作 用
b	块设备文件	p	管道文件
d	目录	l	符号链接文件
c	字符设备文件	f	普通文件

另外,find 命令还可以利用时间特征来查找文件,其参数见表 5.34。

表 5.34 时间特征参数

时 间 参 数	作　　用
amin n	查找 n 分钟以内被访问过的所有文件
atime n	查找 n 天以内被访问过的所有文件
cmin n	查找 n 分钟以内文件状态被修改过的所有文件
ctime n	查找 n 天以内文件状态被修改过的所有文件
mmin n	查找 n 分钟以内文件内容被修改过的所有文件
mtime n	查找 n 天以内文件内容被修改过的所有文件

下面详细说明 find 的用法。

（1）通过文件名查找。

知道了某个文件的文件名，却不知道它存于哪个目录下，此时可通过查找命令找到该文件，命令如下。

```
# find / - name httpd.conf - print
```

（2）根据部分文件名查找。

当要查找某个文件时，不知道该文件的全名，只知道这个文件包含几个特定的字母，此时用查找命令也可找到相应文件。这时在查找文件名时可使用通配符" * ""?"。例如，还是查找文件 httpd.conf，但仅记得该文件名包含"http"字符串，可使用如下命令查找。

```
# find / - name * http * - print
```

（3）根据文件的特征查询。

如果仅知道某个文件的大小、修改日期等特征也可使用 find 命令把该文件查找出来。例如，知道一个文件尺寸为 2500B，可使用如下命令查找。

```
# find /etc - size - 2500c - print
```

例 5.80 按照文件名查找文件，如图 5.120 所示。

```
$ find  ~   - name  " * .doc"  - print    查找当前目录及子目录中扩展名为.doc 的文件并显示。
$ find  .   - name  "[A - F] * " - print    查找以大写字母 A~F 开头的文件并显示。
$ find  /etc  - iname  'f????'              查找/etc 下所有以 f 开头后面有四个字符的文件。
```

例 5.81 按照文件权限模式查找文件，如图 5.121 所示。

```
$ find  .   - perm  777  - print    在当前目录下查找文件权限为 777 的文件，即查找每个
                                    人都有可读写可执行权限的文件。
```

例 5.82 忽略某个子目录查找文件，如图 5.122 所示。

```
$ find  work  - path  "cc/d1"  - prune  - o  - print    查找 cc 文件夹及子文件夹的文件，忽
                                                        略子文件夹 d1。
```

例 5.83 按文件所有者、用户组等查找文件，如图 5.123 所示。

```
$ find  work  - user  malimei  - print  在 work 文件夹下查找所有者为 malimei 的文件并输出。
$ find  /home/malimei/Documents  - group  malimei  - print  在 Documents 文件夹下查找属于
                                                            malimei 用户组的文件。
```

```
malimei@malimei:~$ find ~ -name "*.doc" -print
/home/malimei/Documents/test/tar1.doc
/home/malimei/Documents/test/tar2.doc
/home/malimei/Documents/tar1.doc
/home/malimei/Documents/tar2.doc
malimei@malimei:~$ find . -name "[A-F]*" -print
./Desktop
./Desktop/vmware-tools-distrib/FILES
./Downloads
./Documents
./Documents/English~
./Documents/English
./.gconf/apps/gnome-terminal/profiles/Default
./.local/share/Trash/info/English.zip.trashinfo
./.local/share/Trash/files/English.zip
malimei@malimei:~$ find /etc -iname 'f????'
find: `/etc/polkit-1/localauthority': Permission denied
/etc/fstab
find: `/etc/ppp/peers': Permission denied
find: `/etc/ssl/private': Permission denied
find: `/etc/chatscripts': Permission denied
/etc/X11/xinit/xinput.d/fcitx
/etc/X11/fonts
find: `/etc/cups/ssl': Permission denied
/etc/apparmor.d/abstractions/fonts
/etc/fonts
```

图 5.120 按照文件名查找文件

```
root@malimei:/home/malimei# find . -perm 777 -print
./Desktop/vmware-tools-distrib/INSTALL
./Desktop/vmware-tools-distrib/vmware-install.pl
./.local/share/Trash/files/test4
```

图 5.121 按照文件权限模式查找文件

```
malimei@malimei-virtual-machine: ~
malimei@malimei-virtual-machine:~/cc$ ls -l
总用量 581908
-rwx--x-w- 1 malimei malimei        25 8月  16 09:32 cc1
-rw-rw-r-- 1 malimei malimei       180 8月  16 11:33 cc1.zip
drwxrwxr-x 2 malimei malimei      4096 8月  16 11:35 d1
drwxrwxr-x 2 malimei malimei      4096 8月  16 12:23 d11
drwxrwxr-x 3 malimei malimei      4096 8月  16 11:16 d111
-rw-rw-r-- 1 malimei malimei 107070761 8月  16 10:25 d11.tar
-rw-r--r-- 1 malimei malimei      8980 8月  16 09:31 examples.desktop
-rw-r--r-- 1 malimei malimei        16 8月  16 12:18 lx
-rw-rw-r-- 1 malimei malimei   1584023 8月  16 10:42 u.tar
-rw-rw-r-- 1 malimei malimei 485456668 8月  16 10:59 VM.tar
-rw-r--r-- 1 malimei malimei   1719632 8月  16 10:42 下载ubuntu.docx
malimei@malimei-virtual-machine:~/cc$ cd ..
malimei@malimei-virtual-machine:~$ find cc -path "cc/d1" -prune -o -print
cc
cc/d11.tar
cc/lx
cc/d111
cc/d111/d1
cc/d111/d1/VMWARETO.TGZ
cc/d111/d1/examples.desktop
cc/cc1
cc/examples.desktop
cc/cc1.zip
cc/VM.tar
cc/下载ubuntu.docx
cc/d11
cc/d11/lx
cc/d11/.lx.swp
cc/u.tar
malimei@malimei-virtual-machine:~$
```

图 5.122 忽略某个子目录查找文件

```
malimei@malimei:~/Documents$ find work -user malimei -print
work
work/text3
work/text1
work/text2
work/file
work/file/text1
malimei@malimei:~$ find /home/malimei/Documents -group malimei -print
/home/malimei/Documents
/home/malimei/Documents/English~
/home/malimei/Documents/text3~
/home/malimei/Documents/work
/home/malimei/Documents/work/text3
/home/malimei/Documents/work/text1
/home/malimei/Documents/work/text2
/home/malimei/Documents/work/file2
/home/malimei/Documents/work/file1
/home/malimei/Documents/work/file1/text1
```

图 5.123　按照所有者、用户组等查找文件

例 5.84　按照时间查找文件，如图 5.124 所示。

$ find /home/malimei/Documents/work　– mtime　– 5　– print　查找更改时间在 5 日内的/home/malimei/Documents/work 文件。

```
malimei@malimei:~$ find /home/malimei/Documents/work -mtime -5 -print
/home/malimei/Documents/work
/home/malimei/Documents/work/text3
/home/malimei/Documents/work/text1
/home/malimei/Documents/work/text2
/home/malimei/Documents/work/file2
/home/malimei/Documents/work/file1
/home/malimei/Documents/work/file1/text1
/home/malimei/Documents/work/file1/file1
```

图 5.124　按照时间查找文件

例 5.85　按照文件类型查找文件，如图 5.125 所示。

$ find　/home/malimei/Documents – type d – print　　查找指定目录下所有的目录文件并显示。

```
malimei@malimei:~$ find /home/malimei/Documents -type d -print
/home/malimei/Documents
/home/malimei/Documents/work
/home/malimei/Documents/work/file2
/home/malimei/Documents/work/file1
/home/malimei/Documents/test2
/home/malimei/Documents/test
/home/malimei/Documents/test/test1
/home/malimei/Documents/test/test2
/home/malimei/Documents/test/test2/test3
```

图 5.125　按照文件类型查找文件

例 5.86　按照文件长度查找文件，如图 5.126 所示。

$ find. 　– size　 + 1000000c　– print　　在当前目录下查找文件长度大于 1MB 的文件。

5. locate

功能描述：寻找文件或目录。

locate 用于在文件系统内通过搜寻数据库查找指定文件，相对 find 命令查找速度快。

```
malimei@malimei:~$ find . -size +1000000c -print
./.cache/software-center/software-center-agent.db/spelling.DB
./.cache/software-center/software-center-agent.db/termlist.DB
./.cache/software-center/software-center-agent.db/postlist.DB
./.cache/software-center/piston-helper/software-center.ubuntu.com,api,2.0,applic
ations,en,ubuntu,trusty,i386,,08aef60ad6cfa3b66fb77f2e75041241
./.cache/software-center/piston-helper/reviews.ubuntu.com,reviews,api,1.0,review
-stats,any,any,,862d34545f176252d7fc8e5907b8b5d1
```

图 5.126 按照文件长度查找文件

数据库由 updatedb 程序来更新,updatedb 是由 crondaemon 周期性建立的,locate 命令在搜寻数据库时比由整个硬盘资料搜寻来得快,但若所找到的文件是最近才建立或刚更名的,locate 命令可能会找不到。updatedb 每天会更新一次,可以由修改 crontab 来更新设定值。

语法：locate [选项] [搜索关键字]

选项：locate 命令的常用选项见表 5.35。

表 5.35 locate 命令的常用选项

选 项	作 用	选 项	作 用
-a	输出所有匹配模式的文件	-h	显示辅助信息
-d	指定文件库的路径	-q	安静模式,不会显示任何错误信息
-e	将排除在寻找的范围之外	-V	显示程式的版本信息

例 5.87 查找文件名中包含"x"的文件,如图 5.127 所示。

`$ locate  x|more`   查找所有和"x"相关的文件,并用 more 命令显示。

```
malimei@malimei-virtual-machine:/$ locate x|more
/bin/busybox
/bin/bzexe
/bin/gzexe
/bin/ntfsfix
/boot/grub/gfxblacklist.txt
/boot/grub/i386-pc/exfat.mod
/boot/grub/i386-pc/exfctest.mod
/boot/grub/i386-pc/ext2.mod
/boot/grub/i386-pc/extcmd.mod
/boot/grub/i386-pc/gettext.mod
/boot/grub/i386-pc/gfxmenu.mod
/boot/grub/i386-pc/gfxterm.mod
/boot/grub/i386-pc/gfxterm_background.mod
```

图 5.127 查找文件名中包含"x"的文件

例 5.88 查找指定目录下以"t"开头的文件,如图 5.128 所示。

`#locate  /file1/t`   查找 file1 文件夹下以"t"开头的文件

```
root@malimei:/home/malimei/Documents/work# locate /file1/t
/home/malimei/Documents/work/file1/text1
```

图 5.128 查找"t"开头的文件

相关命令还有:

whatis 命令: 查询命令的功能。

which 命令: 显示可执行命令的路径。

例 5.89　查询命令的功能和可执行路径,如图 5.129 所示。

```
$ whatis  ls                          查询 ls 命令的功能。
$ which  ls                           查询 ls 命令的可执行路径。
```

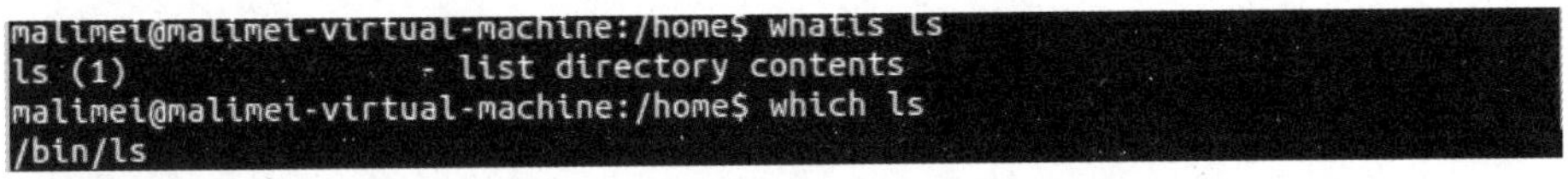

```
malimei@malimei-virtual-machine:/home$ whatis ls
ls (1)              - list directory contents
malimei@malimei-virtual-machine:/home$ which ls
/bin/ls
```

图 5.129　查询命令的功能和可执行路径

6. grep

功能描述:使用正则表达式查找文件内容。

语法:grep [选项] 匹配字符串 文件列表

选项:grep 命令的常用选项如表 5.36 所示。

表 5.36　grep 命令的常用选项

选　　项	作　　用
-v	列出不匹配串或正则表达式的行,即显示不包含匹配文本的所有行
-c	对匹配的行计数
-l	只显示包含匹配的文件的文件名
-h	查询多文件时不显示文件名,抑制包含匹配文件的文件名的显示
-n	每个匹配行只按照相对的行号显示
-i	产生不区分大小写的匹配,默认状态是区分大小写

正则表达式的参数如下。

\:忽略正则表达式中特殊字符的原有含义。

^x:匹配正则表达式的开始行,匹配一个字符 x。

$:匹配正则表达式的结束行。

\<:从匹配正则表达式的行开始。

\>:到匹配正则表达式的行结束。

[ ]:单个字符,如[A]即 A 符合要求。

[-]:范围,如[A-Z],即 A、B、C 一直到 Z 都符合要求。

[^x]:匹配一个字符,这个字符是除了 x 以外的所有字符。

*:有字符,长度可以为 0。

例 5.90　搜索文件中包含"s"的内容,如图 5.130 所示。

```
$ grep - n "s"  1.txt                 搜索文件 1.txt 中包含"s"的行,并显示行号。
```

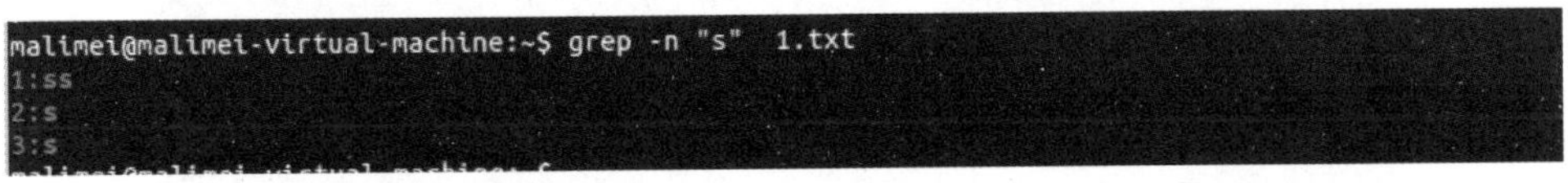

```
malimei@malimei-virtual-machine:~$ grep -n "s"  1.txt
1:ss
2:s
3:s
```

图 5.130　搜索文件中包含"s"的行

例 5.91　搜索文件的内容,如图 5.131 所示。

```
$ grep  - n'-'  a                     搜索文件 a 中包含" - "的行,并显示行号。
```

```
malimei@malimei:~/Documents/test$ grep -n '-' a
3:Sort entries alphabetically if none of -cftuvSUX nor --sort is specified.
7:  -a, --all                      do not ignore entries starting with .
7:  -A, --almost-all               do not list implied . and ..
8:      --author                   with -l, print the author of each file
9:  -b, --escape                   print C-style escapes for nongraphic characters
10:      --block-size=SIZE         scale sizes by SIZE before printing them. E.g.,
11:                                 '--block-size=M' prints sizes in units of
13:  -B, --ignore-backups           do not list implied entries ending with ~
14:  -c                             with -lt: sort by, and show, ctime (time of last
16:                                 with -l: show ctime and sort by name
malimei@malimei:~/Documents/test$ grep -vn '-' a
1:Usage: ls [OPTION]... [FILE]...
2:List information about the FILEs (the current directory by default).
4:
5:Mandatory arguments to long options are mandatory for short options too.
12:                                 1,048,576 bytes.  See SIZE format below.
15:                                 modification of file status information)
17:                                 otherwise: sort by ctime, newest first
20:                                 or can be 'never' or 'auto'.  More info below
22:                                 and do not dereference symbolic links
malimei@malimei:~/Documents/test$ grep -n '*' a
25:  -F, --classify                 append indicator (one of */=>@|) to entries
26:      --file-type               likewise, except do not append '*'
101:SIZE is an integer and optional unit (example: 10M is 10*1024*1024).  Units
malimei@malimei:~/Documents/test$ grep -n '[a-z]\{14\}' a
3:Sort entries alphabetically if none of -cftuvSUX nor --sort is specified.
70:  -R, --recursive                list subdirectories recursively
95:  -X                             sort alphabetically by entry extension
```

图 5.131　搜索文件的内容

```
$ grep  -vn'-'  a              搜索文件 a 中不包含"-"的行,并显示行号。
$ grep  -n'*'  a               搜索文件 a 中包含"*"的行,并显示行号。
$ grep  -n'[a-z]\{14\}'  a     搜索文件 a 中等于 14 个小写字符的字符串。
```

例 5.92　在文件中搜索包含"li"的行,如图 5.132 所示。

```
$ grep  -n 'li'  c             搜索当前目录下文件 c 中包含"li"的行。
```

```
malimei@malimei-virtual-machine:~$ ls -l > c
malimei@malimei-virtual-machine:~$ cat c
总用量 104652
-rw-rw-r-- 1 malimei malimei     10240 8月  16 09:41 11.tar
-rw-rw-r-- 1 user1   malimei        15 8月  16 11:59 11.txt
-rw-rw-r-- 1 malimei malimei         0 8月  16 17:10 c
drwx------ 5 malimei malimei      4096 8月  16 12:18 cc
-rw-rw-r-- 1 malimei malimei 107070810 8月  16 09:39 cc1.tar
-rw-rw-r-- 1 malimei malimei      4203 8月  16 09:34 cc.tar
drwxrwxrwx 3 malimei malimei      4096 8月  16 09:45 d1
drwxrwxrwx 2 malimei malimei      4096 8月  15 17:54 d11
-rw-rw-r-- 1 malimei malimei         0 7月  19 18:34 dd
-rw-r--r-- 1 malimei malimei      8980 7月  19 17:59 examples.desktop
drwxrwxr-x 5 malimei malimei      4096 8月  15 17:43 scf
drwxrwxr-x 3 malimei malimei      4096 7月  20 11:27 vmware
drwxr-xr-x 2 malimei malimei      4096 7月  19 18:25 公共的
drwxr-xr-x 2 malimei malimei      4096 7月  19 18:25 模板
drwxr-xr-x 2 malimei malimei      4096 7月  19 18:25 视频
drwxr-xr-x 2 malimei malimei      4096 8月  12 17:50 图片
drwxr-xr-x 2 malimei malimei      4096 7月  19 18:25 文档
drwxr-xr-x 2 malimei malimei      4096 7月  19 18:25 下载
drwxr-xr-x 2 malimei malimei      4096 7月  19 18:25 音乐
drwxr-xr-x 2 malimei malimei      4096 7月  21 10:32 桌面
malimei@malimei-virtual-machine:~$ grep -n 'li' c
2:-rw-rw-r-- 1 malimei malimei     10240 8月  16 09:41 11.tar
3:-rw-rw-r-- 1 user1   malimei        15 8月  16 11:59 11.txt
4:-rw-rw-r-- 1 malimei malimei         0 8月  16 17:10 c
5:drwx------ 5 malimei malimei      4096 8月  16 12:18 cc
6:-rw-rw-r-- 1 malimei malimei 107070810 8月  16 09:39 cc1.tar
7:-rw-rw-r-- 1 malimei malimei      4203 8月  16 09:34 cc.tar
8:drwxrwxrwx 3 malimei malimei      4096 8月  16 09:45 d1
9:drwxrwxrwx 2 malimei malimei      4096 8月  15 17:54 d11
```

图 5.132　在文件中搜索字符串

例 5.93   搜索当前目录下的文件中包含"any"的行,如图 5.133 所示。

$ grep 'any'   *   搜索当前目录下的所有文件中包含"any"的行。

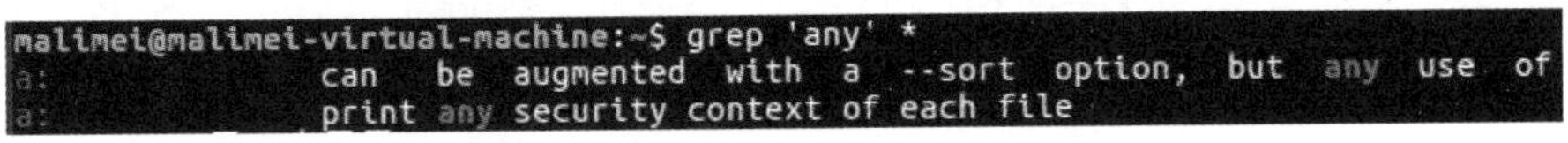

图 5.133   搜索多个文件的内容

例 5.94   搜索指定文件中第一个字符不是 d,后面是 bc 的字符串,如图 5.134 所示。

$ grep   -n '[^d]bc' tmp   搜索 tmp 文件中第一个字符不是 d,后面是 bc 的字符串。

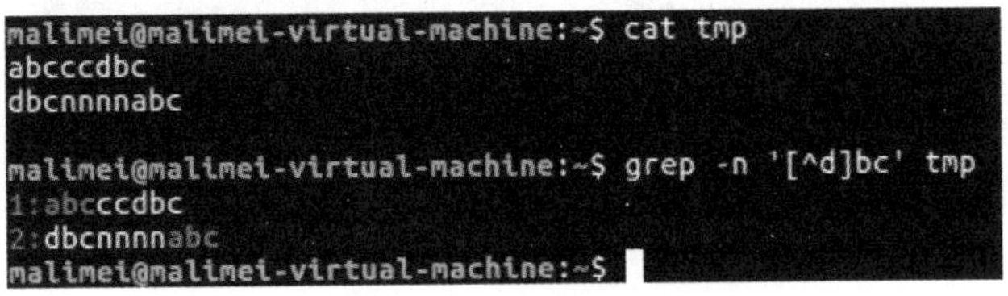

图 5.134   搜索指定的字符串

[^]匹配一个不在指定范围内的字符,例如,'[^A-R T-Z]rep'匹配一个不包含 A~R 和 T~Z 的字母开头,紧跟 rep 的行。

5.2.9   统计命令 wc

功能描述:统计指定文件中的字节数、字数、行数,并将统计结果显示输出。

该命令统计给定文件中的字节数、单词数、行数。如果没有给出文件名,则从标准输入设备读取,字符数包括空格和回车键。

语法:wc [选项] 文件列表

选项:wc 命令的常用选项见表 5.37。

表 5.37   wc 命令的常用选项

选 项	含 义
-c	统计字节数
-w	统计字数,一个字被定义为由空白、跳格或换行字符分隔开的字符串
-l	统计行数
-L	统计最长行的长度
-m	统计字符数,不能与-c 一起使用

例 5.95   统计行数、字节数和字数,如图 5.135 所示。

$ wc   -lcw   1.txt   统计 1.txt 文件的行数、字节数、字数。

例 5.96   统计文件的字数等信息,如图 5.136 所示。

$ wc   -c   test1   统计文件 test1 字节数。
$ wc   -w   test1   统计文件 test1 字数。
$ wc   -l   test1   统计文件 test1 行数。
$ wc   -L   test1   统计文件 test1 最长行长度。

```
malimei@malimei-virtual-machine:~$ wc -lcw  1.txt
4 4 9 1.txt
malimei@malimei-virtual-machine:~$ cat 1.txt
ss
s
s
d
```

图 5.135　统计行数、字节数和字数

```
malimei@malimei:~/Documents$ cat test1
1111111111111
1111111111111
malimei@malimei:~/Documents$ wc -c test1
28 test1
malimei@malimei:~/Documents$ wc -m test1
28 test1
malimei@malimei:~/Documents$ wc -w test1
2 test1
malimei@malimei:~/Documents$ wc -l test1
2 test1
malimei@malimei:~/Documents$ wc -L test1
13 test1
```

图 5.136　统计文件的字数等信息

注意：一个字被定义为由空白、跳格或换行字符分隔的字符串，如图 5.136 中 test1 的字数为 2，而不是 28。

5.3　输入、输出重定向

5.3.1　标准输入、输出

执行一个 Shell 命令行时通常会自动打开三个标准文档：标准输入文档(stdin)，标准输出文档(stdout)和标准错误输出文档(stderr)。其中，标准输入对应终端的键盘，标准输出和标准错误输出对应终端的屏幕。进程将从标准输入文档中得到输入数据，将正常输出数据输出到标准输出文档，而将错误信息送到标准错误文档中。

以 cat 命令为例，如果命令"＄cat"中不带参数，就会从标准输入中读取数据，并将其送到标准输出上。

例 5.97　从键盘输入数据到显示屏，如图 5.137 所示。

```
$ cat              从标准输入到标准输出。
Hello!             在键盘上输入"Hello!"。
Welcome to Ubantu! 在键盘上输入"Welcome to Ubantu!"。
```

```
malimei@malimei:~$ cat
Hello!
Hello!
Welcome to Ubantu!
Welcome to Ubantu!


^Z
[1]+  Stopped                 cat
malimei@malimei:~$
```

图 5.137　标准输入输出

注意：图 5.137 中第一行"Hello!"是通过键盘输入时的显示，第二行才是输出。按 Ctrl＋Z 组合键退出输入模式。

5.3.2　输入重定向

从标准输入录入数据时，输入的数据系统没有保存，只能使用一次，下次再想使用这些数据就得重新输入。而且在终端输入时，如果输入错误修改起来也不方便。正是因为使用标准输入很不方便，我们需要将输入从标准输入重新定个方向转到其他位置，这就是输入重定向。

Linux 支持输入重定向，可以把命令的标准输入重定向到指定的文件中，也就是输入的数据不是来自键盘，而是来自一个指定的文件。也就是说，输入重定向主要用于改变一个命令的输入源，特别是那些需要大量数据输入的输入源。

在输入时，使用符号"<"和"<<"分别表示"输入"与"结束输入"。

例 5.98　将文档内容作为输入，如图 5.138 所示。

$ wc　<　/etc/passwd　　输入重定向，将/etc/passwd 文档内容传给 wc 命令。

图 5.138　输入重定向文件

例 5.99　使用 <<结束输入，如图 5.139 所示。

$ cat　<< end　　　　　　从控制台输入字符串，当输入为"end"时结束输入。

图 5.139　从键盘输入<<结束

从图 5.139 中可以看到，使用符号"<<"后，输入过程与仅使用 cat 不同：屏幕上显示的是键盘输入内容，直至输入 end，才结束输入开始显示输出。

例 5.100　将标准输入保存至文件，如图 5.140 所示。

$ cat　>　ss.txt　<< eof　从控制台输入字符串，当输入"eof"时结束输入，并把内容保存到文件 ss.txt 中。

图 5.140　标准输入并保存至文件

5.3.3 输出重定向

因为输出到终端屏幕上的数据只能看,不能进行更多的处理,所以需要把输出从标准输出或标准错误输出重新定向到指定的文件,这就是输出重定向。Linux 支持输出重定向,可以将输出写入指定文件,而不是在屏幕上显示。用符号"＞"表示替换,符号"＞＞"表示追加。

输出重定向有很多应用,如保存某个命令的输出,或者某个命令的输出内容很多,不能显示在屏幕的一页内,也可以将输出重定向到一个文档内,然后用文本编辑器打开这个文档查看输出信息。输出重定向还能够把一个命令的输出作为另一个命令的输入,这就是 5.4 节要讲到的管道命令。

例 5.101 从键盘输入信息保存到文件,如图 5.141 所示。

`$ cat  ＞c`　将屏幕输入的信息保存到文件 c(c 初始为空文件),按 Ctrl＋Z 组合键退出输入。

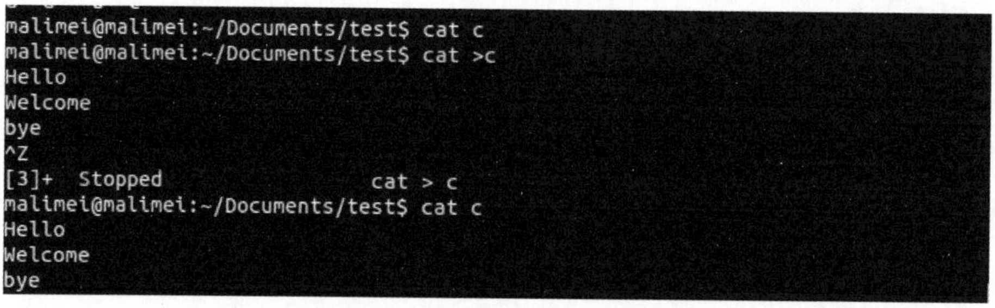

图 5.141　标准输入并保存到文件 c

例 5.102 将命令的输出保存到文件,如图 5.142 所示。

`$ ls -l  ＞＞c`　将命令 ls 的输出追加到文件 c,即保存到文件的尾部,原内容不变。
`$ ls -l  ＞c`　将命令 ls 的输出保存到文件 c,如 c 不空,则覆盖原内容。

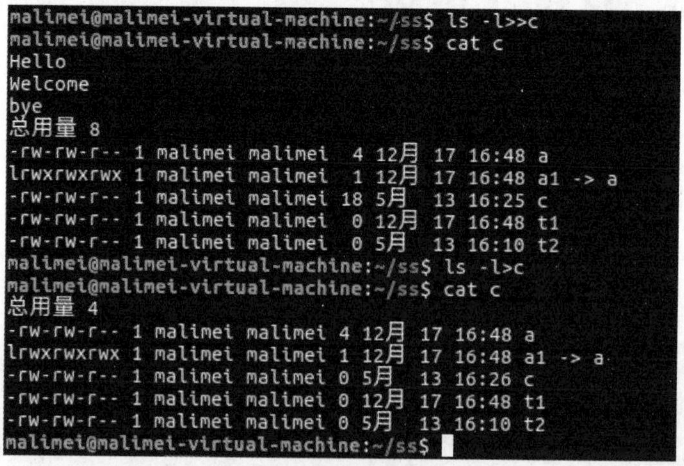

图 5.142　命令输出重定向到文件 c

例 5.103 将文件内容输出到另一个文件,如图 5.143 所示。

```
$ cat  tmp > tmp1                将文件 tmp 中的内容复制到文件 tmp1 中。
```

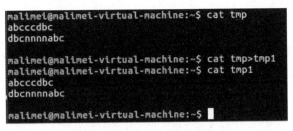

图 5.143 文件内容输出重定向至文件

5.4 管 道

管道(Pipeline):一个由标准输入输出链接起来的进程集合,是一个连接两个进程的连接器,如图 5.144 所示。管道的命令操作符是"|",它将操作符左侧命令的输出信息(STDOUT)作为操作符右侧命令的输入信息(STDIN)。可以用下面的图形示意,Command1 正确输出,作为 Command2 的输入,然后 Command2 的输出作为 Command3 的输入,Command3 输出则会直接显示在屏幕上。

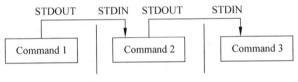

图 5.144 管道示意图

从功能上说,管道类似于输入输出重定向,但是管道触发的是两个子进程,分别执行"|"两边的程序,而重定向执行的是一个进程。一般如果是命令间传递参数,还是管道的好,如果处理输出结果需要重定向到文件,还是用输出重定向比较好。

使用管道时需要注意以下几点。

(1)管道是单向的,一端只能输入,另一端只能用于输出,遵循"先进先出"原则。

(2)管道命令只处理前一个命令的正确输出,如果输出的是错误信息,则不处理。

(3)管道操作符右侧命令,必须能够接收标准输入流命令。

管道分为普通管道和命名管道两种。这里所讲的管道是普通管道。

例 5.104 查找文件内容并显示、统计,如图 5.145 所示。

```
$ cat  a1.txt|grep  "a"           查找文件 a1.txt 中包含 a 的字符串并显示。
$ cat  a1.txt|grep  "a"|wc  -l     查找文件 a1.txt 中包含 a 的字符串并统计行数,随后显
                                 示统计结果。
```

例 5.105 查找文件内容进行统计后显示,如图 5.146 所示。

```
$ cat  1.txt|grep  "s"|wc -l       统计文件 1.txt 中包含 s 的字符串行数,并显示。
$ cat  1.txt|grep  "s"|wc - w      统计文件 1.txt 中包含 s 的字符串字数,并显示。
```

Ubuntu 文件管理

```
malimei@malimei-virtual-machine:~$ cat a1.txt|grep "a"
asdfg
axdce
malimei@malimei-virtual-machine:~$ cat a1.txt|grep "a"|wc -l
2
```

图 5.145　查找、统计并显示文件内容

```
malimei@malimei-virtual-machine:~$ wc -lcw  1.txt
4 9 1.txt
malimei@malimei-virtual-machine:~$ cat 1.txt
ss
s
s
d
malimei@malimei-virtual-machine:~$ cat 1.txt|grep "s"|wc -l
3
malimei@malimei-virtual-machine:~$ cat 1.txt|grep "s"|wc -w
3
malimei@malimei-virtual-machine:~$ cat 1.txt|grep "s"|wc -c
7
```

图 5.146　查找、统计并显示

$ cat　1.txt|grep　"s"|wc -c　　　　　　统计文件 1.txt 中包含 s 的字节数,并显示。

例 5.106　查找命令的输出,如图 5.147 所示。

$ ls -l | grep '^d'　　　　通过管道过滤 ls -l 输出的内容,只显示以 d 开头的行(即只显示当前
　　　　　　　　　　　　　　目录中的目录/子目录)。

```
malimei@malimei-virtual-machine:~$ ls -l |grep "^d"
drwxr-xr-x 3 root    root    4096 10月  12 10:44 bb
drwxrwxrwx 2 malimei malimei 4096 9月  12 11:22 deja-dup
drwxr-xr-x 2 malimei malimei 4096 9月   3 19:27 公共的
drwxr-xr-x 2 malimei malimei 4096 9月   3 19:27 模板
drwxr-xr-x 2 malimei malimei 4096 9月   3 19:27 视频
drwxr-xr-x 2 malimei malimei 4096 9月   3 19:27 图片
drwxr-xr-x 2 malimei malimei 4096 9月   3 19:27 文档
drwxr-xr-x 2 malimei malimei 4096 9月   3 19:27 下载
drwxr-xr-x 2 malimei malimei 4096 9月   3 19:27 音乐
drwxr-xr-x 2 malimei malimei 4096 9月   3 19:27 桌面
```

图 5.147　查找 ls 命令的输出内容

5.5　链　　接

5.5.1　什么是链接

链接是一种在共享文件和访问它的用户的若干目录项之间建立联系的方法。例如,当我们需要在不同的目录用到相同的文件时,不需要在每一个需要的目录下都放一个必须相同的文件,只要在某个固定的目录下存放该文件,然后在其他的目录下链接它就可以,不必重复地占用磁盘空间。

5.5.2　索引节点

要了解链接,首先得了解一个概念,即索引节点(inode)。在 Linux 系统中,内核为每一

个新创建的文件分配一个 inode(索引节点),每个文件都有一个唯一的 inode 号。我们可以将 inode 简单理解成一个指针,它永远指向本文件的具体存储位置。文件属性保存在索引节点里,在访问文件时,索引节点被复制到内存里,从而实现文件的快速访问。系统是通过索引节点(而不是文件名)来定位每一个文件的。

5.5.3　两种链接

Linux 中包括两种链接:硬链接(Hard Link)和软链接(Soft Link)。软链接又称为符号链接(Symbolic Link)。

(1) 硬链接:硬链接就是一个指针,指向文件索引节点,但系统并不为它重新分配 inode,不占用实际空间。硬链接不能链接到目录和不同文件系统的文件。

ln 命令用来建立硬链接。

(2) 软链接:软链接又叫符号链接,这个文件包含另一个文件的路径名,系统会为其重新分配 inode,类似于 Windows 中的快捷方式。软链接可以是任意文件或目录,包括不同文件系统的文件和不存在的文件名。

ln -s 命令用来建立软链接。

硬链接记录的是目标的 inode,软链接记录的是目标的路径。软链接就像是快捷方式,而硬链接就像备份。软链接可以做跨分区的链接,而硬链接由于 inode 的缘故,只能在本分区中做链接,所以软链接使用更多。

5.5.4　链接命令 ln

功能描述:为某一个文件在另外一个位置建立一个同步的链接。ln 命令会保持每一处链接文件的同步性,也就是说,不论改动了哪一处,其他的文件都会发生相同的变化。

语法:ln [参数][源文件或目录][目标文件或目录]

选项:ln 命令的常用选项如表 5.38 所示。

表 5.38　ln 命令的常用选项

选　　项	作　　用
-s	软链接(符号链接)
-b	删除,覆盖以前建立的链接
-d	允许超级用户制作目录的硬链接
-f	强制执行
-i	交互模式,文件存在则提示用户是否覆盖
-n	把符号链接视为一般目录
-v	显示详细的处理过程
-S	"-S<字尾备份字符串>"或"--suffix=<字尾备份字符串>"
-V	"-V<备份方式>"或"--version-control=<备份方式>"

例 5.107　建立文件符号链接和硬链接,如图 5.148 所示。

```
$ ln  -s  x.txt  xx.txt        建立 x.txt 文件的符号链接 xx。
$ ln  x.txt  xxy.txt           建立 x.txt 文件的硬链接 xxy.txt。
```

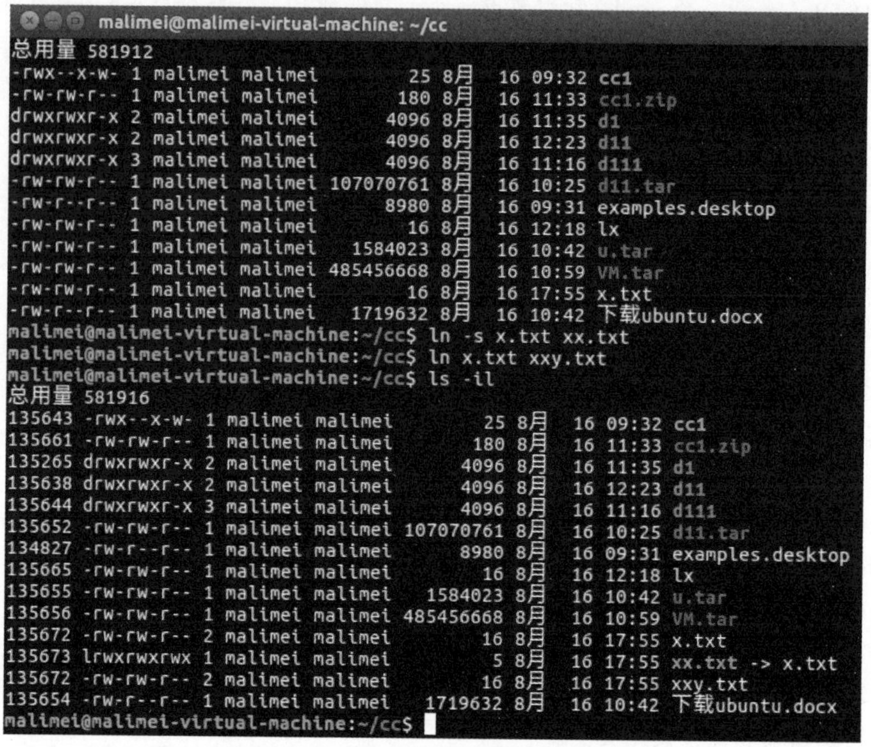

```
malimei@malimei-virtual-machine: ~/cc
总用量 581912
-rwx--x-w- 1 malimei malimei        25 8月  16 09:32 cc1
-rw-rw-r-- 1 malimei malimei       180 8月  16 11:33 cc1.zip
drwxrwxr-x 2 malimei malimei      4096 8月  16 11:35 d1
drwxrwxr-x 2 malimei malimei      4096 8月  16 12:23 d11
drwxrwxr-x 3 malimei malimei      4096 8月  16 11:16 d111
-rw-rw-r-- 1 malimei malimei 107070761 8月  16 10:25 d11.tar
-rw-r--r-- 1 malimei malimei      8980 8月  16 09:31 examples.desktop
-rw-rw-r-- 1 malimei malimei        16 8月  16 12:18 lx
-rw-rw-r-- 1 malimei malimei   1584023 8月  16 10:42 u.tar
-rw-rw-r-- 1 malimei malimei 485456668 8月  16 10:59 VM.tar
-rw-rw-r-- 1 malimei malimei        16 8月  16 17:55 x.txt
-rw-r--r-- 1 malimei malimei   1719632 8月  16 10:42 下载ubuntu.docx
malimei@malimei-virtual-machine:~/cc$ ln -s x.txt xx.txt
malimei@malimei-virtual-machine:~/cc$ ln x.txt xxy.txt
malimei@malimei-virtual-machine:~/cc$ ls -il
总用量 581916
135643 -rwx--x-w- 1 malimei malimei        25 8月  16 09:32 cc1
135661 -rw-rw-r-- 1 malimei malimei       180 8月  16 11:33 cc1.zip
135265 drwxrwxr-x 2 malimei malimei      4096 8月  16 11:35 d1
135638 drwxrwxr-x 2 malimei malimei      4096 8月  16 12:23 d11
135644 drwxrwxr-x 3 malimei malimei      4096 8月  16 11:16 d111
135652 -rw-rw-r-- 1 malimei malimei 107070761 8月  16 10:25 d11.tar
134827 -rw-r--r-- 1 malimei malimei      8980 8月  16 09:31 examples.desktop
135665 -rw-rw-r-- 1 malimei malimei        16 8月  16 12:18 lx
135655 -rw-rw-r-- 1 malimei malimei   1584023 8月  16 10:42 u.tar
135656 -rw-rw-r-- 1 malimei malimei 485456668 8月  16 10:59 VM.tar
135672 -rw-rw-r-- 2 malimei malimei        16 8月  16 17:55 x.txt
135673 lrwxrwxrwx 1 malimei malimei         5 8月  16 17:55 xx.txt -> x.txt
135672 -rw-rw-r-- 2 malimei malimei        16 8月  16 17:55 xxy.txt
135654 -rw-r--r-- 1 malimei malimei   1719632 8月  16 10:42 下载ubuntu.docx
malimei@malimei-virtual-machine:~/cc$
```

图 5.148　建立文件符号链接和硬链接

从图 5.148 可以看到建立符号链接的索引节点号(inode)的改变,原文件索引节点号为 135672,链接文件的索引节点号为 135673,属性链接数目变为 2,链接文件权限的第一位用 l 表示。建立硬链接的索引节点号(inode)不变,仍为 135672,链接数目变为 2。

例 5.108　建立文件-目录的符号链接,如图 5.149 所示。

$ ln　-s　s2　aa　　　　　　在 aa 目录下建立 s2 文件的符号链接,默认命名为 s2。

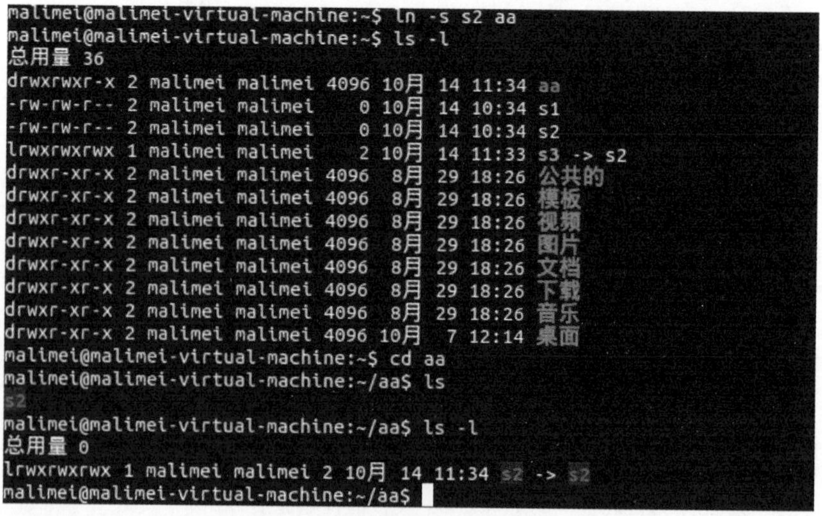

```
malimei@malimei-virtual-machine:~$ ln -s s2 aa
malimei@malimei-virtual-machine:~$ ls -l
总用量 36
drwxrwxr-x 2 malimei malimei 4096 10月 14 11:34 aa
-rw-rw-r-- 2 malimei malimei    0 10月 14 10:34 s1
-rw-rw-r-- 2 malimei malimei    0 10月 14 10:34 s2
lrwxrwxrwx 1 malimei malimei    2 10月 14 11:33 s3 -> s2
drwxr-xr-x 2 malimei malimei 4096  8月 29 18:26 公共的
drwxr-xr-x 2 malimei malimei 4096  8月 29 18:26 模板
drwxr-xr-x 2 malimei malimei 4096  8月 29 18:26 视频
drwxr-xr-x 2 malimei malimei 4096  8月 29 18:26 图片
drwxr-xr-x 2 malimei malimei 4096  8月 29 18:26 文档
drwxr-xr-x 2 malimei malimei 4096  8月 29 18:26 下载
drwxr-xr-x 2 malimei malimei 4096  8月 29 18:26 音乐
drwxr-xr-x 2 malimei malimei 4096 10月  7 12:14 桌面
malimei@malimei-virtual-machine:~$ cd aa
malimei@malimei-virtual-machine:~/aa$ ls
s2
malimei@malimei-virtual-machine:~/aa$ ls -l
总用量 0
lrwxrwxrwx 1 malimei malimei 2 10月 14 11:34 s2 -> s2
malimei@malimei-virtual-machine:~/aa$
```

图 5.149　在目标目录下建立符号链接

例 5.109 建立文件-目录的硬链接,如图 5.150 所示。

```
$ ln  s1  aa                    在 aa 目录下建立文件 s1 的硬链接。
```

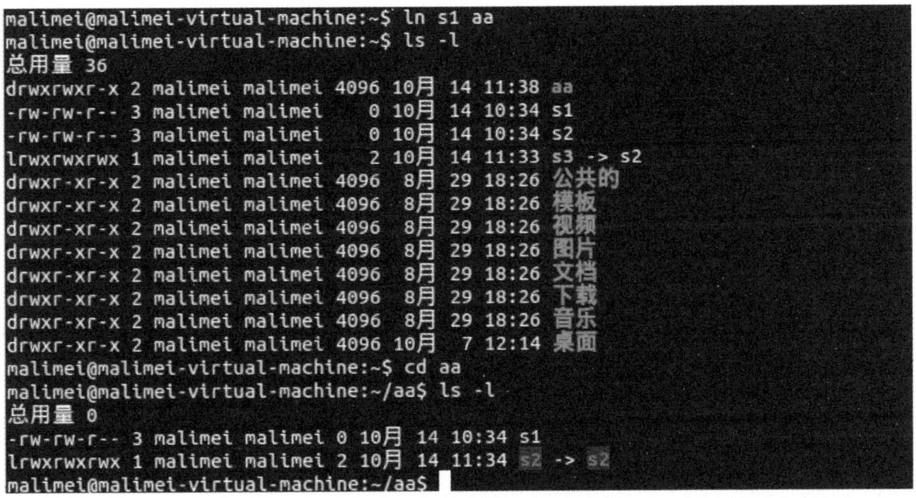

```
malimei@malimei-virtual-machine:~$ ln s1 aa
malimei@malimei-virtual-machine:~$ ls -l
总用量 36
drwxrwxr-x 2 malimei malimei 4096 10月 14 11:38 aa
-rw-rw-r-- 3 malimei malimei    0 10月 14 10:34 s1
-rw-rw-r-- 3 malimei malimei    0 10月 14 10:34 s2
lrwxrwxrwx 1 malimei malimei    2 10月 14 11:33 s3 -> s2
drwxr-xr-x 2 malimei malimei 4096  8月 29 18:26 公共的
drwxr-xr-x 2 malimei malimei 4096  8月 29 18:26 模板
drwxr-xr-x 2 malimei malimei 4096  8月 29 18:26 视频
drwxr-xr-x 2 malimei malimei 4096  8月 29 18:26 图片
drwxr-xr-x 2 malimei malimei 4096  8月 29 18:26 文档
drwxr-xr-x 2 malimei malimei 4096  8月 29 18:26 下载
drwxr-xr-x 2 malimei malimei 4096  8月 29 18:26 音乐
drwxr-xr-x 2 malimei malimei 4096 10月  7 12:14 桌面
malimei@malimei-virtual-machine:~$ cd aa
malimei@malimei-virtual-machine:~/aa$ ls -l
总用量 0
-rw-rw-r-- 3 malimei malimei 0 10月 14 10:34 s1
lrwxrwxrwx 1 malimei malimei 2 10月 14 11:34 s2 -> s2
malimei@malimei-virtual-machine:~/aa$
```

图 5.150 在目标目录下建立硬链接

例 5.110 建立目录的符号链接和硬链接,将看到不允许给目录建立硬链接,如图 5.151 所示。

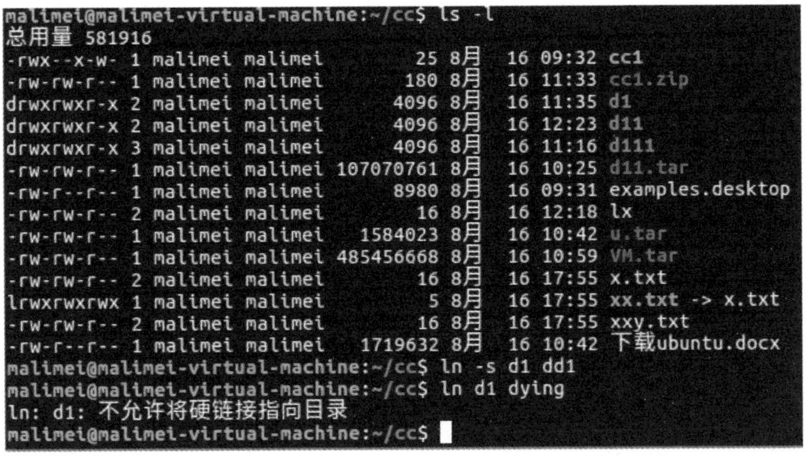

```
malimei@malimei-virtual-machine:~/cc$ ls -l
总用量 581916
-rwx--x-w- 1 malimei malimei        25 8月  16 09:32 cc1
-rw-rw-r-- 1 malimei malimei       180 8月  16 11:33 cc1.zip
drwxrwxr-x 2 malimei malimei      4096 8月  16 11:35 d1
drwxrwxr-x 2 malimei malimei      4096 8月  16 12:23 d11
drwxrwxr-x 3 malimei malimei      4096 8月  16 11:16 d111
-rw-rw-r-- 1 malimei malimei 107070761 8月  16 10:25 d11.tar
-rw-r--r-- 1 malimei malimei      8980 8月  16 09:31 examples.desktop
-rw-rw-r-- 2 malimei malimei        16 8月  16 12:18 lx
-rw-rw-r-- 1 malimei malimei   1584023 8月  16 10:42 u.tar
-rw-rw-r-- 1 malimei malimei 485456668 8月  16 10:59 VM.tar
-rw-rw-r-- 2 malimei malimei        16 8月  16 17:55 x.txt
lrwxrwxrwx 1 malimei malimei         5 8月  16 17:55 xx.txt -> x.txt
-rw-rw-r-- 2 malimei malimei        16 8月  16 17:55 xxy.txt
-rw-r--r-- 1 malimei malimei   1719632 8月  16 10:42 下载ubuntu.docx
malimei@malimei-virtual-machine:~/cc$ ln -s d1 dd1
malimei@malimei-virtual-machine:~/cc$ ln d1 dying
ln: d1: 不允许将硬链接指向目录
malimei@malimei-virtual-machine:~/cc$
```

图 5.151 目录不能建立硬链接

尽管硬链接节省空间,也是 Linux 系统整合文件系统的传统方式,但是存在一些不足之处。

(1) 不允许给目录创建硬链接。

(2) 不可以在不同文件系统的文件间建立硬链接。因为 inode 是这个文件在当前分区中的索引值,是相对于这个分区的,因此不能跨越文件系统了。

软链接克服了硬链接的不足,没有任何文件系统的限制,任何用户可以创建指向目录的符号链接。因而现在使用更为广泛,它具有更大的灵活性,甚至可以跨越不同机器、不同网络对文件进行链接。

硬链接和软链接的区别如下。

(1) 硬链接原文件/链接文件公用一个 inode 号,说明它们是同一个文件,而软链接原文件/链接文件拥有不同的 inode 号,表明它们是两个不同的文件。

(2) 在文件属性上软链接明确写出了是链接文件,而硬链接没有写出来,因为在本质上硬链接文件和原文件是完全平等关系。

(3) 链接数目是不一样的,软链接的链接数目不会增加。

(4) 文件大小是不一样的,硬链接文件显示的大小是跟原文件一样的,而这里软链接显示的大小与原文件就不同。

(5) 软链接没有任何文件系统的限制,任何用户可以创建指向目录的符号链接。

总之,建立软链接就是建立了一个新文件。当访问链接文件时,系统就会发现它是个链接文件,它读取链接文件找到真正要访问的文件。

当然软链接也有硬链接没有的缺点:因为链接文件包含原文件的路径信息,所以当原文件从一个目录下移到其他目录中,再访问链接文件,系统就找不到了;而硬链接就没有这个缺陷,想怎么移就怎么移。软链接要系统分配额外的空间用于建立新的索引节点和保存原文件的路径。

习　　题

1. 填空题

(1) Linux 操作系统支持很多现代的流行文件系统,其中_____文件系统使用最广泛。

(2) Linux 系统中,没有磁盘的逻辑分区(即没有 C 盘、D 盘等),任何一个种类的文件系统被创建后都需要_____到某个特定的目录才能使用,这相当于激活一个文件系统。

(3) Linux 采用的是_____拓扑结构,最上层是根目录。

(4) 当前用户为 ma,则登录后进入的主目录为_____。

(5) 查看文件的内容常用命令有:_____、_____、_____、_____、_____。

(6) cp 命令可以复制多个文件,将要复制的多个文件由_____分隔开。

(7) 使用 touch 命令,创建一个_____文件。

(8) rm 命令只能删除文件,不能删除目录,如果删除目录必须加参数_____。

(9) 管道的命令就是将操作符左侧命令的输出信息作为操作符右侧命令的_____。

(10) 命令 $ cd ～是切换到_____。

2. 问答题

(1) Ubantu 根目录下有哪些重要的目录? 各存放了什么信息?

(2) Ubantu 下有哪些文件类型?

(3) 使用 ls -l 命令可以查看文件的详细属性,说明图 5.152 中各列信息的含义。

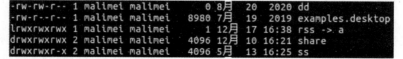

图 5.152　查看文件的详细属性

（4）使用 chmod 命令设置文件权限的两种模式是什么？它们分别采用什么方法来描述权限？

（5）find 命令查找文件有哪些方式？

（6）什么是输入输出重定向？如何将命令输出保存到新文件？

（7）什么是管道？分析其与重定向的异同。

（8）Ubuntu 中两种链接方式是什么？并分析其不同。

3. 实验题

（1）在你的用户下面，建立空文件 file1、file2、file3、file4，建立目录 dir1、dir2。

（2）建立目录 dir3，其权限为 442。

（3）建立 file1 文件的符号链接，自定文件名；建立 file1 文件的硬链接，自定文件名；用 ls 命令加参数显示索引节点号，比较硬链接和符号链接的不同。

（4）在目录下建立链接：建立源文件为 file2，目标为 dir1 目录的符号链接，自定文件名；建立源文件为 file2，目标为 dir1 目录的硬链接，自定文件名。

（5）跨目录建立链接：建立源文件为 file2，目标为/home 目录的符号链接，自定文件名；建立源文件为 file2，目标为/home 目录的硬链接，自定文件名，是否可以？

（6）把 file3 文件复制到 dir1 目录下。

（7）用 tar 压缩 dir1 目录，自定名字；用 gzip 压缩 dir1 目录，比较不同点。

（8）把 file4 文件移动到 dir2 目录下。

（9）更改组和所有者：更改 dir2 目录和目录中的文件的组和所有者为你登录的用户名。

（10）改变文件和目录的权限：用符号模式更改 dir2 目录和目录中的文件权限为所有者具有全权，同组人具有读和写的权限，其他人只有执行的权限。

（11）改变文件和目录的权限：用绝对模式更改 dir1 目录和目录中的文件权限为 421。

（12）查找文件：查找根目录下所有以".conf"为扩展名的文件。

（13）查找根目录及其子目录下所有最近 20 天内访问过的文件。

（14）在 dir1 目录下查找小于 10B 的文件。

（15）查找文件内容：在自己的目录下查找以 f 开头的文件名，并在这些文件中搜索包含"is"的行。

（16）删除 dir1、dir2、dir3 目录。

第 6 章 | 用户和组管理

本章学习目标：

- 掌握用户和组的概念。
- 掌握建立、管理用户和组的命令。
- 掌握 su 和 sudo 的使用。

Linux 是多用户系统，不同的用户扮演着不同的角色，对系统中的所有文件和资源的管理都需要按照用户的角色来划分。同时，每个用户都有自己的权限，例如对某个文件的读写，或是对系统进行某种操作，有的用户可以执行，而有的用户则不能执行。

这样的多用户系统，不仅便于每个用户打造自己的个性化空间，也相对保持了每个用户的独立性和私密性，对系统的安全形成了良好的保护策略。具有相同或相似权限的用户，可以划分在同一个用户组里，在保护用户的文件及资源的同时，又实现了资源的相对共享。掌握用户、组及权限管理的方法，有利于更好的保护自己的文件系统，提高操作的安全性。

6.1 Linux 用户

6.1.1 用户和用户组

Linux 系统是一个多用户多任务的分时操作系统，任何一个要使用系统资源的用户，都必须首先向系统管理员申请一个账号，然后以这个账号的身份进入系统。用户的账号一方面可以帮助系统管理员对使用系统的用户进行跟踪，并控制他们对系统资源的访问；另一方面也可以帮助用户组织文件，并为用户提供安全性保护。每个用户账号都拥有一个唯一的用户名和各自的口令。用户在登录时输入正确的用户名和口令后，就能够进入系统和自己的主目录。

在 Linux 系统中，任何文件都属于某一特定用户，而任何用户都隶属于至少一个用户组。

任何一个要使用系统资源的用户都有一个唯一的用户名（username）和各自的口令，如系统在建立 malimei 用户的同时，在 home 文件夹下产生一个以该用户名命名的文件夹 home/malimei/，与该用户相关的文件都存储在此文件夹下。登录系统时，直接进入该目录，如图 6.1 所示。

每个用户不仅有唯一的用户名，还有唯一的用户 id，用户 id 缩写为 uid。Linux 系统分配的 uid 是一个 32 位的整数，即最多可以有 2^{32} 个不同的用户。对于系统内核来说，它使用

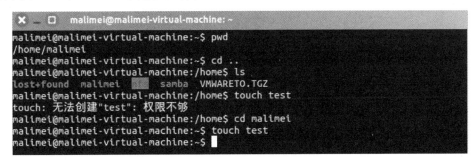

```
malimei@malimei-virtual-machine:~$ pwd
/home/malimei
malimei@malimei-virtual-machine:~$ cd ..
malimei@malimei-virtual-machine:/home$ ls -l
总用量 28
drwx------   2 root      root    16384 7月  19 17:35 lost+found
drwxr-xr-x 25 malimei malimei  4096 8月  17 15:41 malimei
drwxr-xr-x 19 user1     user1    4096 8月  16 18:03 user1
drwxr-xr-x  3 user2     user2    4096 8月  17 10:48 user2
malimei@malimei-virtual-machine:/home$ cd malimei
malimei@malimei-virtual-machine:~$ ls -l
总用量 104672
-rw-rw-r-- 1 malimei malimei    10240 8月  16 09:41 11.tar
-rw-rw-r-- 1 user1   malimei       25 8月  17 10:48 11.txt
-rw-rw-r-- 1 malimei malimei    7894 8月  17 10:52 a
-rw-rw-r-- 1 malimei malimei    1228 8月  16 17:10 c
drwx------ 5 malimei malimei     4096 8月  16 18:18 cc
lrwxrwxrwx 1 malimei malimei       2 8月  16 18:13 cc1 -> cc
```

图 6.1 查看用户目录

uid 来记录拥有进程或文件的用户,而不是使用用户名。

系统有一个数据库,存放着用户名与 uid 的对应关系,这个数据库存在配置文件/etc/passwd 中,系统上的大多数用户都有权限读取这个文件,但是不能进行修改。

6.1.2 用户分类

Ubuntu 系统的安全性和多功能,依赖于如何给用户分配权限以及对其的使用方法。用户分为 3 类:普通用户、超级用户和系统用户,它们在 Ubuntu 中扮演着不同的角色,其uid 也有不同的取值范围,如表 6.1 所示。

表 6.1 Ubuntu 系统的不同 uid 范围

uid 范围	用 户 类 型	uid 范围	用 户 类 型
0	系统管理员(超级用户)	1000~65 535	普通用户
1~999	系统用户		

1. 普通用户

普通用户是使用系统最多的人群,其登录路径为/bin/bash,用户主目录为/home/用户名,普通用户的权限不是很高,一般情况下只在自己的主目录和系统范围内的临时目录中创建文件。如图 6.2 所示,当前用户是 malimei,不能在其他目录下建立文件,而只能在自己的主目录/home/malimei 下建立文件。

```
malimei@malimei-virtual-machine: ~
malimei@malimei-virtual-machine:~$ pwd
/home/malimei
malimei@malimei-virtual-machine:~$ cd ..
malimei@malimei-virtual-machine:/home$ ls
lost+found  malimei        samba  VMWARETO.TGZ
malimei@malimei-virtual-machine:/home$ touch test
touch: 无法创建"test": 权限不够
malimei@malimei-virtual-machine:/home$ cd malimei
malimei@malimei-virtual-machine:~$ touch test
malimei@malimei-virtual-machine:~$
```

图 6.2 在用户主目录下建立文件

除了在 Shell 中可以查看用户名,还可以利用编辑器来查看和管理用户,(需要具有管理员权限)在文本编辑器 gedit 中,打开/etc/passwd 文件可以查看用户的信息,如图 6.3 所示。

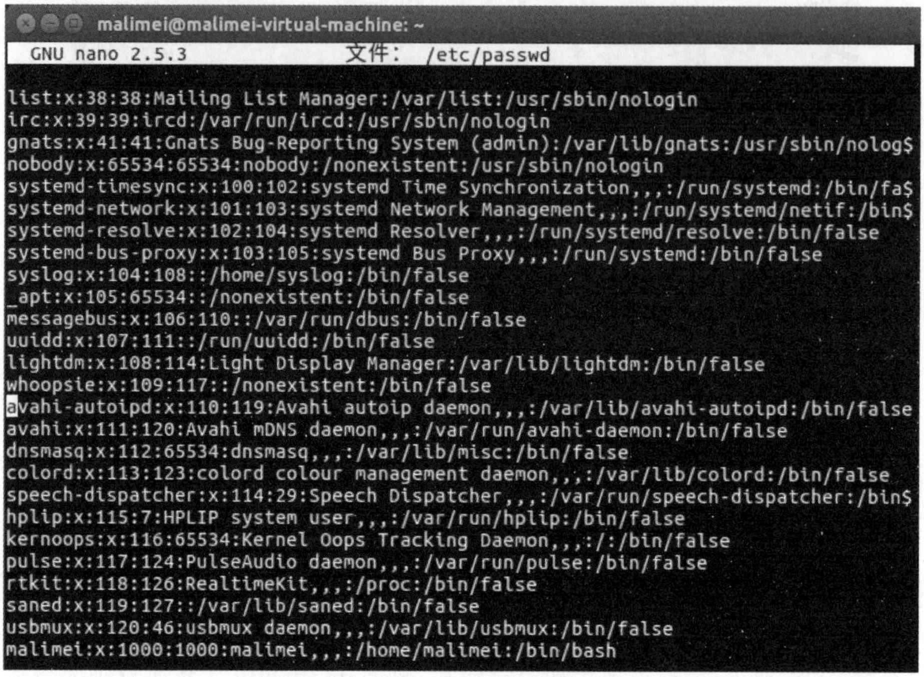

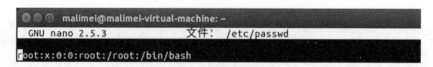

图 6.3 图形界面下查看用户信息

说明: 初次安装 Ubuntu 系统时,会被要求创建一个用户账号,系统会在 home 文件夹下建立一个以该用户名命名的文件,用于存储与该用户相关的文件。这种在安装系统时创建的第 1 个用户,虽然也是普通用户,但对比其他普通用户,该用户可以完成更多的管理功能,例如,创建用户等(在同类 Linux 系统中,往往只有 root 用户才能创建用户),malimei 用户就是系统在安装时建立的用户。

2. 超级用户

超级用户又称为 root 用户或系统管理员,使用/root 作为主目录在系统上拥有最高权限:可以修改和删除任何文件、可以运行任何命令、可以取消任何进程、增加和保留其他用户、配置添加系统软硬件。超级用户的 uid、gid 为 0,主目录为/root。在 gedit 中查看超级用户信息如下,root 用户位于 passwd 文件的第一行,如图 6.4 所示。

图 6.4 查看超级用户信息

3. 系统用户

大多数 Linux 系统会将一些低 uid 保留给系统用户。系统用户不代表人,而代表系统的组成部分,例如,处理电子邮件的进程经常以用户名 mail 来运行;运行 Apache 网络服务器的进程经常作为用户 apache 来运行。因为不是真正的用户,所以系统用户没有登录

Shell，其主目录也很少在/home 中，而在属于相关应用的系统目录中，例如，Apache 的目录在/var/www。从图 6.5 中可以看到系统用户 mail，其主目录在/var/mail 下，且没有登录。

```
malimei@malimei-virtual-machine: ~
 GNU nano 2.5.3                文件： /etc/passwd

root:x:0:0:root:/root:/bin/bash
daemon:x:1:1:daemon:/usr/sbin:/usr/sbin/nologin
bin:x:2:2:bin:/bin:/usr/sbin/nologin
sys:x:3:3:sys:/dev:/usr/sbin/nologin
sync:x:4:65534:sync:/bin:/bin/sync
games:x:5:60:games:/usr/games:/usr/sbin/nologin
man:x:6:12:man:/var/cache/man:/usr/sbin/nologin
lp:x:7:7:lp:/var/spool/lpd:/usr/sbin/nologin
mail:x:8:8:mail:/var/mail:/usr/sbin/nologin
news:x:9:9:news:/var/spool/news:/usr/sbin/nologin
uucp:x:10:10:uucp:/var/spool/uucp:/usr/sbin/nologin
proxy:x:13:13:proxy:/bin:/usr/sbin/nologin
```

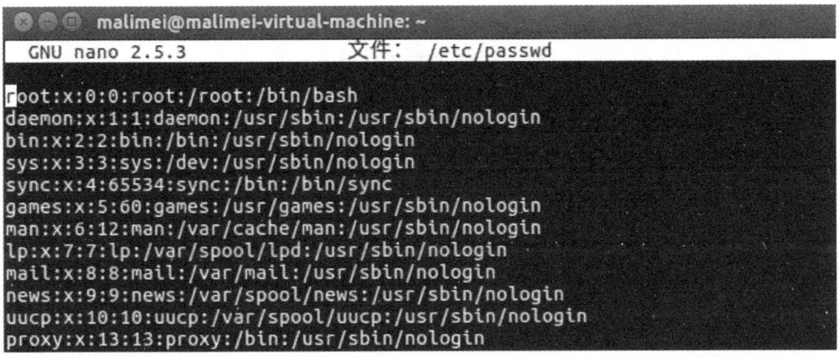

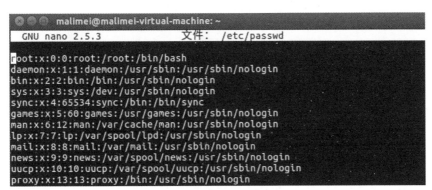

图 6.5　查看系统用户信息

6.1.3　用户相关文件

1. /etc/passwd 文件

Windows 的用户和组都保存在 SAM 文件中，在开机状态下是没有办法查看 SAM 文件的。而 Linux 系统则不同，用户信息保存在配置文件/etc/passwd 中，该文件是可读格式的文本，管理员可以利用文本编辑器来修改，如图 6.6 所示。系统的大多数用户没有权限修改它，只能读取这个文件。

```
malimei@malimei-virtual-machine: ~
 GNU nano 2.5.3                文件： /etc/passwd

root:x:0:0:root:/root:/bin/bash
daemon:x:1:1:daemon:/usr/sbin:/usr/sbin/nologin
bin:x:2:2:bin:/bin:/usr/sbin/nologin
sys:x:3:3:sys:/dev:/usr/sbin/nologin
sync:x:4:65534:sync:/bin:/bin/sync
games:x:5:60:games:/usr/games:/usr/sbin/nologin
man:x:6:12:man:/var/cache/man:/usr/sbin/nologin
lp:x:7:7:lp:/var/spool/lpd:/usr/sbin/nologin
mail:x:8:8:mail:/var/mail:/usr/sbin/nologin
news:x:9:9:news:/var/spool/news:/usr/sbin/nologin
uucp:x:10:10:uucp:/var/spool/uucp:/usr/sbin/nologin
proxy:x:13:13:proxy:/bin:/usr/sbin/nologin
```

图 6.6　图形界面查看 passwd

除了图形编辑方式外，还可以使用 more 或 cat 等命令查看 passwd 信息，如图 6.7 所示。

```
root@malimei:/etc# more passwd
root:x:0:0:root:/root:/bin/bash
daemon:x:1:1:daemon:/usr/sbin:/usr/sbin/nologin
bin:x:2:2:bin:/bin:/usr/sbin/nologin
sys:x:3:3:sys:/dev:/usr/sbin/nologin
sync:x:4:65534:sync:/bin:/bin/sync
games:x:5:60:games:/usr/games:/usr/sbin/nologin
man:x:6:12:man:/var/cache/man:/usr/sbin/nologin
lp:x:7:7:lp:/var/spool/lpd:/usr/sbin/nologin
mail:x:8:8:mail:/var/mail:/usr/sbin/nologin
```

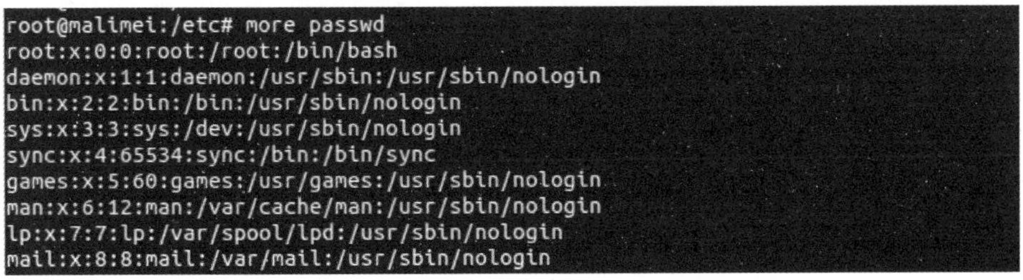

图 6.7　用 more 命令查看 passwd 信息

在 passwd 中,系统的每一个合法用户账号对应于该文件中的一行记录,这行记录定义了每个用户账号的属性。这些记录是按照 uid 排序的,首先是 root 用户,然后是系统用户,最后是普通用户。用户数据按字段以冒号分隔,格式如下。

`username: password: uid: gid: userinfo(普通用户通常省略): home: shell`

其中,各个字段的含义如表 6.2 所示。

表 6.2　passwd 文件各字段含义

字　段　名	编　　号	说　　　明
username	1	给一个用户可读的用户名称
password	2	加密的用户密码
uid	3	用户 ID,Linux 内核用这个整数来识别用户
gid	4	用户组 ID,Linux 内核用这个整数识别用户组
userinfo	5	用来保存帮助识别用户的简单文本
home	6	当用户登录时,分配给用户的主目录
shell	7	登录 Shell 是用户登录时的默认 Shell,通常是/bin/bash

例 6.1　解读图 6.7 中 root 用户的信息如表 6.3 所示。

表 6.3　root 用户各字段含义

字　段　名	编　　号	说　　明
username	1	root
password	2	x
uid	3	0
gid	4	0
userinfo	5	root
home	6	/root
shell	7	/bin/bash

例 6.2　解读图 6.7 中 mail 的信息如表 6.4 所示。

表 6.4　系统用户 mail 各字段含义

字　段　名	编　　号	说　　明
username	1	mail
password	2	x
uid	3	8
gid	4	8
userinfo	5	mail
home	6	/var/mail
shell	7	/usr/sbin/nologin 没有登录 Shell

2. /etc/shadow 文件

用户的加密密码被保存在/etc/passwd 文件的第二个字段中,由于 passwd 文件包含的信息不仅有用户密码,每个用户都需要读取它,因此,passwd 的第二个字段都是 x,实际上任何一个用户都有权限读取该文件从而得到所有用户的加密密码。而加密常用的 MD5 算法,随着计算机性能的飞速发展,越来越容易被暴力破解,这样的密码保存方式是非常危险的。因此,在 Linux 和 UNIX 系统中,采用了一种更新的"影子密码"技术来保存密码,用户的密码被保存在专门的/etc/shadow 文件中,只有超级管理员的 root 权限可以查看,普通用户无权查看其内容。如图 6.8 所示,可以看到在普通用户 malimei 下,查看 shadow 文件被拒绝。

```
malimei@malimei:/etc$ more shadow
shadow: Permission denied
malimei@malimei:/etc$ su root
Password:
root@malimei:/etc# more shadow
root:$6$D0GLV4YO$49Tvl8zzx9V4QIkgJmrKtglJf47umAHRDcrlWf72JroSON0VxPJ.RmrFgRHtvai
VNK.vF76SkzTBQfSBoPJ7B.:16738:0:99999:7:::
daemon:*:16484:0:99999:7:::
bin:*:16484:0:99999:7:::
sys:*:16484:0:99999:7:::
sync:*:16484:0:99999:7:::
games:*:16484:0:99999:7:::
man:*:16484:0:99999:7:::
lp:*:16484:0:99999:7:::
mail:*:16484:0:99999:7:::
```

图 6.8　查看 shadow 文件

/etc/shadow 文件中的每行记录了一个合法用户账号的数据,每一行数据用冒号分隔,其格式如下。

username: password: lastchg: min: max: warn: inactive: expire: flag

其中,各个字段的含义如表 6.5 所示。

表 6.5　shadow 各字段含义

字　段　名	编　　号	说　　　　明
username	1	用户的登录名
password	2	加密的用户密码
lastchg	3	自 1970.1.1 起到上次修改口令所经过的天数
min	4	两次修改口令之间至少经过的天数
max	5	口令还会有效的最大天数
warn	6	口令失效前多少天内向用户发出警告
inactive	7	禁止登录前用户还有效的天数
expire	8	用户被禁止登录的时间
flag	9	保留

例 6.3　图 6.8 中 root 信息的含义如表 6.6 所示。

表 6.6　shadow 文件中 root 的各字段含义

字　段　名	编　号	说　　　　明
username	1	用户的登录名
password	2	加密的用户密码 6D0GLV4YO$49Tvl8zzx9V4QIkgJmrKtglJf47umAHRDcrlWf72JroSON0VxPJ.R VNK.vF76SkzTBQfSBoPJ7B
lastchg	3	自 1970.1.1 起到上次修改口令所经过的天数:16738
min	4	两次修改口令之间至少经过的天数:0

用户和组管理

续表

字 段 名	编　号	说　明
max	5	口令有效的最大天数：99999，即永不过期
warn	6	口令失效前 7 天内向用户发出警告
inactive	7	禁止登录前用户还有效的天数，未定义
expire	8	用户被禁止登录的时间，未定义
flag	9	保留，未使用

6.2　Linux 用户组

每个用户都属于一个用户组，用户组就是具有相同特征的用户的集合体。一个用户组可以包含多个用户，拥有一个自己专属的用户组 id，缩写为 gid。gid 是一个 32 位的整数，Linux 系统内核用其来标识用户组，和用户名一样，可以有 2^{32} 个不同的用户组。

同属于一个用户组内的用户具有相同的地位，并可以共享一定的资源。一个用户只能有一个 gid，但是可以归属于其他的附加群组。

由于每个文件必须有一个组所有者，因此必须有一个与每个用户相关的默认组。这个默认组成为新建文件的组所有者，被称作用户的主要组，又称为基本组。也就是说，如果没有指定用户组，创建用户的时候系统会默认同时创建一个和这个用户同名的组，这个组就是基本组。例如，在创建文件时，文件的所属组就是用户的基本组。不可以把用户从基本组中删除。

除了主要组以外，用户也可以根据需要再隶属于其他组，这些组被称作次要组或附加组。用户是可以从附加组中被删除的。用户不论属于基本组还是附加组，都会拥有该组的权限。一个用户可以属于多个附加组，但是一个用户只能有一个基本组。

1. /etc/group

Linux 系统中，用户组的信息保存在配置文件/etc/group 中，该文件是可读格式的文本，管理员可以利用文本编辑器来修改，如图 6.9 所示。而系统的大多数用户没有权限修改它，只能读取这个文件。

```
malimei@malimei-virtual-machine:~$ cat /etc/group
root:x:0:
daemon:x:1:
bin:x:2:
sys:x:3:
adm:x:4:syslog,malimei
tty:x:5:
disk:x:6:
malimei:x:1000:user2
sambashare:x:128:malimei
user1:x:1001:
user2:x:1002:
```

图 6.9　编辑器下查看 group 内容

/etc/group 文件对组的作用相当于/etc/passwd 文件对用户的作用，把组名与组 ID 联系在一起，并且定义了哪些用户属于哪些组。该文件是一个以行为单位的配置文件，每行字段用冒号隔开，格式如下。

```
group_name: group_password: group_id: group_members
```

其中,每个字段的含义如表 6.7 所示。

表 6.7　group 各字段含义

字　段　名	编　号	说　明
group_name	1	用户组名
group_password	2	加密后的用户组密码
group_id	3	用户组 ID
group_members	4	逗号分隔开的组成员

例 6.4　图 6.9 中 root 组的信息含义如表 6.8 所示。

表 6.8　group 中 root 的各字段含义

字　段　名	编　号	说　明
group_name	1	root
group_password	2	加密密码：X
group_id	3	0
group_members	4	没有组成员

2. /etc/gshadow

和用户账户文件/etc/passwd 一样,为了保护用户组的加密密码,防止暴力破解,用户组文件也采用将组口令与组的其他信息分离的安全机制,即使用/etc/gshadow 文件存储各个用户组的加密密码。

查看这个文件需要 root 权限,如图 6.10 所示。

```
root@malimei-virtual-machine:/home/malimei# cat /etc/gshadow
root:$6$nha30B2AwU/$Je5E4oOa8P05GWGd0rgkMgXBcxGmGCQ7Pi79heRpp6D7fzN39dt.8QzMTpZG
IDwsBa3REWs8U/Dxbo1/icymG.::
```

图 6.10　查看 gshadow 中的 root 密码

gshadow 文件也是一个以行为单位的配置文件,每行含有被冒号隔开的字段,其格式如下。

```
group_name: group_password: group_id: group_members
```

其中,各字段的含义如表 6.9 所示。

表 6.9　gshadow 各字段含义

字　段　名	编　号	说　明
group_name	1	用户组名
group_password	2	加密后的用户组密码
group_id	3	用户组 ID(可以为空)
group_members	4	逗号分隔开的组成员(可以为空)

例 6.5 图 6.10 中 root 组的信息含义如表 6.10 所示。

表 6.10 **gshadow 中 root 各字段含义**

字　段　名	编　号	说　　明
group_name	1	root
group_password	2	加密后的用户组密码: ＄6＄nha30B2AwU/＄Je5E4oOa8P05GWGd0rgkMgXBcxGmGCQ7 Pi79heRpp6D7fzN39dt.8QzMTpZGIDwsBa3REWs8U/Dxbo1/icymG
group_id	3	空
group_members	4	空

6.3　用户和用户组管理命令

6.3.1　用户管理命令

1. useradd

功能描述:创建一个新用户。

系统创建一个新用户时,同时为新用户分配用户名、用户组、主目录和登录 Shell 等资源。创建的用户组与用户名字相同,是一个基本组。这样将新用户与其他用户隔离开,提高了安全性能。

格式:useradd [选项] 用户名

选项:useradd 命令常用选项如表 6.11 所示。

表 6.11 **useradd 命令选项**

选　　项	作　　用
-d	指定用户主目录。如果此目录不存在,则同时使用-m 选项,可以创建主目录
-g	指定 gid
-u	指定 uid
-G	指定用户所属的附加组
-l	不要把用户添加到 lastlog 和 failog 中,这个用户的登录记录不需要记载
-M	不要建立用户主目录
-m	自动创建用户主目录
-p	指定新用户的密码
-r	建立一个系统账号
-s	指定 Shell

例 6.6 创建新用户。

useradd　xiaoliu　　　　创建新用户 xiaoliu,如图 6.11 所示。

说明:

(1) 只有超级用户 root 和具有超级用户权限的用户才能建立新用户。

(2) useradd 命令如果不加任何参数,建立的是"三无"用户:一无主目录,二无密码,三

```
wu:x:1004:1004::/home/wu:
wu1:x:1005:1005::/home/wu1:
xiaoliu:x:1006:1006::/home/xiaoliu:
```

图 6.11   创建新用户

无系统 Shell。虽然从图 6.11 能看到用户的目录是/home/xiaoliu,但这个目录没有显示,如图 6.12 所示。

```
xiaoliu@malimei-virtual-machine:/home$ cd xiaoliu
bash: cd: xiaoliu: 没有那个文件或目录
xiaoliu@malimei-virtual-machine:/home$ ls -l
总用量 105240
-rw-r--r--   1 root      root            12 10月 13 09:35 a1
-rw-r--r--   1 root      root             0  5月  7 19:30 a2
-rw-r--r--   1 root      root             7 10月 13 10:22 a3
drwxr-xr-x   2 root      root          4096 10月 14 11:30 aa
drwx------   2 root      root          4096 10月 13 10:58 bc
drwx------   2 root      root         16384  8月 29 17:29 lost+found
drwxr-xr-x  19 malimei   malimei       4096 10月 25 09:19 malimei
-rw-r--r--   1 root      root            12 10月 14 11:09 s1.txt
-rw-r--r--   1 root      root            19 10月 14 11:14 s2.txt
-rw-r--r--   1 root      root            16 10月 14 11:16 s3.txt
-rw-r--r--   1 root      root            11 10月 14 10:57 ss.txt
drwxr-xr-x   2 test1     test1         4096 10月 25 11:17 test1
-rw-r--r--   1 root      malimei          0  5月  7 2008 text
-rw-r--r--   1 root      root     107704942  9月 19 09:52 VMWARETO.TGZ
xiaoliu@malimei-virtual-machine:/home$
```

图 6.12   useradd 命令创建用户无主目录

例 6.7   建立用户及主目录。

♯ useradd -m xiao1   建立新用户同时建立主目录,如图 6.13 所示。

```
malimei@malimei:~$ ls /home
a  aa  malimei  newer  test2  test3  test4  z
malimei@malimei:~$ sudo useradd -m xiao1
[sudo] password for malimei:
malimei@malimei:~$ ls /home
a  aa  malimei  newer  test2  test3  test4  xiao1  z
malimei@malimei:~$ tail -1 /etc/passwd
xiao1:x:1007:1007::/home/xiao1:
malimei@malimei:~$ cd /home/xiao1
malimei@malimei:/home/xiao1$ ls -l
total 0
malimei@malimei:/home/xiao1$ cd /home
malimei@malimei:/home$ ls -l
total 36
drwxr-xr-x 19 a         a         4096 Oct 31 04:44 a
drwxr-xr-x  2 aa        aa        4096 Dec 19 20:09 aa
drwxr-xr-x 15 malimei   a         4096 Dec 30 17:28 malimei
drwxr-xr-x  2 aa        aa        4096 Dec 19 19:25 newer
drwxr-xr-x  2 test2     malimei   4096 Dec 18 19:40 test2
drwxr-xr-x  2 mtest3    test3     4096 Dec 18 19:40 test3
drwxr-xr-x  2 aa        aa        4096 Dec 18 19:58 test4
drwxr-xr-x  2 xiao1     xiao1     4096 Jan  5 01:31 xiao1
drwxr-xr-x 15 malimei   z         4096 Oct 30 02:23 z
malimei@malimei:/home$
```

图 6.13   建立新用户并查看同时建立的主目录

第
6
章

用户和组管理

例 6.8　建立用户,设置密码,指定组。

♯useradd　test2　-g　malimei　-m　-p　123456　　新建用户 test2,创建主目录,指定组为 malimei,设置密码为 123456,如图 6.14 所示。

```
root@malimei:/# ls ../home
a  malimei  z
root@malimei:/# useradd test2 -g malimei -m -p 123456
root@malimei:/#
root@malimei:/# ls ../home
a  malimei  test2  z
```

图 6.14　建立用户,设置密码,指定组

从/etc/passwd 文件中可以看到,test2 和 malimei 两个用户拥有相同的 gid:1002,它们属于同一个组,如图 6.15 所示。

```
malimei:x:1000:1002:,,,:/home/malimei:/bin/bash
test1:x:1002:1003::/home/test1:
test2:x:1003:1002::/home/test2:
```

图 6.15　查看所建立用户信息

2. adduser

功能描述:创建新用户。

使用 adduser 创建用户时显示了建立用户的详细进程,同时包含部分人机交互的对话过程,系统会提示用户输入各种信息,然后根据这种信息创建新用户,使用简单,不用加参数,建议初学者使用。

格式:adduser 用户名

例 6.9　建立新用户。

♯adduser　test3　　创建新用户 test3,如图 6.16 所示。

```
root@malimei:/# adduser test3
Adding user `test3' ...
Adding new group `test3' (1004) ...
Adding new user `test3' (1004) with group `test3' ...
Creating home directory `/home/test3' ...
Copying files from `/etc/skel' ...
Enter new UNIX password:
Retype new UNIX password:
passwd: password updated successfully
Changing the user information for test3
Enter the new value, or press ENTER for the default
        Full Name []:
        Room Number []:
        Work Phone []:
        Home Phone []:
        Other []:
Is the information correct? [Y/n] y
root@malimei:/# ls ../home
a  malimei  test2  test3  z
```

图 6.16　使用 adduser 命令创建用户

从图 6.16 中可以看出,输入命令后,显示了用户建立的详细过程:新建用户、新建用户组、将用户加入组、创建主目录、设置密码等,并提示输入关于用户的全名、电话等信息。

依次查看 passwd 文件如图 6.17 所示,shadow 文件如图 6.18 所示,group 文件如图 6.19 所示。

```
malimei:x:1000:1002:,,,:/home/malimei:/bin/bash
test1:x:1002:1003::/home/test1:
test2:x:1003:1002::/home/test2:
test3:x:1004:1004:,,,:/home/test3:/bin/bash
```

图 6.17　查看 passwd 中新用户的信息

```
malimei:$6$ViXeOS2l$.duLMvrw6ldLOdwfKZHUupnVRyRYTHTkZx8pOkSIVtC./2R3HrewHQ3wsw8K
GjIVS7lPv4LiVBTVGadvOkDKN.:16738:0:99999:7:::
test1:!:16788:0:99999:7:::
test2:123456:16788:0:99999:7:::
test3:$6$mBtqbxB9$Y6CYSwalehOFB17B6dkF.wvFVwMYJtZxnD6qLyNob92vc8Nza28fvGbnpg30rH
6xlIFtdPLdnqqI9JJVeGEvq0:16788:0:99999:7:::
```

图 6.18　查看 shadow 中新用户的密码

```
malimei:x:1002:
test1:x:1003:
test3:x:1004:
```

图 6.19　查看 group 中新用户的组信息

3. passwd

功能描述:为用户设定口令,修改用户的口令,管理员还可以使用 passwd 命令锁定某 个用户账户,该命令需要 root 权限。

Ubuntu 中登录用户时需要输入口令,也就是说,只有指定了密码后才可以使用该用户,即使指定的是空口令也可以。如图 6.20 所示,test1 用户没有设置密码,不能使用,test3 用户创建时设置了密码,输入后即可切换到该用户。

```
root@malimei:/# su test2
test2@malimei:/$ su test1
Password:
su: Authentication failure
test2@malimei:/$ su test3
Password:
test3@malimei:/$
```

图 6.20　登录用户需要输入密码

说明:root 用户具有超级权限,无须密码直接进入任何用户,如图 6.20 中的 test2;但普通用户之间的转换需要密码,如果没有口令,便无法切换到该用户。

格式:passwd [选项] 用户名

选项:passwd 命令的常用选项如表 6.12 所示。

表 6.12　passwd 命令的常用选项

选　　项	作　　　用
-l	管理员通过锁定口令来锁定已经命名的账户,即禁用该用户
-u	管理员解开账户锁定状态
-x	管理员设置最大密码使用时间(天)
-n	管理员设置最小密码使用时间(天)
-d	管理员删除用户的密码
-f	强迫用户下次登录时修改口令

例 6.10 设置用户密码。

＃passwd　test1　　　　　　　　　为用户 test1 创建管理口令,如图 6.21 所示。

```
test3@malimei:/$ passwd test1
passwd: You may not view or modify password information for test1.
test3@malimei:/$ su root
Password:
root@malimei:/# passwd test1
Enter new UNIX password:
Retype new UNIX password:
passwd: password updated successfully
root@malimei:/# su test1
test1@malimei:/$
```

图 6.21　root 下设置用户密码

查看 shadow 文件,可以看到 test1 的密码信息,如图 6.22 所示。

```
test1:$6$NVVY99eX$1aNYWvCMRt03YnuXm2skZ46cgvqaM3FT/12pcRnMlE3nBBlZ.3YkGdj0f8hJY1
Y2gVY5KYw3zfQKnEPtKYgSm0:16788:0:99999:7:::
```

图 6.22　shadow 中查看所设置密码

例 6.11 锁定用户。

＃passwd　-　l　test1　　　　　　锁定 test1 账户,如图 6.23 所示。

```
root@malimei:/# passwd -l test1
passwd: password expiry information changed.
```

图 6.23　锁定用户

查看 shadow 文件,可以看到 test1 的密码与图 6.22 相比发生了变化,在原密码前加上了!,如图 6.24 所示。

```
test1:!$6$NVVY99eX$1aNYWvCMRt03YnuXm2skZ46cgvqaM3FT/12pcRnMlE3nBBlZ.3YkGdj0f8hJY
1Y2gVY5KYw3zfQKnEPtKYgSm0:16788:0:99999:7:::
```

图 6.24　查看锁定用户的密码

该用户账户不能再使用,如图 6.25 所示。

```
test3@malimei:/$ su test1
Password:
su: Authentication failure
test3@malimei:/$
```

图 6.25　锁定账户无法登录

例 6.12 设置密码最大使用时间。

＃passwd　-x　4　xiao1　　　　　设置 xiao1 账户最大密码使用时间为 4 天,如图 6.26 所示。

```
malimei@malimei:/home$ sudo tail -1 /etc/shadow
xiao1:!:16805:0:99999:7:::
malimei@malimei:/home$ sudo passwd -x 4 xiao1
passwd: password expiry information changed.
malimei@malimei:/home$ sudo tail -1 /etc/shadow
xiao1:!:16805:0:4:7:::
```

图 6.26　设置密码最大使用时间

4. usermod

功能描述：修改用户账户的信息。

usermod 命令可以修改已存在用户的属性,根据实际情况修改用户的相关属性,如用户 ID 号、账号名称、主目录、用户组、登录 Shell 等。

格式：usermod [选项] 用户名

选项：usermod 命令的常用选项如表 6.13 所示。

表 6.13　usermod 命令的常用选项

选　　项	作　　　　用	选　　项	作　　　　用
-d	修改用户主目录	-l	修改用户账号名称
-e	修改账号的有效期限	-L	锁定用户密码,使密码无效
-f	修改在密码过期后多少天即关闭该账号	-s	修改用户登入后所使用的 Shell
		-u	修改用户 ID
-g	修改用户所属的组	-U	解除密码锁定
-G	修改用户所属的附加组		

例 6.13　改变用户的组。

usermod − g 1001 malimei 　　　修改 malimei 用户的组/主要组为 1001,属于 a 组,如图 6.27 所示。

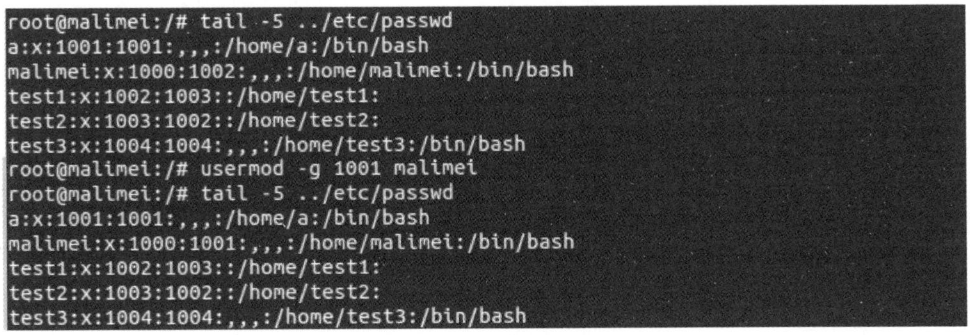

图 6.27　修改用户的组信息

使用 ls 命令查看,可以看到主目录/home/malimei 下的文件所属的组也都发生了变化,属于 a 组,如图 6.28 所示。

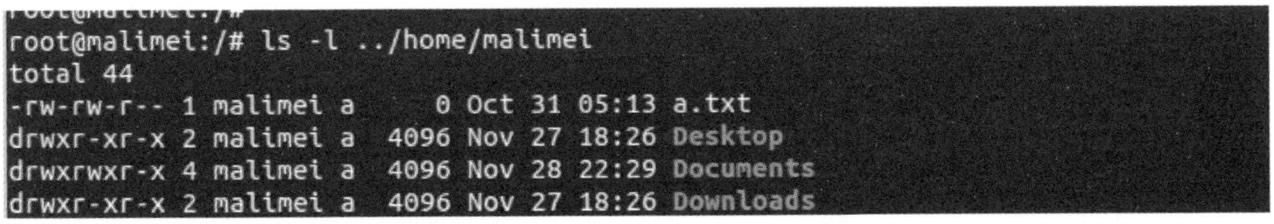

图 6.28　查看用户组信息的改变

例 6.14　更改用户信息。

usermod − l mtest3 − g 1001 − d ../home/mtest3 test3 　将 test3 用户名修改为 mtest3,用户组 gid 改为 1001,用户主目录改为/home/mtest3,如图 6.29 所示。

```
test2:x:1003:1002::/home/test2:
test3:x:1004:1004:,,,:/home/test3:/bin/bash
root@malimei:/# usermod -l mtest3 -g 1001 -d ../home/mtest3 test3
root@malimei:/# tail -1 ../etc/passwd
mtest3:x:1004:1001:,,,:../home/mtest3/:/bin/bash
root@malimei:/#
```

图 6.29　修改用户的名称、组、目录信息

例 6.15　修改组信息,比较-g 和-G 的不同。

-g：改变 test1 用户的主要组为 malimei,改变后看到 test1 的 gid 号和 malimei 用户的 gid 号相同,如图 6.30 所示。

```
malimei@malimei-virtual-machine:/home$ sudo usermod -g malimei test1
[sudo] password for malimei:
malimei@malimei-virtual-machine:/home$ cat /etc/passwd
root:x:0:0:root:/root:/bin/bash
daemon:x:1:1:daemon:/usr/sbin:/usr/sbin/nologin
pulse:x:115:122:PulseAudio daemon,,,:/var/run/pulse:/bin/false
malimei:x:1000:1000:malimei,,,:/home/malimei:/bin/bash
gdm:x:116:125:Gnome Display Manager:/var/lib/gdm:/bin/false
sshd:x:117:65534:/var/run/sshd:/usr/sbin/nologin
li:x:1001:1001::/home/li:
zhangsan:x:1002:1002::/home/zhangsan:
asd:x:1003:1003::/home/asd:
wu:x:1004:1004::/home/wu:
wu1:x:1005:1005::/home/wu1:
xiaoliu:x:1006:1006::/home/xiaoliu:
test1:x:1007:1000:,,,:/home/test1:/bin/bash
```

图 6.30　改变用户的主要组

-G：改变用户 xiao2 次要组(附加组),添加到 xiao1 中,如图 6.31 所示。

```
malimei@malimei-virtual-machine:/home$ sudo usermod -G xiao1 xiao2
[sudo] password for malimei:
malimei@malimei-virtual-machine:/home$ cat /etc/group
xiao1:x:1008:xiao2
xiao2:x:1009:
```

图 6.31　把 xiao2 用户加到 xiao1 用户组里

这里的两个参数-g 是修改用户的主要组,-G 是用来修改用户的附加组,一个用户可以有多个附加组,但是只能有一个基本组,改变 test1 用户的主要组是 wu,gid1004,次要组为 wu 和 malimei,test1 用户同时属于 wu 和 malimei 两个组,如图 6.32 所示。

5. userdel

功能描述：删除用户。userdel 命令可以删除已存在的用户账号,将/etc/passwd 等文件系统中的该用户记录删除,必要时还删除用户的主目录。

说明：无论用户属于主要组或次要组,只要属于相同的组,具有组的权限。

格式：userdel [选项] 用户名

选项：-r：将用户的主目录一起删除。

例 6.16　建立 test4 和 test5 两个用户,然后删除,如图 6.33 所示。

```
# userdel   test4              删除用户 test4,主目录仍然保留。
# userdel test5    -r          删除用户 test5 及其主目录。
```

```
wu:x:1004:1004::/home/wu:
wu1:x:1005:1005::/home/wu1:
xiaoliu:x:1006:1006::/home/xiaoliu:
test1:x:1007:1000:,,,:/home/test1:/bin/bash
xiao1:x:1008:1000::/home/xiao1:
xiao2:x:1009:1009::/home/xiao2:
malimei@malimei-virtual-machine:/home$ sudo usermod -g wu  test1
malimei@malimei-virtual-machine:/home$ cat /etc/passwd
root:x:0:0:root:/root:/bin/bash
daemon:x:1:1:daemon:/usr/sbin:/usr/sbin/nologin
wu:x:1004:1004::/home/wu:
wu1:x:1005:1005::/home/wu1:
xiaoliu:x:1006:1006::/home/xiaoliu:
test1:x:1007:1004:,,,:/home/test1:/bin/bash
xiao1:x:1008:1000::/home/xiao1:
xiao2:x:1009:1009::/home/xiao2:
malimei@malimei-virtual-machine:/home$
malimei@malimei-virtual-machine:/home$ id test1
uid=1007(test1) gid=1004(wu) 组=1004(wu)
malimei@malimei-virtual-machine:/home$ sudo usermod -G  malimei  test1
malimei@malimei-virtual-machine:/home$ id test1
uid=1007(test1) gid=1004(wu) 组=1004(wu),1000(malimei)
malimei@malimei-virtual-machine:/home$
```

图 6.32 显示 test1 用户的主要组和附加组

```
root@malimei:/# useradd test4 -m
root@malimei:/# useradd test5 -m
root@malimei:/# tail -3 ../etc/passwd
mtest3:x:1004:1001:,,,:../home/mtest3:/bin/bash
test4:x:1005:1005::/home/test4:
test5:x:1006:1006::/home/test5:
root@malimei:/# ls ../home
a  malimei  test2  test3  test4  test5  z
root@malimei:/# userdel test4
root@malimei:/# userdel test5 -r
userdel: test5 mail spool (/var/mail/test5) not found
root@malimei:/# tail -3 ../etc/passwd
test1:x:1002:1003::/home/test1:
test2:x:1003:1002::/home/test2:
mtest3:x:1004:1001:,,,:../home/mtest3:/bin/bash
root@malimei:/# ls ../home
a  malimei  test2  test3  test4  z
```

图 6.33 删除用户及目录

6.3.2 用户组管理命令

1. groupadd

功能描述：用指定的组名称来建立新的组账号。

格式：groupadd [选项] 组名

选项：groupadd 命令的常用选项如表 6.14 所示。

表 6.14 groupadd 命令的常用选项

选　　项	作　　用
-g	指定组 id 号,除非使用-o 选项,否则该值必须唯一
-o	允许设置相同组 id 的群组,不必唯一

续表

选　项	作　用
-r	建立系统组账号,即组 id 低于 499
-f	强制执行,创建相同 id 的组

例 6.17　新建组。

♯ groupadd　-g　343　newgroup　　　　　新建一个 id 为 343 的组,如图 6.34 所示。

```
root@malimei:/home# groupadd -g 343 newgroup
root@malimei:/home# tail -1 /etc/group
newgroup:x:343:
```

图 6.34　新建组并指定 id

2. groupmod

功能描述: groupmod 命令用于更改群组属性。

格式: groupmod [选项] 组名

选项: groupmod 命令的常用选项如表 6.15 所示。

表 6.15　groupmod 命令的常用选项

选　项	作　用
-g	指定组 id 号
-o	与-g 选项同时使用,用户组的新 GID 可以与系统已有用户组的 GID 相同
-n	修改用户组名

例 6.18　更改组的名字。

♯ groupmod　-n　Linux　newgroup　　　　　将 newgroup 群组的名称改为 Linux,如图 6.35 所示。

```
root@malimei:/home# tail -1 /etc/group
newgroup:x:344:
root@malimei:/home# groupmod -n linux newgroup
root@malimei:/home# tail -1 /etc/group
linux:x:344:
```

图 6.35　更改组的名字

3. groupdel

功能描述:从系统上删除组。如果该组中仍包含某些用户,则必须先删除这些用户后,才能删除组。

格式: groupdel [选项] 组名

例 6.19　删除组。

♯ groupdel　newgroup　　　　　　　　　删除 newgroup 组,如图 6.36 所示。

```
root@malimei:/home# tail -1 /etc/group
newgroup:x:343:
root@malimei:/home# groupdel newgroup
root@malimei:/home# tail -1 /etc/group
user1:x:1003:
```

图 6.36　删除组

如果组里面有用户,那么需要先删除用户,再删除组。

例 6.20 删除含用户的组,如图 6.37 所示。

```
# userdel   newer              删除用户 newer
# groupdel  ngroup             删除 ngroup 组
```

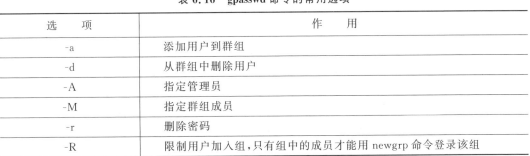

```
root@malimei:/# tail -1 ../etc/group
test3:x:1004:
root@malimei:/# groupadd ngroup
root@malimei:/# tail -2 ../etc/group
test3:x:1004:
ngroup:x:1005:
root@malimei:/# useradd -m -g 1005 newer
root@malimei:/# tail -2 ../etc/passwd
mtest3:x:1004:1001:,,,:../home/mtest3:/bin/bash
newer:x:1005:1005::/home/newer:
root@malimei:/# groupdel ngroup
groupdel: cannot remove the primary group of user 'newer'
root@malimei:/# userdel newer
root@malimei:/# groupdel ngroup
root@malimei:/# tail -1 ../etc/group
test3:x:1004:
root@malimei:/#
```

图 6.37 先删除用户后删除组

4. gpasswd

功能描述:用来管理组。该命令可以把用户加入组(附加组),为组设定密码。

格式:gpasswd [选项] 组名

选项:gpasswd 命令的常用选项如表 6.16 所示。

表 6.16 gpasswd 命令的常用选项

选　　项	作　　用
-a	添加用户到群组
-d	从群组中删除用户
-A	指定管理员
-M	指定群组成员
-r	删除密码
-R	限制用户加入组,只有组中的成员才能用 newgrp 命令登录该组

例 6.21 添加用户入指定组。

```
# gpasswd  -M  user1,user2  group    为 group 组指定 user 1 和 user 2 组成员,如图 6.38 所示。
```

```
root@malimei:/home# gpasswd -M user1,user2 group
root@malimei:/home# grep group /etc/group
nogroup:x:65534:
group:x:1004:user1,user2
```

图 6.38 添加用户入指定组

例 6.22 建立组并指定管理员和添加用户,如图 6.39 所示。

```
$ sudo  adduser  test2              新建用户 test2,同时建立新组 test2。
```

```
malimei@malimei-virtual-machine:~$ sudo adduser test2
正在添加用户"test2"...
正在添加新组"test2" (1010)...
正在添加新用户"test2" (1010) 到组"test2"...
创建主目录"/home/test2"...
正在从"/etc/skel"复制文件...
输入新的 UNIX 密码:
重新输入新的 UNIX 密码:
passwd:已成功更新密码
正在改变 test2 的用户信息
请输入新值,或直接敲回车键以使用默认值
        全名 []:
        房间号码 []:
        工作电话 []:
        家庭电话 []:
        其它 []:
这些信息是否正确? [Y/n] y
malimei@malimei-virtual-machine:~$ id test2
uid=1010(test2) gid=1010(test2) 组=1010(test2)
malimei@malimei-virtual-machine:~$ sudo gpasswd -A  test2  malimei
malimei@malimei-virtual-machine:~$ su test2
密码:
test2@malimei-virtual-machine:/home/malimei$ gpasswd -a xiao2 malimei
正在将用户"xiao2"加入到"malimei"组中
test2@malimei-virtual-machine:/home/malimei$ id xiao2
uid=1009(xiao2) gid=1009(xiao2) 组=1009(xiao2),1000(malimei),1007(test1)
test2@malimei-virtual-machine:/home/malimei$
```

图 6.39　设置组管理员

$ sudo passwd - A test2 malimei 指定用户 test2 为组 malimei 的管理员。
$ su test2   切换当前用户为 test2。
$ gpasswd - a xiao2 malimei:在用户 test2 下为组 malimei 添加用户 xiao2。

注意:只有管理员才能拥有权限添加新用户到组。如图 6.39 所示,先指定 test2 为管理员,然后在 test2 下添加用户入组。

例 6.23　删除组中的用户。

#gpasswd - d test4 sudo   将组 sudo 中的用户 test4 删除,如图 6.40 所示。

```
root@malimei-virtual-machine:/home/malimei# id test4
uid=1012(test4) gid=1012(test4) 组=1012(test4),27(sudo)
root@malimei-virtual-machine:/home/malimei# gpasswd -d test4 sudo
正在将用户"test4"从"sudo"组中删除
root@malimei-virtual-machine:/home/malimei# id test4
uid=1012(test4) gid=1012(test4) 组=1012(test4)
root@malimei-virtual-machine:/home/malimei#
```

图 6.40　删除组中的用户

例 6.24　验证同组人与不同组人权限的问题。

新建用户 ll,并加入到 malimei 组中,可以修改 malimei 组里的文件 s1,文件大小由 0 变为 49,如图 6.41 所示。

新建用户 ll1 没有加到 malimei 组,就没有同组人的权限,编辑 malimei 组里的 as 文件时,显示只读文件,不能修改,如图 6.42 所示。

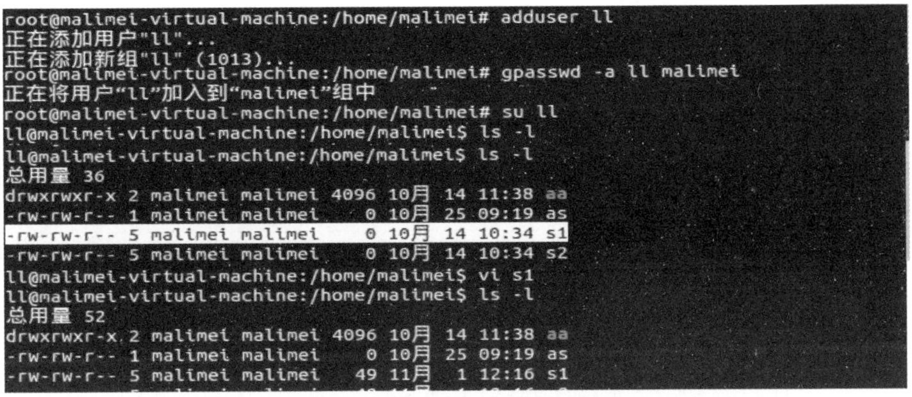

图 6.41　同组人拥有修改文件的权限

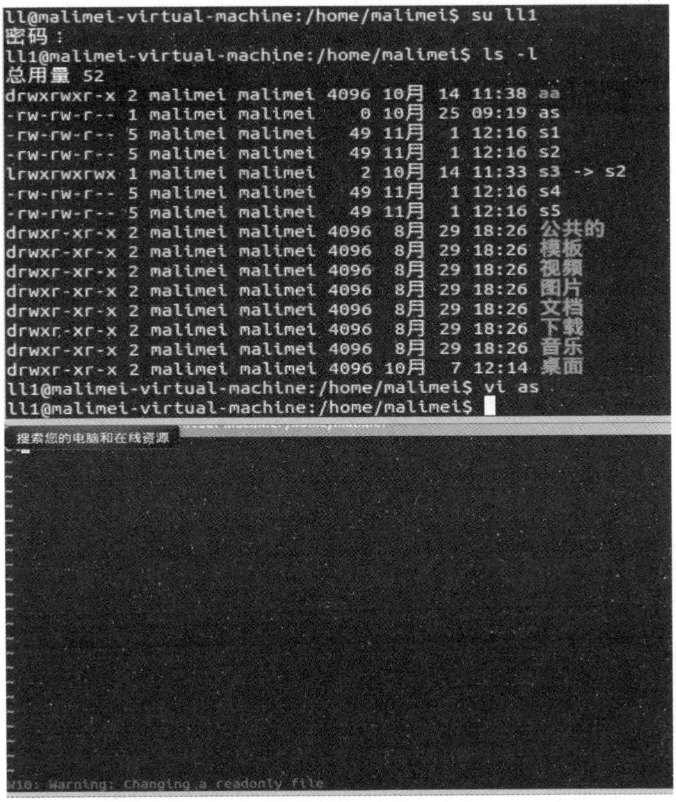

图 6.42　非同组人没有修改文件的权限

6.4　su 和 sudo

6.4.1　su 命令

功能描述：切换用户。

该命令可以改变使用者身份。超级用户 root 向普通用户切换不需要密码，而普通用户切换到其他任何用户都需要密码验证。

格式：su [选项] 用户名

选项：su 命令的常用选项如表 6.17 所示。

表 6.17　su 命令的常用选项

选　　项	作　　用
-l	如同重新登录一样，大部分环境变量都是以切换后的用户为主。如果没有指定用户名，则默认为 root
-p	切换当前用户时，不切换用户工作环境，此为默认值
-c	以指定用户身份执行命令，执行命令后再变回原用户
-	切换当前用户时，切换用户工作环境

例 6.25　更改用户但没改变当前目录。

$ su　a　　　　改变当前用户为用户 a，默认不改变工作环境，如图 6.43 所示。

```
malimei@malimei-virtual-machine:~$ pwd
/home/malimei
malimei@malimei-virtual-machine:~$ su a
密码:
a@malimei-virtual-machine:/home/malimei$ pwd
/home/malimei
a@malimei-virtual-machine:/home/malimei$
```

图 6.43　更改用户但不改变工作环境

从图 6.43 中可以看出，当 su 命令不添加任何参数时，只改变用户，不改变用户工作环境，还在别的用户主目录下，如果没有权限，则不能操作。如转到 ll1 用户下，没有改变工作环境目录，还在 malimei 用户的工作目录下，则不能建立文件 hh。如果想改变用户，并且改变新用户的工作目录，可加参数-，就可以建立文件 a1，如图 6.44 所示。

```
root@malimei-virtual-machine:/home/malimei# su ll1
To run a command as administrator (user "root"), use "sudo <command>".
See "man sudo_root" for details.

ll1@malimei-virtual-machine:/home/malimei$ touch hh
touch: 无法创建'hh': 权限不够
ll1@malimei-virtual-machine:/home/malimei$ su
密码:
root@malimei-virtual-machine:/home/malimei# su - ll1
To run a command as administrator (user "root"), use "sudo <command>".
See "man sudo_root" for details.

ll1@malimei-virtual-machine:~$ pwd
/home/ll1
ll1@malimei-virtual-machine:~$ touch a1
ll1@malimei-virtual-machine:~$
```

图 6.44　改变用户和工作环境

6.4.2　sudo 命令

功能描述：sudo 命令为 super user do 的缩写，允许系统管理员分配给普通用户一些合理的权利，让他们执行一些只有超级用户或者其他特许用户才能完成的任务。

sudo 的流程为：当前用户切换到 root(或其他指定切换到的用户)，然后以 root(或其他指定的切换到的用户)身份执行命令,执行完成后,直接退回到当前用户。

因此,用户要想具有 sudo 的权限,有以下两种方法。

方法一:通过 sudo 的配置文件/etc/sudoers 来进行授权。

超级用户对/etc/sudoers 进行配置,把可以使用 sudo 的用户加入到这个文件中。

```
# nano  /etc/sudoers
liming ALL = (ALL)  ALL
```

使得用户 liming 作为超级用户访问所有应用程序,如用户 liming 需要作为超级用户运行命令,他只需简单地在命令前加上前缀 sudo。因此,要以 root 用户的身份执行命令 useradd,liming 可以输入如下命令。

```
$ sudo  useradd  用户名
```

格式:sudo [选项] 命令

选项:sudo 命令的常用选项如表 6.18 所示。

表 6.18 sudo 命令的常用选项

选　　项	作　　用
-h	列出帮助信息
-V	列出版本信息
-l	列出当前用户可以执行的命令
-u	以指定用户的身份执行命令
-k	清除 timestamp 文件,下次使用 sudo 时需要再输入密码
-b	在后台执行指定的命令
-p	更改询问密码的提示语
-e	不是执行命令,而是修改文件,相当于命令 sudoedit

方法二:使用命令添加用户到 sudo 组,获得 sudo 的权限。

例 6.26　用户 test4 加入 sudo 组获得 sudo 权限,如图 6.45 所示。

```
$ sudo  usermod  - G  sudo  test4        添加用户 test4 进入组 sudo。
$ sudo  cat  /etc/shadow                用户 test4 能够查看 shadow 文件。
```

说明:如果用户不在 sudo 附加组中,则无法获得 sudo 的权限,需要先添加用户加入 sudo 组。

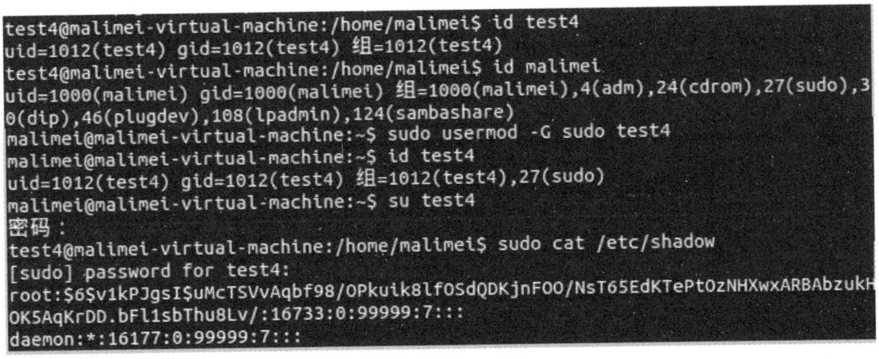

图 6.45　添加用户加入 sudo 组

用户和组管理

习　题

1. 填空题

（1）Linux 是多用户系统,对系统中的所有文件和资源的管理都需要按照_____来划分。

（2）每个用户有唯一的用户名和唯一的用户 id,用户 id 缩写为_____。

（3）超级用户的 gid 为 0,主目录为_____。

（4）Linux 系统的用户信息保存在配置文件_____中。

（5）useradd 命令如果不加任何参数,建立的是"三无"用户:一无:_____,二无:_____,三无_____。

（6）管理员可以使用 passwd 命令锁定某个用户账户,该命令需要_____权限。

（7）使用 usermod 命令修改用户基本组的时候需要添加参数_____。

（8）userdel 命令删除用户时,如果要同时删除用户的主目录,需要添加参数_____。

（9）使用 groupdel 删除组时,如果该组中仍包含某些用户,则必须_____才能删除组。

（10）使用_____命令暂时提升普通用户的权限。

2. 简答题

（1）Ubuntu 中的用户分为哪几种类型? 各自的特点是什么?

（2）passwd 文件都保存了用户的哪些信息? 以图 6.46 为例进行说明。

```
malimei:x:1000:1000:malimei,,,:/home/malimei:/bin/bash
samba:x:1001:1001::/home/samba:
samba1:x:1002:1002::/home/samba1:
ac:x:1004:1004:,,,:/home/ac:/bin/bash
a:x:1003:1004:,,,:/home/a:/bin/bash
uu01:x:1005:1005::/home/uu:
```

图 6.46　/etc/passwd 文件部分内容

（3）group 文件都保存了用户组的哪些信息? 以图 6.47 为例进行说明。

```
malimei@malimei-virtual-machine:~$ tail -2 /etc/group
user1:x:1001:
user2:x:1002:
```

图 6.47　group 文件

（4）Ubuntu 系统为了保护用户和组的密码安全采用了什么手段? 相关文件是什么?

（5）使用 sudo 命令时出现如图 6.48 所示的错误信息,为什么? 应如何处理?

```
malimei@malimei:~$ sudo adduser aa
[sudo] password for malimei:
malimei is not in the sudoers file.  This incident will be reported.
```

图 6.48　错误信息

3. 实验题

用户的管理:

（1）查看/etc/passwd 文件,查看当前系统下有哪些用户。查看/etc/shadow 文件,查看这些用户的密码信息。

（2）创建一个新用户 user01，设置其主目录为/home/user01。

（3）查看/etc/passwd 文件的最后一行，查看新建用户的记录信息。

（4）查看文件/etc/shadow 的最后一行，查看新建用户的密码信息。

（5）给用户 user01 设置密码。

（6）再次查看文件/etc/shadow 的最后一行，看看更改后的密码。

（7）使用 user01 用户登录系统，看能否登录成功。

（8）锁定用户 user01，查看/etc/shadow 文件。

（9）查看文件/etc/shadow 的最后一行，看看锁定后的变化。

（10）再次使用 user01 用户登录系统，检验用户锁定的效果。

（11）解除对用户 user01 的锁定。

（12）更改用户 user01 的账户名为 user02。

（13）查看/etc/passwd 文件的最后一行，看看变化。

（14）删除用户 user02。

组的管理：

（1）查看/etc/group 文件，查看当前存在哪些组，各组下有哪些用户。

（2）创建一个新组：stuff。

（3）查看/etc/group 文件的最后一行，查看新建组的信息。

（4）创建一个新账户 user02，并把它的主要组和附加组都设为 stuff。

（5）查看/etc/group 文件中的最后一行，查看 stuff 组下所添加的新用户信息。

（6）给组 stuff 设置组密码。

（7）在组 stuff 中删除用户 user02。

（8）再次查看/etc/group 文件中的最后一行，查看 stuff 组信息的变化。

su 和 sudo：

（1）在组 stuff 下建立用户 u1 和 u2，运用 su 命令在 u1、u2 和 root 之间进行切换。

（2）将 u1 加入 sudo 附加组。

（3）在 u1 下使用 sudo 执行 root 权限，如建立新用户等。

第7章　硬盘和内存

本章学习目标：

- 掌握 Ubuntu 下硬盘的分区和命名方式。
- 掌握设置磁盘配额的步骤。
- 掌握设置交换分区的步骤。
- 掌握 crontab 命令的使用方法。

7.1　硬　　盘

硬盘接口分为 IDE、SATA、SCSI 和光纤通道四种。IDE 接口硬盘多用于家用产品中，现在已经很少使用；SCSI 接口的硬盘则主要应用于服务器市场；而光纤通道只在高端服务器上，价格相对较贵；SATA 是目前比较流行的硬盘接口类型。

7.1.1　命名方式

1. 硬盘的命名

Linux 系统中，每一个设备都映射到一个系统文件，包括硬盘、光驱 IDE、SCSI 设备。在 Linux 下对 IDE 的设备是以 hd 命名的，一般主板上有两个 IDE 接口，一共可以安装四个 IDE 设备。主 IDE 上的主从两个设备分别为 hda 和 hdb，第二个 IDE 口上的两个设备分别为 hdc 和 hdd。SCSI、SATA 接口设备是用 sd 命名的，第一个设备是 sda，第二个是 sdb，以此类推，如图 7.1 所示。

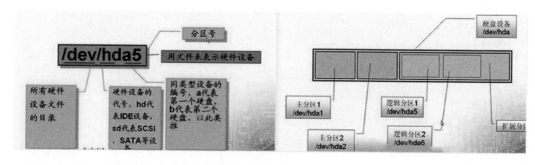

图 7.1　硬盘的命名

2. 分区的命名

分区是用设备名称加数字命名的，如 IDE 接口的命名为 hda1、hda2，SCSI、SATA 接口的命名为 sda1、sda2 等。

3. 主分区、扩展分区、逻辑分区

要了解 Linux 硬盘分区名称的规则,先要理解主分区、扩展分区、逻辑分区的概念和它们的关系。一个硬盘最多可以分 4 个主分区,因此硬盘可以被分为 1～3 个主分区加 1 个扩展分区,或者仅有 1～4 个主分区。对于扩展分区,可以继续对它进行划分,分成若干个逻辑分区,也就是说,扩展分区只不过是逻辑分区的"容器"。主分区的名称分别是 sda1、sda2、sda3 和 sda4,其中,扩展分区也占用一个主分区的名称。逻辑分区的名称一定是从 sda5 开始,每增加一个分区,分区名称的数字就加 1,如 sda6 代表第二个逻辑分区等。

说明:只能格式化主分区和逻辑分区,不能格式化扩展分区。

7.1.2 硬盘的分区

可以直接对硬盘分区,为了实验方便,我们在虚拟机下添加硬盘并分区。

1. 添加硬盘

打开虚拟机,单击"虚拟机"→"设置",选择"添加",添加一个硬盘,类型为 SCSI,硬盘的容量为 10GB,如图 7.2 所示。添加完成后开启并进入 Ubuntu 系统,在 Ubuntu 系统下用 fdisk -l 命令看到添加了一个硬盘,按照硬盘编号,如果第一个硬盘是 sda,那么新添加的硬盘就是 sdb。

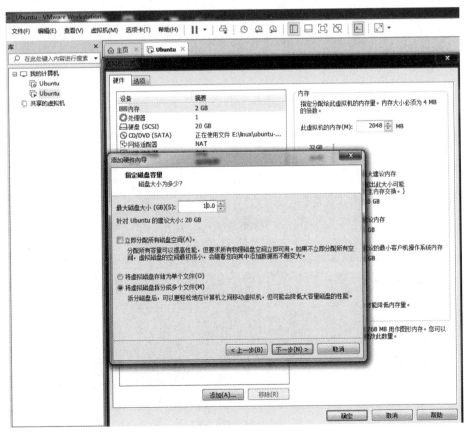

图 7.2　添加硬盘

2. 查看硬盘信息

使用 sudo fdisk -l 查看分区表信息，查看已经分区的硬盘，并显示已经添加上但没有分区的硬盘。如图 7.3 所示，显示机器有两块硬盘，其中，sda 有 5 个分区，/dev/sda1（主分区）、/dev/sda2(主分区里的扩展分区)、/dev/sda5、/dev/sda6、/dev/sda7 都是逻辑分区。第二块硬盘为 sdb，没有分区。

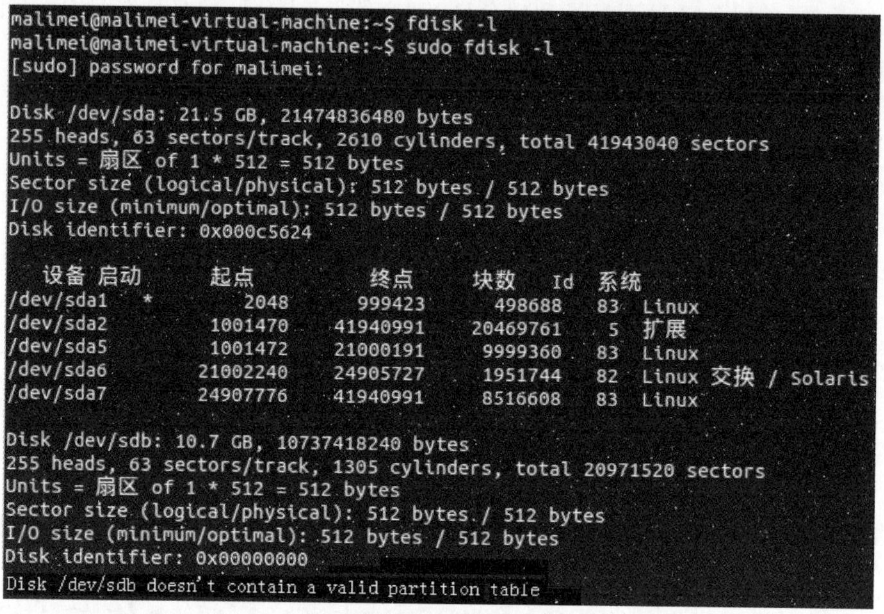

```
malimei@malimei-virtual-machine:~$ fdisk -l
malimei@malimei-virtual-machine:~$ sudo fdisk -l
[sudo] password for malimei:

Disk /dev/sda: 21.5 GB, 21474836480 bytes
255 heads, 63 sectors/track, 2610 cylinders, total 41943040 sectors
Units = 扇区 of 1 * 512 = 512 bytes
Sector size (logical/physical): 512 bytes / 512 bytes
I/O size (minimum/optimal): 512 bytes / 512 bytes
Disk identifier: 0x000c5624

   设备 启动      起点        终点      块数   Id  系统
/dev/sda1   *      2048      999423    498688   83  Linux
/dev/sda2        1001470   41940991  20469761    5  扩展
/dev/sda5        1001472   21000191   9999360   83  Linux
/dev/sda6       21002240   24905727   1951744   82  Linux 交换 / Solaris
/dev/sda7       24907776   41940991   8516608   83  Linux

Disk /dev/sdb: 10.7 GB, 10737418240 bytes
255 heads, 63 sectors/track, 1305 cylinders, total 20971520 sectors
Units = 扇区 of 1 * 512 = 512 bytes
Sector size (logical/physical): 512 bytes / 512 bytes
I/O size (minimum/optimal): 512 bytes / 512 bytes
Disk identifier: 0x00000000
Disk /dev/sdb doesn't contain a valid partition table
```

图 7.3 查看硬盘信息

说明：如果不显示新添加的硬盘，重启 Linux 即可显示。

3. 创建分区

对图 7.3 中 sdb 硬盘进行分区，执行 sudo fdisk /dev/sdb 命令，如图 7.4 所示。

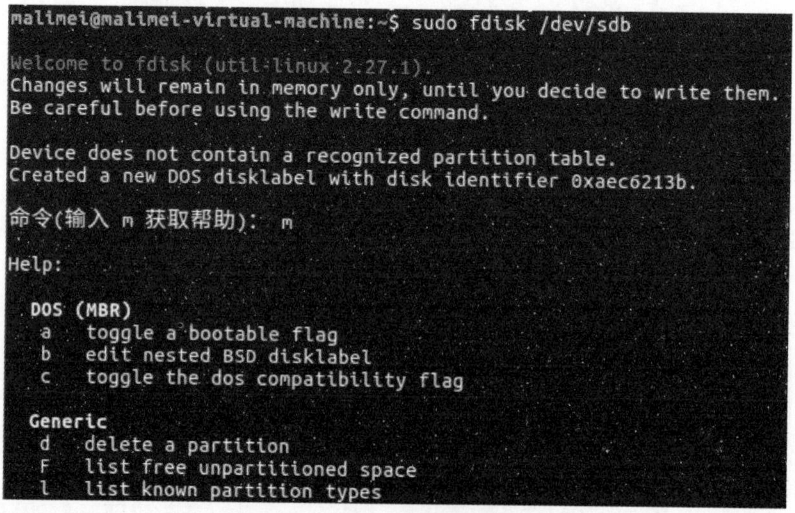

```
malimei@malimei-virtual-machine:~$ sudo fdisk /dev/sdb

Welcome to fdisk (util-linux 2.27.1).
Changes will remain in memory only, until you decide to write them.
Be careful before using the write command.

Device does not contain a recognized partition table.
Created a new DOS disklabel with disk identifier 0xaec6213b.

命令(输入 m 获取帮助): m

Help:

  DOS (MBR)
   a   toggle a bootable flag
   b   edit nested BSD disklabel
   c   toggle the dos compatibility flag

  Generic
   d   delete a partition
   F   list free unpartitioned space
   l   list known partition types
```

图 7.4 创建分区

输入 m,显示帮助命令,输入 n 创建分区,输入 p 创建主分区,主分区的大小为 2GB,如图 7.5 所示。

```
命令(输入 m 获取帮助): n
Partition type
   p   primary (0 primary, 0 extended, 4 free)
   e   extended (container for logical partitions)
Select (default p): p
分区号 (1-4, default 1): 1
First sector (2048-20971519, default 2048):
Last sector, +sectors or +size{K,M,G,T,P} (2048-20971519, default 20971519): +2G

Created a new partition 1 of type 'Linux' and of size 2 GiB.

命令(输入 m 获取帮助):
```

图 7.5　创建主分区为 2G

输入 n 再输入 e 创建扩展分区,剩余的 8GB 全部分为扩展分区,如图 7.6 所示。

```
命令(输入 m 获取帮助): n
Partition type
   p   primary (1 primary, 0 extended, 3 free)
   e   extended (container for logical partitions)
Select (default p): e
分区号 (2-4, default 2):
First sector (4000002-20971519, default 4001792):
Last sector, +sectors or +size{K,M,G,T,P} (4001792-20971519, default 20971519):

Created a new partition 2 of type 'Extended' and of size 8.1 GiB.
```

图 7.6　创建扩展分区

再输入 n 创建分区,系统自动显示创建逻辑分区 5,指定逻辑分区大小 2.9GB,如图 7.7 所示。

```
命令(输入 m 获取帮助): n
All space for primary partitions is in use.
Adding logical partition 5
First sector (4198400-20971519, default 4198400):
Last sector, +sectors or +size{K,M,G,T,P} (4198400-20971519, default 20971519):
+2.9G

Created a new partition 5 of type 'Linux' and of size 2.9 GiB.

命令(输入 m 获取帮助):
```

图 7.7　创建第一个逻辑分区为 2.9G

再输入 n 创建分区,系统自动显示创建逻辑分区 6,指定逻辑分区大小 5.1GB,如图 7.8 所示。

输入 p,显示已经分配完成的分区,再输入 w 保存退出,如图 7.9 所示。

```
命令(输入 m 获取帮助): n

All space for primary partitions is in use.
Adding logical partition 6
First sector (10237952-20971519, default 10237952):
Last sector, +sectors or +size{K,M,G,T,P} (10237952-20971519, default 20971519):
 +5.1G

Created a new partition 6 of type 'Linux' and of size 5.1 GiB.

命令(输入 m 获取帮助):
```

图 7.8　创建第二个逻辑分区为 5.1G

图 7.9 划分分区完成

我们添加了 10GB 的硬盘,分区为主分区 sdb1 是 2GB,扩展分区是 8GB,包括逻辑分区 sdb5 是 2.9GB,sdb6 是 5.1GB。

4. 格式化

分区完成后,需要对分区格式化、创建文件系统才能正常使用。格式化分区的主要命令是 mkfs,格式为:

```
mkfs -t[文件系统格式] 设备名
```

选项-t 的参数用来指定文件系统格式,如 ext3、ext4、nfs 等。

设备名称如/dev/sdb1、/dev/sdb2 等。

对/dev/sdb1 进行格式化,如图 7.10 所示。

图 7.10 格式化主分区

依次对逻辑分区/dev/sdb5、/dev/sdb6 进行格式化,如图 7.11 所示。

说明:不能对扩展分区格式化,错误结果如图 7.12 所示。

5. 挂载

在使用分区前,需要挂载该分区,在挂载分区前,需要新建挂载点,在/mnt 目录下新建/mnt/sdb1、/mnt/sdb5、/mnt/sdb6 目录,作为分区的挂载点,如图 7.13 所示。

说明:不能挂载扩展分区。

```
malimei@malimei-virtual-machine:~$ sudo mkfs -t ext4 /dev/sdb5
mke2fs 1.42.13 (17-May-2015)
Creating filesystem with 754688 4k blocks and 188928 inodes
Filesystem UUID: 088791c7-af91-4ce4-a5a2-3f256c394dca
Superblock backups stored on blocks:
        32768, 98304, 163840, 229376, 294912

Allocating group tables: 完成
正在写入inode表: 完成
Creating journal (16384 blocks): 完成
Writing superblocks and filesystem accounting information: 完成

malimei@malimei-virtual-machine:~$ sudo mkfs -t ext4 /dev/sdb6
mke2fs 1.42.13 (17-May-2015)
Creating filesystem with 1336320 4k blocks and 334560 inodes
Filesystem UUID: edd0554a-5d40-4d51-8522-610d0ac7c198
Superblock backups stored on blocks:
        32768, 98304, 163840, 229376, 294912, 819200, 884736

Allocating group tables: 完成
正在写入inode表: 完成
Creating journal (32768 blocks): 完成
Writing superblocks and filesystem accounting information: 完成
```

图 7.11　格式化逻辑分区 5 和 6

```
malimei@malimei-virtual-machine:/mnt$ sudo mkfs -t ext4 /dev/sdb2
mke2fs 1.42.13 (17-May-2015)
Found a dos partition table in /dev/sdb2
无论如何也要继续? (y,n) y
mkfs.ext4: inode_size (128) * inodes_count (0) too big for a
        filesystem with 0 blocks, specify higher inode_ratio (-i)
        or lower inode count (-N).

malimei@malimei-virtual-machine:/mnt$ 
```

图 7.12　不能格式化扩展分区

```
malimei@malimei-virtual-machine:/mnt$ sudo mkdir   /mnt/sdb1
malimei@malimei-virtual-machine:/mnt$ sudo mkdir   /mnt/sdb5
malimei@malimei-virtual-machine:/mnt$ sudo mkdir   /mnt/sdb6
malimei@malimei-virtual-machine:/mnt$ sudo mount -t ext4 /dev/sdb1 /mnt/sdb1
malimei@malimei-virtual-machine:/mnt$ sudo mount -t ext4 /dev/sdb5 /mnt/sdb5
malimei@malimei-virtual-machine:/mnt$ sudo mount -t ext4 /dev/sdb6 /mnt/sdb6
malimei@malimei-virtual-machine:/mnt$ 
```

图 7.13　挂载分区

6. 卸载

卸载磁盘的命令为 umount。

格式为：umount　设备名或挂载点

可以直接卸载设备：$ sudo umount　/dev/sda1

也可以通过卸载挂载点卸载设备：$ sudo umount /mnt/sda1

7.2　磁　盘　配　额

磁盘配额就是管理员可以为用户所能使用的磁盘空间进行配额限制,每一个用户只能使用最大配额范围内的磁盘空间,在 Linux 系统发行版本中使用 quota 来对用户进行磁盘配额管理,避免了某些用户因为存储垃圾文件浪费磁盘空间导致其他用户无法正常工作。

设置用户和组配额的分配量对磁盘配额的限制一般是从一个用户占用磁盘大小和所有文件的数量两个方面来进行的。设置磁盘配额时,"某用户在系统中共计只能使用 50MB 磁盘空间",这样的限制要求是无法实现的,只能设置"某用户在/dev/sdb5 分区能使用 30MB,在/dev/sdb5 分区能使用 20MB"。磁盘配额的设置单位是分区,针对分区启用配额限制功能后才可以对用户设置,而不理会用户文件放在该文件系统中的哪个目录中。在具体操作之前,先了解一下磁盘配额的两个基本概念:软限制和硬限制。

1. 软限制

一个用户在一定时间范围内(默认为一周,可以使用命令"edquota -t"重新设置,时间单位可以为天、小时、分钟、秒)超过其限制的额度,在不超出硬限制的范围内可以继续使用空间,系统会发出警告(警告信息设置文件为"/etc/warnquota.conf"),但如果用户达到时间期限仍未释放空间到限制的额度下,系统将不再允许该用户使用更多的空间。

2. 硬限制

一个用户可拥有的磁盘空间或文件的绝对数量,绝对不允许超过这个限制。

理解了上面的基本概念,就可以配置磁盘配额了。设置磁盘配额的步骤如下。

(1) 查看内核是否支持配额。

(2) 安装磁盘配额工具。

(3) 激活分区的配额功能。

(4) 建立配额数据库。

(5) 启动分区磁盘配额功能。

(6) 设置用户和组磁盘配额。

(7) 设置宽限期。

7.2.1 查看内核是否支持配额

在配置磁盘配额前,需要检查系统内核是否支持 quota,查看 Ubuntu 16.04 的内核是否支持配额的命令如下。

```
# grep CONFIG_QUOTA  /boot/config - 4.15.0 - 58 - generic
```

说明:

(1) CONFIG_QUOTA 一定要大写。

(2) 版本不同文件名 config-4.15.0-58-generic 略有不同,可到/boot 目录下查看。

在查看结果中,CONFIG_QUOTA 和 CONFIG_QUOTACTL 两项都等于 y,说明当前的内核支持 quota,如图 7.14 所示。

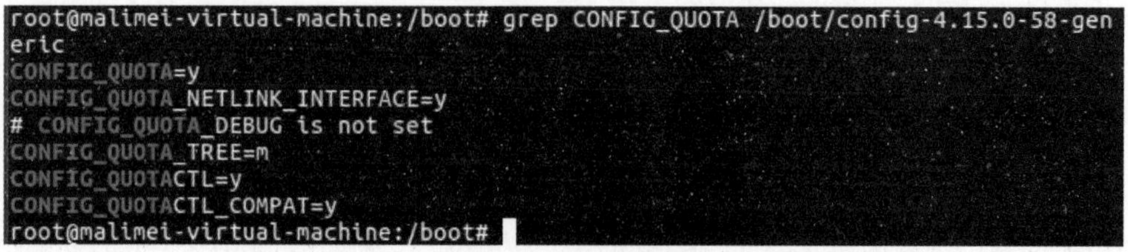

图 7.14 查看内核

7.2.2　安装磁盘配额工具

在 Ubuntu 系统中，配额软件默认是没有安装的，因此需要安装 quota 和 quotatool 软件包来管理硬盘配额，步骤如下。

（1）机器连接好网络。

（2）更新软件包：$ sudo apt-get　update，如图 7.15 所示。

```
root@malimei-virtual-machine:/boot# sudo apt-get update
命中:1 http://mirrors.tuna.tsinghua.edu.cn/ubuntu xenial InRelease
获取:2 http://mirrors.tuna.tsinghua.edu.cn/ubuntu xenial-updates InRelease [109
kB]
获取:3 http://mirrors.tuna.tsinghua.edu.cn/ubuntu xenial-backports InRelease [10
7 kB]
获取:4 http://mirrors.tuna.tsinghua.edu.cn/ubuntu xenial-security InRelease [109
kB]
已下载 325 kB，耗时 0秒 (695 kB/s)
正在读取软件包列表... 完成
root@malimei-virtual-machine:/boot#
```

图 7.15　更新软件包

（3）安装 $ sudo apt-get install quota quotatool，如图 7.16 所示。

```
root@malimei-virtual-machine:/boot# sudo apt-get install quota quotatool
正在读取软件包列表... 完成
正在分析软件包的依赖关系树
正在读取状态信息... 完成
下列软件包是自动安装的并且现在不需要了:
  linux-headers-4.15.0-45 linux-headers-4.15.0-45-generic
  linux-headers-4.15.0-54 linux-headers-4.15.0-54-generic
  linux-image-4.15.0-45-generic linux-image-4.15.0-54-generic
  linux-modules-4.15.0-45-generic linux-modules-4.15.0-54-generic
  linux-modules-extra-4.15.0-45-generic linux-modules-extra-4.15.0-54-generic
使用'sudo apt autoremove'来卸载它(它们)。
将会同时安装下列软件:
  libtirpc1
建议安装:
  libnet-ldap-perl rpcbind default-mta | mail-transport-agent
下列【新】软件包将被安装:
  libtirpc1 quota quotatool
升级了 0 个软件包，新安装了 3 个软件包，要卸载 0 个软件包，有 83 个软件包未被升
级。
需要下载 341 kB 的归档。
解压缩后会消耗 1,743 kB 的额外空间。
您希望继续执行吗？ [Y/n] y
获取:1 http://mirrors.tuna.tsinghua.edu.cn/ubuntu xenial-updates/main amd64 libt
irpc1 amd64 0.2.5-1ubuntu0.1 [75.4 kB]
获取:2 http://mirrors.tuna.tsinghua.edu.cn/ubuntu xenial/main amd64 quota amd64
4.03-2 [250 kB]
获取:3 http://mirrors.tuna.tsinghua.edu.cn/ubuntu xenial/universe amd64 quotatoo
l amd64 1:1.4.12-2 [15.4 kB]
已下载 341 kB，耗时 0秒 (3,577 kB/s)
正在预设定软件包 ...
```

图 7.16　安装磁盘配额

7.2.3　激活分区的配额功能

激活分区的配额功能步骤如下。

（1）建立目录，把要激活的分区挂载到此目录下。

```
#mkdir  /myquota
```

（2）更改目录的属主、属组，因为我们是用 root 用户建立的目录，而要对 malimei 用户在这个目录中挂载磁盘配额，则这个目录的属主、属组都要改为 malimei，如图 7.17 所示。如果目录建立在要使用磁盘配额的用户工作目录下，如/home/malimei/myquota，目录所属主和组都是 malimei 用户，就不需要更改目录的属性了。

```
# chown username: username /myquota
```

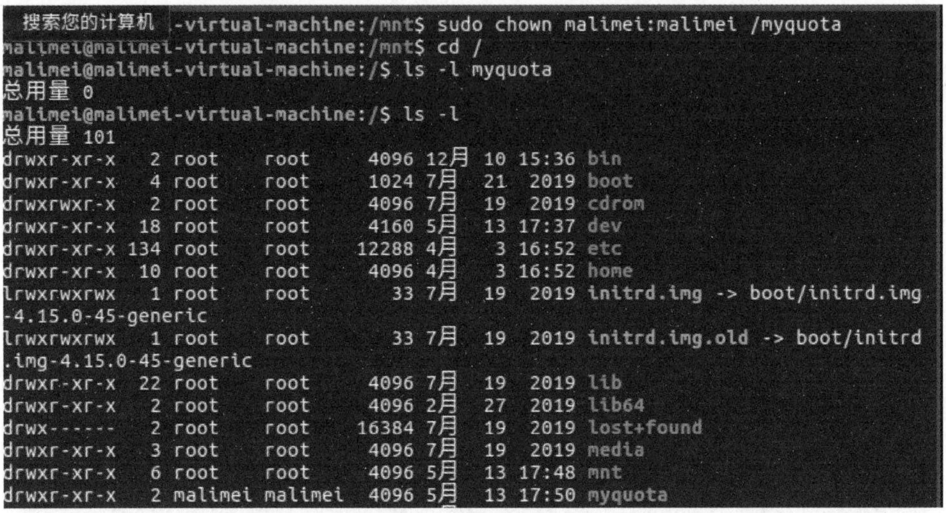

图 7.17　更改/myquota 目录的属主、属组

（3）对分区使用磁盘配额，选择进行磁盘配额的分区后，要让分区的文件系统支持配额，就要修改/etc/fstab 文件。

＃vi /etc/fstab　添加如下行：

```
/dev/sdb6   /myquota    ext3   defaults,usrquota 0 0
```

表示把/dev/sdb1 这个分区挂载到/myquota 下，并启用用户磁盘配额，这个文件只有系统启动的时候才会被读取（如果要启用组磁盘配额，则把 defaults,usrquota 改为 defaults,grpquota）。

说明：

（1）ext3 指的是本地文件系统。

（2）defaults 就是在 mount 时所要设定的状态，如 ro(只读)，defaults(包括其他参数，如 rw、suid、exec、auto、nouser、async)，具体可以参见帮助 man 8 mount。

（3）usrquota 第一个 0 是提供 DUMP 功能，在系统 DUMP 时是否需要 BACKUP 的标志位，其默认值是 0。

（4）usrquota 第二个 0 是设定此 filesystem 是否要在开机时做 check 的动作，除了 root 的 filesystem 其必要的 check 为 1 之外，其他皆可视需要设定，默认值是 0。

（5）重启系统让/etc/fstab 文件生效，或执行命令：

```
# sudo mount - a
```

7.2.4 建立配额数据库

实现磁盘配额,系统必须生成并维护相应的数据库文件 aquota. user,用户的配额设置信息及磁盘使用的块、索引节点等相关信息被保存在 aquota. user 数据库中,实现组磁盘配额,组的配额设置信息及磁盘使用的块、索引节点等相关信息被保存在 aquota. grp 数据库中。扫描相应文件系统,用 quotacheck 命令生成基本配额文件,运行 quotacheck 命令,quotacheck 命令检查启用了配额的文件系统,并为每个文件系统建立一个当前磁盘用来放表。该表会被用来更新操作系统的磁盘用量文件。此外,文件系统的磁盘配额文件也被更新。

格式: quotacheck - avug 建立配额数据库

所用选项如下。

a:指定每个启用了配额的文件系统都应该创建配额文件。

v:在检查配额过程中显示详细的状态信息。

u:检查用户磁盘配额信息。

g:检查组群磁盘配额信息。

例 7.1 在 7.2.3 节建立的/myquota 目录下建立配额数据库,如果创建成功,在/myquota 目录下产生 aquota. user 文件,如图 7.18 所示。

```
malimei@malimei-virtual-machine:~$ sudo quotacheck -avgu
quotacheck: Your kernel probably supports journaled quota but you are not using
it. Consider switching to journaled quota to avoid running quotacheck after an u
nclean shutdown.
quotacheck: 正在扫描 /dev/sdb6 [/myquota] 完成
quotacheck: Cannot stat old user quota file /myquota/aquota.user: 没有那个文件或
目录. Usage will not be subtracted.
quotacheck: Old group file name could not been determined. Usage will not be sub
tracted.
quotacheck: 已检查 3 个目录和 0 个文件
quotacheck: 找不到旧文件。
malimei@malimei-virtual-machine:~$ cd /myquota
malimei@malimei-virtual-machine:/myquota$ ls -l
总用量 24
-rw------- 1 root root  6144 8月  18 10:25 aquota.user
drwx------ 2 root root 16384 8月  18 10:24 lost+found
```

图 7.18 成功建立配额数据库

7.2.5 启动磁盘配额

使用 quotaon 命令启动磁盘配额,格式为:

quotaon [选项] [设备名或挂载点]
sudo quotaon - av

其中,常用选项及含义如下。

-a:不用指明具体的分区,在启用配额功能的所有文件系统上创建数据库。

-v:显示启动过程。

例 7.2 启动/mnt/sdb6 磁盘配额,如图 7.19 所示。

```
malimei@malimei-virtual-machine:/myquota$ sudo quotaon -av
/dev/sdb6 [/myquota]: user 配额已开启
malimei@malimei-virtual-machine:/myquota$
```

图 7.19　启动磁盘配额

7.2.6　编辑用户磁盘配额

1. 编辑用户磁盘配额

要为用户配置配额,以超级用户身份在 Shell 提示下执行以下命令。

edquota　username

其中,常用选项及含义如下。

-u：配置用户配额。

-g：配置组配额。

-t：编辑宽限时间。

-p：复制 quota 资料到另一个用户上。

例 7.3　配置 malimei 用户的磁盘配额,如图 7.20 所示。

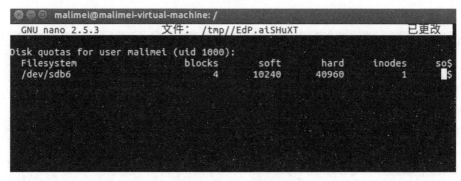

图 7.20　编辑用户磁盘配额

从左向右,每列说明如下。

Filesystem：进行配额的分区,现为/dev/sdb6。

blocks：使用者在/mnt/sdb1 所使用的空间(单位：KB)。

soft：block 使用磁盘空间的"软性"限制,现设置为 10240。

hard：block 使用磁盘空间的"硬性"限制,现设置为 40960。

inodes：当前使用者使用的 inode 数量。

soft：inode 使用文档数量的"软性"限制,现设置为 2。

hard：inode 使用文档数量的"硬性"限制,现设置为 10。

soft limit：最低限制容量,在宽限期之内,使用容量能超过 soft limit,但必须在宽限期内将使用容量降低到 soft limit 以下。

hard limit：最终限制容量,假如使用者在宽限期之内继续写入数据,达到 hard limit 将无法再写入。

例 7.4　将 malimei 用户的磁盘配额复制给用户 mary,命令如下。

```
$ sudo  edquota  - p  malimei  mary
$ sudo  quota  - u  mary          显示 mary 用户的磁盘配额。
```

2. 显示用户的配额

编辑磁盘配额完成后,可以显示用户的配额,命令如下。

```
# quota - u 用户名
```

quota 命令显示磁盘使用情况和限额。默认情况下,或者带 -u 标志,只显示用户限额。

例 7.5　显示刚配置的 malimei 用户的磁盘配额,如图 7.21 所示。

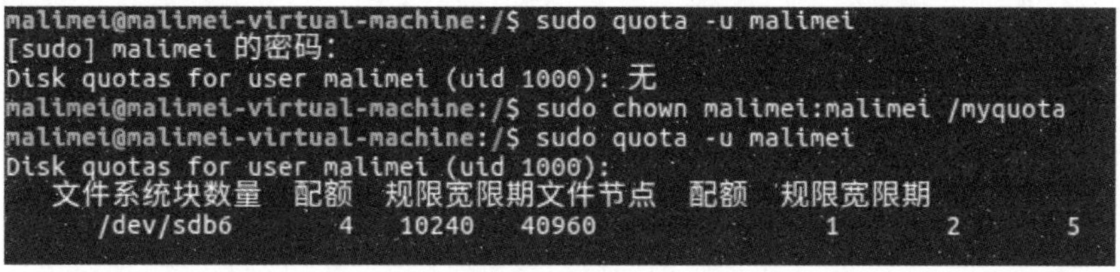

图 7.21　显示用户的磁盘配额

说明:如果配置完成后没有显示磁盘配额,则需要重新运行 chown 命令,把配额的目录指定为需要执行配额的用户。

7.2.7　配额宽限期设置

使用容量超过 soft limit,宽限时间自动启动,使用者将容量降低到 soft limit 以下,宽限时间自动关闭。假如使用者没有在宽限时间内将容量降低到 soft limit,那么他将无法再写入数据,即使使用容量没有达到 hard limit。

编辑宽限时间的命令为:

```
$ sudo edquota - t
```

设置 Block grace period 的宽限期为 1day,Inode grace period 的宽限期为 2day,如图 7.22 所示。

注意:日期显示中文"天"时,设置时应改为英文"day"。

在编辑界面出现的相关参数的含义如下。

(1) Block grace period:磁盘空间限制的宽限时间。

(2) Inode grace period:文件数量的宽限时间。

宽限时间如果为天则用 day 表示,如果为小时则用 hour 表示,如果为分钟则用 minute 表示。

宽限期设置完成后,可以检查磁盘空间限制的状态,命令如下。

```
repquota [ - aguv][文件系统…]
```

执行 repquota 指令,可报告磁盘空间限制的状况,清楚得知每位用户或每个群组已使用多少空间。

-a:列出在/etc/fstab 文件中,有加入 quota 设置的分区的使用状况,包括用户和群组。

硬盘和内存

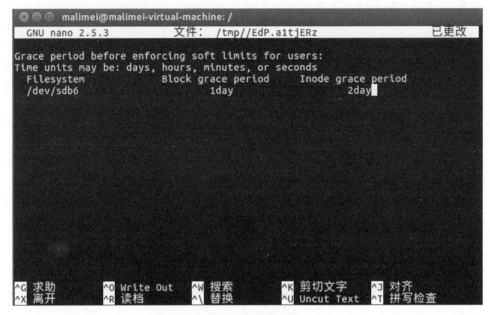

图 7.22　设置宽限期

-g：列出所有群组的磁盘空间限制。

-u：列出所有用户的磁盘空间限制。

-v：显示该用户或群组的所有空间限制。

检查/dev/sdb6 分区用户磁盘空间的使用情况，如图 7.23 所示。

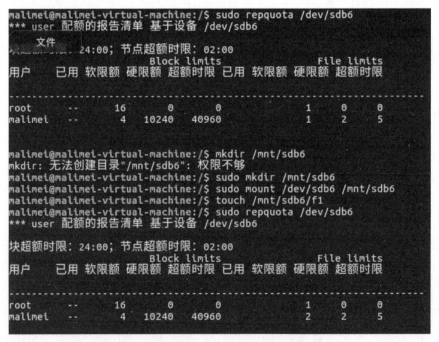

图 7.23　用户使用/dev/sdb6 分区的使用情况

从图 7.23 中可以看出,用户 malimei 在/mnt/sdb6 目录中已经有 2 个文件,硬限制的文件数目为 2,宽限期为 2h。接下来又建立了两个文件 a1 和 a2。此时,目录中有 4 个文件,超出了设置的两个文件的限制,显示配额,一+表示超出了文件个数限制,超时限制启动,如图 7.24 所示,前面设置的宽限时间为 2h,在宽限期限内把文件数量减到硬限制 2,否则不能写入文件。

```
malimei@malimei-virtual-machine:/$ touch /mnt/sdb6/f2
malimei@malimei-virtual-machine:/$ touch /mnt/sdb6/f3
malimei@malimei-virtual-machine:/$ sudo repquota /dev/sdb6
*** user 配额的报告清单 基于设备 /dev/sdb6

块超额时限: 24:00; 节点超额时限: 02:00
                              Block limits                    File limits
用户   已用  软限额  硬限额  超额时限  已用  软限额  硬限额  超额时限
----------------------------------------------------------------------------
root    --      16       0        0             1      0       0
malimei -+       4   10240    40960             4      2       5   02:00

malimei@malimei-virtual-machine:/$
```

图 7.24 宽限期启动

说明:一表示没有超出相应限制;+一表示超出了块限制,一+表示超出了文件个数限制。

7.2.8 关闭磁盘配额

使用 quotaoff 命令终止磁盘配额的限制,例如,关闭/mnt/sdb1 磁盘空间配额的命令:

$ sudo quotaoff /dev/sdb1

注意:在编辑磁盘配额时,如果显示系统忙,或系统启动后磁盘配额有问题,先关闭磁盘配额再重新启动。

7.3 内存管理

直接从物理内存读写数据要比从硬盘读写数据快得多,因此,我们希望所有数据的读取和写入都在内存完成,而内存是有限的,这样就有了物理内存与虚拟内存。

物理内存就是系统硬件提供的内存大小,是真正的内存,相对于物理内存,在 Linux 下还有一个虚拟内存,虚拟内存就是为了满足物理内存的不足而提出的,它是利用磁盘空间虚拟出的一块逻辑内存,用作虚拟内存的磁盘空间被称为交换空间(Swap Space)。

作为物理内存的扩展,Linux 会在物理内存不足时,使用交换分区的虚拟内存,内核会将暂时不用的内存块信息写到交换空间,这样,物理内存得到了释放,这块内存就可以用于其他目的,当需要用到原始的内容时,这些信息会被重新从交换空间读入物理内存。

Linux 的内存管理采取的是分页存取机制,为了保证物理内存能得到充分的利用,内核会在适当的时候将物理内存中不经常使用的数据块自动交换到虚拟内存中,而将经常使用的信息保留到物理内存。

首先,Linux 系统会不时地进行页面交换操作,以保持尽可能多的空闲物理内存,即使并没有什么事情需要内存,Linux 也会交换出暂时不用的内存页面,这样就可以避免等待交换所需的时间。

其次,Linux 进行页面交换是有条件的,不是所有页面在不用时都交换到虚拟内存,Linux 内核根据"最近最经常使用"算法,仅将一些不经常使用的页面文件交换到虚拟内存。有时我们会看到这么一个现象:Linux 物理内存还有很多,但是交换空间也使用了很多。例如,一个占用很大内存的进程运行时,需要耗费很多内存资源,此时就会有一些不常用页面文件被交换到虚拟内存中,但后来这个占用很多内存资源的进程结束并释放了很多内存时,刚才被交换出去的页面文件并不会自动地交换进物理内存,除非有这个必要,那么此刻系统物理内存就会空闲很多,同时交换空间也在被使用。

最后,交换空间的页面在使用时会首先被交换到物理内存,如果此时没有足够的物理内存来容纳这些页面,它们又会被马上交换出去,如此一来,虚拟内存中可能没有足够空间来存储这些交换页面,最终会导致 Linux 出现假死机、服务异常等问题。Linux 虽然可以在一段时间内自行恢复,但是恢复后的系统已经基本不可用了。

因此,合理规划和设计 Linux 内存的使用,是非常重要的。

7.3.1 交换分区 swap

swap 就是 Linux 下的虚拟内存分区,它的作用是在物理内存使用完之后,将磁盘空间(也就是 swap 分区)虚拟成内存来使用。

虽然这个 swap 分区能够作为"虚拟"的内存,但它的速度比物理内存慢,因此,如果需要更快速度,swap 分区则不能满足,最好的解决办法是加大物理内存,swap 分区只是临时的解决办法。

交换分区(swap)的合理值一般在物理内存的 2 倍左右,可以适当加大,具体还是以实际应用为准。

Linux 下可以创建两种类型的交换空间,一种是 swap 分区,一种是 swap 文件。前者适合有空闲的分区可以使用,后者适合于没有空的硬盘分区,硬盘的空间都已经分配完毕,下面分别介绍两种方法。

7.3.2 添加交换文件

1. 创建交换文件

创建交换文件通过 dd 命令来完成,同时这个文件必须位于本地硬盘上,不能在网络文件系统(NFS)上创建 swap 交换文件。

dd 命令的参数如下。

if=输入文件,或者设备名称。

of=输出文件或者设备名称。

ibs=bytes 表示一次读入 bytes 字节。

obs=bytes 表示一次写 bytes 字节。

bs=bytes,同时设置读写块的大小,以 bytes 为单位,此参数可代替 ibs 和 obs。

count=blocks 表示仅复制 blocks 个块。

skip=blocks 表示从输入文件开头跳过 blocks 个块后开始复制。

seek=blocks 表示从输出文件开头跳过 blocks 个块后开始复制。

例 7.6 在根目录下创建一个 6.7MB 的交换文件,文件名为/swapfile,输入设备/dev/zero,读写块 1024B,如图 7.25 所示。

```
malimei@malimei-virtual-machine:~$ sudo dd if=/dev/zero of=/swapfile bs=1024 cou
nt=6553
[sudo] malimei 的密码:
记录了6553+0 的读入
记录了6553+0 的写出
6710272 bytes (6.7 MB, 6.4 MiB) copied, 0.0217771 s, 308 MB/s
malimei@malimei-virtual-machine:~$
```

图 7.25　dd 创建交换文件

说明:count=1024×6.5=6656。

2. 指定交换文件

交换文件在使用前需要激活,激活前需要通过 mkswap 命令指定作为交换分区的设备或者文件。mkswap 命令的格式为:

mkswap [参数] [设备名称或文件][交换区大小]

-c:建立交换区前,先检查是否有损坏的区块。

-v0:建立旧式交换区,此为预设值。

-v1:建立新式交换区。

例 7.7 指定/swapfile 作为交换文件,如图 7.26 所示。

```
malimei@malimei-virtual-machine:~$ sudo mkswap /swapfile
Setting up swapspace version 1, size = 6.4 MiB (6705152 bytes)
无标签,   UUID=10ba3e33-2efa-4ec3-9e03-e509f788c357
```

图 7.26　指定交换文件

用 free 命令查看当前内存的使用,新建的交换文件还没有被使用,如图 7.27 所示。

```
malimei@malimei-virtual-machine:~$ free
            total        used        free      shared  buff/cache   available
Mem:      1951316      602220      725764       10868      623332     1140372
Swap:      999420           0      999420
malimei@malimei-virtual-machine:~$
```

图 7.27　新建的交换文件未使用

3. 激活 swap 文件

指定交换文件后,使用 swapon 命令激活交换分区,再用 free 命令查看内存的使用状态:在没启用这个之前,total swap 是 999420=0+999420;启用后是 1005968=0+1005968;启用后增加了 1005968-99420=6652(6.7MB 左右),如图 7.28 所示。

```
malimei@malimei-virtual-machine:/$ sudo swapoff /swapfile
malimei@malimei-virtual-machine:/$ free
            total        used        free      shared  buff/cache   available
Mem:      1951316      602996      724480       10868      623840     1139532
Swap:      999420           0      999420
malimei@malimei-virtual-machine:/$ sudo swapon /swapfile
malimei@malimei-virtual-machine:/$ free
            total        used        free      shared  buff/cache   available
Mem:      1951316      602996      724480       10868      623840     1139540
Swap:     1005968           0     1005968
malimei@malimei-virtual-machine:/$
```

图 7.28　激活 swap 文件

重启系统后,也使新增的 swap 分区可用,需要编辑/etc/fstab 文件,在/etc/fstab 文件中添加如下代码,系统重启后可以自动加载 swap 分区。

```
/swapfile  none  swap  sw 0 0
```

4. 删除 swap 文件

删除 swap 文件时使用 swapoff 命令。

例 7.8 $ sudo swapoff /swapfile 删除/swapfile,删除交换文件后,交换分区减少。

7.3.3 添加交换分区

1. 指定交换分区

mkswap 命令指定交换分区,指定/dev/sdb5 为交换分区,如图 7.29 所示。

```
malimei@malimei-virtual-machine:/$ sudo mkswap /dev/sdb5
mkswap: /dev/sdb5: warning: wiping old ext4 signature.
Setting up swapspace version 1, size = 2.9 GiB (3070029824 bytes)
无标签,  UUID=5e5a2049-5804-4e2c-8789-c4229d547359
malimei@malimei-virtual-machine:/$ free
              total       used       free     shared   buff/cache   available
Mem:        1951316     604696     722600      10868       624020      1137744
Swap:       1005968          0    1005968
malimei@malimei-virtual-machine:/$
```

图 7.29 指定交换分区

2. 激活分区

swapon 激活/dev/sdb5 交换分区,如图 7.30 所示。

```
malimei@malimei-virtual-machine:/$ sudo swapon /dev/sdb5
malimei@malimei-virtual-machine:/$ free
              total       used       free     shared   buff/cache   available
Mem:        1951316     606548     720704      10868       624064      1135856
Swap:       4004044          0    4004044
malimei@malimei-virtual-machine:/$
```

图 7.30 激活分区

说明:激活后的分区大小 4004044-激活前的分区大小 1005968＝2.9GB,说明整个/dev/sdb5 都作为交换分区,在 7.1.2 节中/dev/sbd5 分区的大小是 2.9GB。

3. 显示交换分区

swap 分区由三个分区构成:刚建立的/dev/sdb5、系统的/dev/sda6、用交换文件/swapfile 建立的,如图 7.31 所示。

```
malimei@malimei-virtual-machine:/$ cat /proc/swaps
Filename                          Type       Size      Used   Priority
/dev/sda6                         partition  999420    0      -2
/swapfile                         file       6548      0      -3
/dev/sdb5                         partition  2998076   0      -4
malimei@malimei-virtual-machine:/$
```

图 7.31 显示交换分区

4. 自动加载分区

如果让机器启动就启用交换分区,方法一样,使用 nano 命令编辑/etc/fstab 文件,在文件底部加入/dev/sdb5 swap 等内容,如图 7.32 所示。

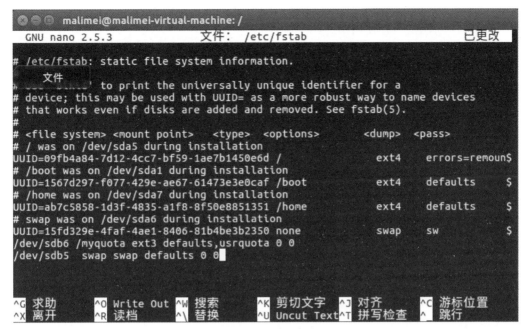

图 7.32　自动加载分区

7.4　进 程 管 理

进程是指处于运行状态的程序，一个源程序经过编译、链接后，成为一个可以运行的程序。当该可执行的程序被系统加载到内存空间运行时就称为进程。

程序是静态地保存在磁盘上的代码和数据的组合，而进程是动态概念。

常用进程管理命令有以下几种。

1. ps 命令查看进程

使用权限：所有使用者。

使用方式：ps [options] [-- help]

说明：显示瞬间行程（process）的动态。

参数：

-A：列出所有的行程。

-w：显示加宽，可以显示较多的信息。

-au：显示较详细的信息。

-aux：显示所有包含其他使用者的行程。

-axl：显示所有包含其他使用者的行程（包括优先级）。

au(x)输出格式：

USER PID % CPU % MEM　VSZ RSS TTY STAT START TIME COMMAND

USER：行程拥有者，USER 域指明了是哪个用户启动了这个命令。

PID：进程的标识号。

%CPU：占用的 CPU 使用率，用户可以查看某个进程占用了多少 CPU。

%MEM：占用的内存使用率。

VSZ(虚拟内存大小)：占用的虚拟记忆体大小，表示如果一个程序完全驻留在内存的话需要占用多少内存空间。

RSS(常驻集大小)：占用的内存大小，指明了当前实际占用了多少内存。

TTY：终端的号码。

STAT：该行程的状态，取值如下。

- D：不可中断的静止。
- R：正在执行中。
- S：静止状态。
- T：暂停执行。
- Z：不存在但暂时无法消除。
- W：没有足够的记忆体分页可分配。
- n 或 N：低优先级。
- <：高优先级的行程。
- s：包含子进程。
- ＋：位于后台的进程组。
- L 或 l：有记忆体分页分配并锁在记忆体内。

START：进程开始时间。

TIME：执行的时间。

COMMAND：所执行的指令。

例 7.9　显示指定用户 malimei 的进程，如图 7.33 所示。

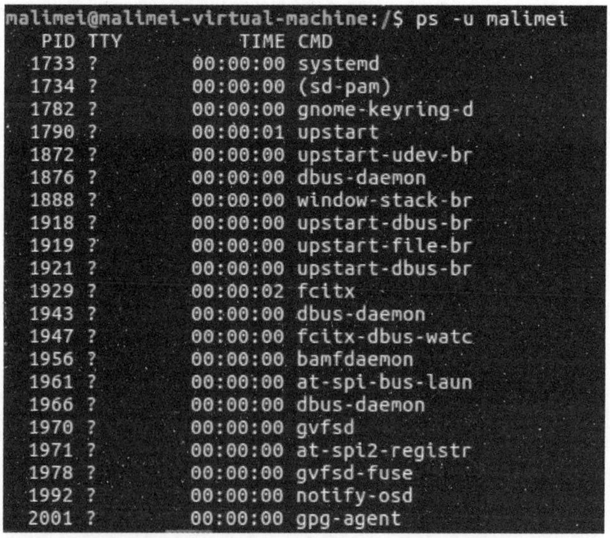

图 7.33　显示指定用户 malimei 的进程

例 7.10　显示所有用户的所有进程，并显示进程的状态，如图 7.34 所示。

例 7.11　详细显示所有用户的进程，如图 7.35 所示。

```
malimei@malimei-virtual-machine:/$ ps -ax
   PID TTY      STAT   TIME COMMAND
     1 ?        Ss     0:19 /sbin/init splash
     2 ?        S      0:00 [kthreadd]
     4 ?        I<     0:00 [kworker/0:0H]
     6 ?        I<     0:00 [mm_percpu_wq]
     7 ?        S      0:01 [ksoftirqd/0]
     8 ?        I      0:00 [rcu_sched]
     9 ?        I      0:00 [rcu_bh]
    10 ?        S      0:00 [migration/0]
    11 ?        S      0:00 [watchdog/0]
    12 ?        S      0:00 [cpuhp/0]
    13 ?        S      0:00 [kdevtmpfs]
    14 ?        I<     0:00 [netns]
    15 ?        S      0:00 [rcu_tasks_kthre]
    16 ?        S      0:00 [kauditd]
    17 ?        S      0:00 [khungtaskd]
    18 ?        S      0:00 [oom_reaper]
    19 ?        I<     0:00 [writeback]
    20 ?        S      0:00 [kcompactd0]
    21 ?        SN     0:00 [ksmd]
    22 ?        SN     0:00 [khugepaged]
    23 ?        I<     0:00 [crypto]
```

图 7.34　显示所有进程的状态

```
malimei@malimei-virtual-machine:/$ ps -axu
USER         PID %CPU %MEM    VSZ   RSS TTY      STAT START   TIME COMMAND
root           1  0.3  0.3 119652  5864 ?        Ss   15:03   0:19 /sbin/init spl
root           2  0.0  0.0      0     0 ?        S    15:03   0:00 [kthreadd]
root           4  0.0  0.0      0     0 ?        I<   15:03   0:00 [kworker/0:0H]
root           6  0.0  0.0      0     0 ?        I<   15:03   0:00 [mm_percpu_wq]
root           7  0.0  0.0      0     0 ?        S    15:03   0:01 [ksoftirqd/0]
root           8  0.0  0.0      0     0 ?        I    15:03   0:00 [rcu_sched]
root           9  0.0  0.0      0     0 ?        I    15:03   0:00 [rcu_bh]
root          10  0.0  0.0      0     0 ?        S    15:03   0:00 [migration/0]
root          11  0.0  0.0      0     0 ?        S    15:03   0:00 [watchdog/0]
root          12  0.0  0.0      0     0 ?        S    15:03   0:00 [cpuhp/0]
root          13  0.0  0.0      0     0 ?        S    15:03   0:00 [kdevtmpfs]
root          14  0.0  0.0      0     0 ?        I<   15:03   0:00 [netns]
root          15  0.0  0.0      0     0 ?        S    15:03   0:00 [rcu_tasks_kth
root          16  0.0  0.0      0     0 ?        S    15:03   0:00 [kauditd]
root          17  0.0  0.0      0     0 ?        S    15:03   0:00 [khungtaskd]
root          18  0.0  0.0      0     0 ?        S    15:03   0:00 [oom_reaper]
root          19  0.0  0.0      0     0 ?        I<   15:03   0:00 [writeback]
root          20  0.0  0.0      0     0 ?        S    15:03   0:00 [kcompactd0]
root          21  0.0  0.0      0     0 ?        SN   15:03   0:00 [ksmd]
root          22  0.0  0.0      0     0 ?        SN   15:03   0:00 [khugepaged]
root          23  0.0  0.0      0     0 ?        I<   15:03   0:00 [crypto]
```

图 7.35　详细显示用户的所有进程

2. top 命令监控进程

top 命令用来实时显示进程的状态，每隔几秒自动更新一次，在显示进程的过程中，按下命令键执行相应的操作，命令键如表 7.1 所示。

表 7.1　常用的 top 命令

命　令	说　明	命　令	说　明
q	退出	u	显示特定用户的进程
h 或?	帮助	k	杀死进程(给进程发送信号)
space	更新显示	r	更改进程优先级
M	根据内存大小对进程排序	d secs	在两次刷新之间延迟 secs 秒(默认为 5 秒)
P	根据 CPU(处理器)占用情况对进程排序		

214

例 **7.12** top 实时显示进程的状态,在显示过程中按 u 键输入用户名 malimei,显示用户的进程,按 d 键输入 1,1 秒刷新一次,按 q 键退出显示进程的状态,如图 7.36 所示。

```
top - 16:58:46 up  1:55,  1 user,  load average: 0.00, 0.00, 0.00
Tasks: 223 total,   1 running, 156 sleeping,   0 stopped,   1 zombie
%Cpu(s):  0.3 us,  0.3 sy,  0.0 ni, 99.3 id,  0.0 wa,  0.0 hi,  0.0 si,  0.0 st
KiB Mem :  1951316 total,   710380 free,   609116 used,   631820 buff/cache
KiB Swap:  4004044 total,  4004044 free,        0 used.  1132696 avail Mem
Which user (blank for all) malimei
  PID USER      PR  NI    VIRT    RES    SHR S %CPU %MEM     TIME+ COMMAND
 1051 root      20   0  381020  59772  32392 S  0.7  3.1   0:16.08 Xorg
 2947 malimei   20   0   48868   3800   3168 R  0.7  0.2   0:00.03 top
 2204 malimei   20   0  982216  53592  42484 S  0.3  2.7   0:01.79 nautilus
 2527 malimei   20   0  620396  45268  35608 S  0.3  2.3   0:06.04 gnome-term+
    1 root      20   0  119652   5864   4080 S  0.0  0.3   0:19.38 systemd
    2 root      20   0       0      0      0 S  0.0  0.0   0:00.00 kthreadd
    4 root       0 -20       0      0      0 I  0.0  0.0   0:00.00 kworker/0:+
    6 root       0 -20       0      0      0 I  0.0  0.0   0:00.00 mm_percpu_+
    7 root      20   0       0      0      0 S  0.0  0.0   0:01.07 ksoftirqd/0
    8 root      20   0       0      0      0 I  0.0  0.0   0:00.48 rcu_sched
    9 root      20   0       0      0      0 S  0.0  0.0   0:00.00 rcu_bh
   10 root      rt   0       0      0      0 S  0.0  0.0   0:00.00 migration/0
   11 root      rt   0       0      0      0 S  0.0  0.0   0:00.02 watchdog/0
   12 root      20   0       0      0      0 S  0.0  0.0   0:00.00 cpuhp/0
   13 root      20   0       0      0      0 S  0.0  0.0   0:00.00 kdevtmpfs
   14 root       0 -20       0      0      0 I  0.0  0.0   0:00.00 netns
   15 root      20   0       0      0      0 S  0.0  0.0   0:00.00 rcu_tasks_+
```

图 7.36 实时显示用户的进程

3. kill 命令结束进程

当需要中断一个前台进程的时候,通常是使用 Ctrl+C 组合键;但是对于一个后台进程用组合键就不能中断了,这时必须使用于 kill 命令。该命令可以终止后台进程。终止后台进程的原因很多,或许是该进程占用的 CPU 时间过多,或许是该进程已经挂死。总之,这种情况是经常发生的。

kill 命令是通过向进程发送指定的信号来结束进程的。如果没有指定发送信号,那么默认值为 SIGTERMTERM 信号。SIGTERMTERM(15)信号将终止所有不能捕获该信号的进程。至于那些可以捕获该信号的进程,可能就需要使用 kill(9)信号了,该信号是不能被捕捉的。

kill 命令的语法格式如下。

```
kill [-s 信号 | -p] [-a] 进程号 …
kill -l [信号]
```

其中,

-s:指定需要送出的信号,既可以是信号名也可以对应数字。

-p:指定 kill 命令只是显示进程的 pid,并不真正送出结束信号。

-l:显示信号名称列表,这也可以在/usr/include/Linux/signal.h 文件中找到。

例 **7.13** 显示信号的名称列表,如图 7.37 所示。

```
$ kill -l
```

例 **7.14** 强制关闭进程 2462,给 pid 为 2462 的进程发送信号 9,如图 7.38 所示。结果如图 7.39 所示,我们看到 2462 的进程状态为 Z(不存在但暂时无法消除)。

```
malimei@malimei-virtual-machine:/$ kill -l
 1) SIGHUP       2) SIGINT       3) SIGQUIT      4) SIGILL       5) SIGTRAP
 6) SIGABRT      7) SIGBUS       8) SIGFPE       9) SIGKILL     10) SIGUSR1
11) SIGSEGV     12) SIGUSR2     13) SIGPIPE     14) SIGALRM     15) SIGTERM
16) SIGSTKFLT   17) SIGCHLD     18) SIGCONT     19) SIGSTOP     20) SIGTSTP
21) SIGTTIN     22) SIGTTOU     23) SIGURG      24) SIGXCPU     25) SIGXFSZ
26) SIGVTALRM   27) SIGPROF     28) SIGWINCH    29) SIGIO       30) SIGPWR
31) SIGSYS      34) SIGRTMIN    35) SIGRTMIN+1  36) SIGRTMIN+2  37) SIGRTMIN+3
38) SIGRTMIN+4  39) SIGRTMIN+5  40) SIGRTMIN+6  41) SIGRTMIN+7  42) SIGRTMIN+8
43) SIGRTMIN+9  44) SIGRTMIN+10 45) SIGRTMIN+11 46) SIGRTMIN+12 47) SIGRTMIN+13
48) SIGRTMIN+14 49) SIGRTMIN+15 50) SIGRTMAX-14 51) SIGRTMAX-13 52) SIGRTMAX-12
53) SIGRTMAX-11 54) SIGRTMAX-10 55) SIGRTMAX-9  56) SIGRTMAX-8  57) SIGRTMAX-7
58) SIGRTMAX-6  59) SIGRTMAX-5  60) SIGRTMAX-4  61) SIGRTMAX-3  62) SIGRTMAX-2
63) SIGRTMAX-1  64) SIGRTMAX
```

图 7.37　信号的名称列表

```
malimei    2452  0.0  0.4  28432   4992 ?        Sl   15:23   0:01 /usr/lib/gvfs/g
malimei    2462  0.0  0.0   4244    280 ?        S    15:23   0:00 /bin/cat
malimei    2473  0.0  1.0  82948  10424 ?        Sl   15:23   0:02 telepathy-indic
malimei    2475  0.0  0.2  27320   2744 ?        Sl   15:23   0:00 /usr/lib/gvfs/g
malimei    2479  0.0  0.2  38500   2880 ?        Sl   15:23   0:00 /usr/lib/gvfs/g
malimei    2488  0.0  0.5  46912   6088 ?        Sl   15:23   0:01 /usr/lib/gvfs/g
malimei    2517  0.0  0.8  44580   9160 ?        Sl   15:24   0:00 /usr/lib/telepa
malimei    2524  0.0  0.2  36108   2760 ?        Sl   15:24   0:00 /usr/lib/gvfs/g
malimei    2561  0.1  1.6  76048  17420 ?        Sl   15:24   0:05 update-notifier
malimei    2563  0.0  0.2  18176   2628 ?        Sl   15:24   0:00 /usr/lib/gvfs/g
malimei    2618  0.2  6.4 276092  66440 ?        SNl  15:25   0:11 /usr/bin/python
malimei    2650  0.0  0.4  47768   4448 ?        Sl   15:25   0:00 /usr/lib/i386-l
root       2669  0.0  0.0      0      0 ?        S    15:25   0:00 [kworker/0:0]
root       3089  0.0  0.3   8284   3164 ?        Ss   15:49   0:00 /usr/sbin/cupsd
lp         3092  0.0  0.1   6944   1756 ?        S    15:49   0:00 /usr/lib/cups/n
root       3128  0.0  0.1  13216   1532 ?        Ss   15:49   0:00 tpvmlpd2
root       3455  0.0  0.0      0      0 ?        S    16:34   0:00 [kworker/u16:0]
root       3467  0.0  0.0      0      0 ?        S    16:37   0:00 [kworker/0:1]
root       3498  0.0  0.0      0      0 ?        S    16:44   0:00 [kworker/u16:1]
malimei    3593  9.0  2.2 205020  22712 ?        Sl   16:48   0:00 gnome-terminal
malimei    3600  1.6  0.0   2420    688 ?        S    16:48   0:00 gnome-pty-helpe
malimei    3601  3.0  0.3   7036   3204 pts/2    Ss   16:48   0:00 bash
malimei    3613  0.0  0.1   5220   1108 pts/2    R+   16:48   0:00 ps -aux
malimei@malimei-virtual-machine:~$ kill -9 2462
```

图 7.38　终止进程

```
malimei    2450  0.0  2.7 146448  27816 ?        Sl   15:23   0:04 fcitx-qimpanel
malimei    2452  0.0  0.4  28432   4992 ?        Sl   15:23   0:01 /usr/lib/gvfs/g
malimei    2462  0.0  0.0      0      0 ?        Z    15:23   0:00 [cat] <defunct>
malimei    2473  0.0  1.0  82948  10424 ?        Sl   15:23   0:02 telepathy-indic
malimei    2475  0.0  0.2  27320   2744 ?        Sl   15:23   0:00 /usr/lib/gvfs/g
malimei    2479  0.0  0.2  38500   2880 ?        Sl   15:23   0:00 /usr/lib/gvfs/g
malimei    2488  0.0  0.5  46912   6088 ?        Sl   15:23   0:01 /usr/lib/gvfs/g
malimei    2517  0.0  0.8  44580   9160 ?        Sl   15:24   0:00 /usr/lib/telepa
软件更新器   24  0.0  0.2  36108   2760 ?        Sl   15:24   0:00 /usr/lib/gvfs/g
malimei    2561  0.1  1.6  76048  17420 ?        Sl   15:24   0:05 update-notifier
malimei    2563  0.0  0.2  18176   2628 ?        Sl   15:24   0:00 /usr/lib/gvfs/g
malimei    2618  0.2  6.4 276092  66440 ?        SNl  15:25   0:11 /usr/bin/python
malimei    2650  0.0  0.4  47768   4448 ?        Sl   15:25   0:00 /usr/lib/i386-l
root       2669  0.0  0.0      0      0 ?        S    15:25   0:00 [kworker/0:0]
root       3089  0.0  0.3   8284   3164 ?        Ss   15:49   0:00 /usr/sbin/cupsd
lp         3092  0.0  0.1   6944   1756 ?        S    15:49   0:00 /usr/lib/cups/n
root       3128  0.0  0.1  13216   1532 ?        Ss   15:49   0:00 tpvmlpd2
root       3467  0.0  0.0      0      0 ?        S    16:37   0:00 [kworker/0:1]
root       3498  0.0  0.0      0      0 ?        S    16:44   0:00 [kworker/u16:1]
malimei    3593  1.0  2.0 205196  20912 ?        Sl   16:48   0:00 gnome-terminal
malimei    3600  0.0  0.0   2420    688 ?        S    16:48   0:00 gnome-pty-helpe
malimei    3601  0.1  0.3   7036   3236 pts/2    Ss   16:48   0:00 bash
malimei    3620  0.0  0.1   5220   1116 pts/2    R+   16:49   0:00 ps -aux
malimei@malimei-virtual-machine:~$
```

图 7.39　终止进程的结果

215

第 7 章

硬盘和内存

4. nice 启动低优先级命令

格式：nice [- n] 优先级的范围

说明：

(1) 优先级的范围为—20～19 共 40 个等级，其中，数值越小优先级越高，数值越大优先级越低，即—20 的优先级最高，19 的优先级最低。若调整后的程序运行优先级高于—20，则就以优先级—20 来运行命令行；若调整后的程序运行优先级低于 19，则就以优先级 19 来运行命令行。

(2) 若 nice 命令未指定优先级的调整值，则以默认值 10 来调整程序运行优先级，即在当前程序运行优先级基础之上增加 10。

(3) 若不带任何参数运行命令 nice，则显示出当前的程序运行优先级。

例 7.15 更改 ps -axl 命令的优先级，把优先级提升 5 级。

```
$ ps - axl                    显示进程的优先级，如图 7.40 所示。
$ nice - n - 5  ps - axl      把优先级提升 5，由 20 变为 15，提升 5 个优先级，如图 7.41 所示。
```

```
0  1000  2601  2019  20   0 590276  7724 poll_s Sl   ?      0:00 /usr/lib/
1     0  2967     2  20   0      0     0 -      I    ?      0:00 [kworker/
1     0  3048     2  20   0      0     0 -      I    ?      0:00 [kworker/
1     0  3049     2  20   0      0     0 -      I    ?      0:00 [kworker/
0  1000  3076  2532  20   0  35984  1488 -      R+   pts/6  0:00 ps -axl
```

图 7.40 ps -axl 命令显示进程的优先级

```
1     0  3049     2  20   0      0     0 worker I    ?      0:00 [kworker/
1     0  3077     2  20   0      0     0 worker I    ?      0:00 [kworker/
4     0  3083  2532  20   0  61924  4064 poll_s S+   pts/6  0:00 sudo nice
4     0  3084  3083  15  -5  35984  1436 -      R<+  pts/6  0:00 ps -axl
```

图 7.41 提升优先级

说明：

(1) PRI：进程优先权，代表这个进程可被执行的优先级，其值越小，优先级就越高，越早被执行。

(2) NI：进程 nice 值，代表这个进程的优先值。

PRI 是比较好理解的，即进程的优先级，通俗点儿说就是程序被 CPU 执行的先后顺序，此值越小，进程的优先级别越高。那 NI 呢？就是 nice 值，其表示进程可被执行的优先级的修正数值。如前面所说，PRI 值越小越快被执行，那么加入 nice 值后，将会使得 PRI 变为：PRI(new)=PRI(old)+nice。由此可以看出，PRI 是根据 nice 排序的，规则是 nice 越小优先级越高，即其优先级会变高，则其越快被执行。如果 nice 值相同则进程 uid 是 root 的优先权更大。

5. renice 改变正在运行的进程

重新指定一个或多个进程的优先级。

-p pid：重新指定进程 id 为 pid 的进程的优先级。

-g pgrp：重新指定进程群组的 id 为 pgrp 的进程（一个或多个）的优先级。

-u user：重新指定进程所有者为 user 的进程的优先级。

例 7.16 指定 id 号为 3601 的进程优先级为 10，如图 7.42 所示。

```
0  1000  3593  1975  20   0 205212 23220 poll_s Sl    ?          0:05 gnome-termi
0  1000  3600  3593  35  15   2420   688 unix_s S     ?          0:00 gnome-pty-h
0  1000  3601  3593  35  15   7116  3272 wait   SNs  pts/2       0:00 bash
0  1000  3800  3601  35  15   4984   760 -      RN+  pts/2       0:00 ps -axl
malimei@malimei-virtual-machine:~$
malimei@malimei-virtual-machine:~$ sudo renice 10 3601
0  1000  3593  1975  20   0 205212 23220 poll_s Sl    ?          0:06 gnome-termi
0  1000  3600  3593  20   0   2420   688 unix_s S     ?          0:00 gnome-pty-h
0  1000  3601  3593  30  10   7116  3272 wait   SNs  pts/2       0:00 bash
0  1000  3820  3601  30  10   4984   760 -      RN+  pts/2       0:00 ps -axl
malimei@malimei-virtual-machine:~$
```

图 7.42　改变正在运行的进程

6. 进程的挂起及恢复

作业控制允许将进程挂起,并可以在需要的时候恢复运行,被挂起的作业恢复后将从中止处开始继续运行。要挂起当前的前台作业,只需要使用组合键 Ctrl+Z 即可。

jobs 命令显示 Shell 的作业清单,包括具体的作业、作业号以及作业当前所处的状态。

恢复进程执行时,有两种选择:用 fg 命令将挂起的作业放回到前台执行,用 bg 命令将挂起的作业放到后台执行。

例 7.17　显示后台正在运行的进程,如图 7.43 所示。

```
$ cat > a.txt        输入命令后按 Ctrl+Z 组合键挂起该命令。
$ jobs               查看作业清单,可以看到有一个挂起的作业。
$ bg                 将挂起的作业放到后台。
$ fg                 将挂起的作业放回到前台。
```

```
malimei@malimei-virtual-machine:~$ cat>a.txt
hello!^Z
[1]+  已停止                 cat > a.txt
malimei@malimei-virtual-machine:~$ jobs
[1]+  已停止                 cat > a.txt
malimei@malimei-virtual-machine:~$ bg
[1]+ cat > a.txt &
malimei@malimei-virtual-machine:~$ jobs
[1]+  已停止                 cat > a.txt
malimei@malimei-virtual-machine:~$ fg
cat > a.txt
how are you!
^C
malimei@malimei-virtual-machine:~$ jobs
```

图 7.43　显示后台正在运行的进程

7.5　任　务　计　划

对于密集访问磁盘的进程,希望它能够在每天非负荷的高峰时间段运行,可以通过指定任务计划使某些进程在后台运行。

7.5.1　执行一次的 at 命令

at 命令用来向 atd 守护进程提交需要在特定时间运行的作业,在一个指定的时间执行任务,只能执行一次。

第 7 章

硬盘和内存

格式为：at [选项] [时间日期]

选项如表 7.2 所示。

表 7.2 at 命令选项

选 项	作 用
-f filename	运行由 filename 指定的脚本
-m	完成时，用电子邮件通知用户，即便没有输出
-l	列出所提交的作业
-r	删除一个作业

在 Ubuntu 默认情况下，at 是没有安装的，在使用前需要安装，安装命令如下。

```
$ sudo apt - get install at
```

运行结果如图 7.44 所示。

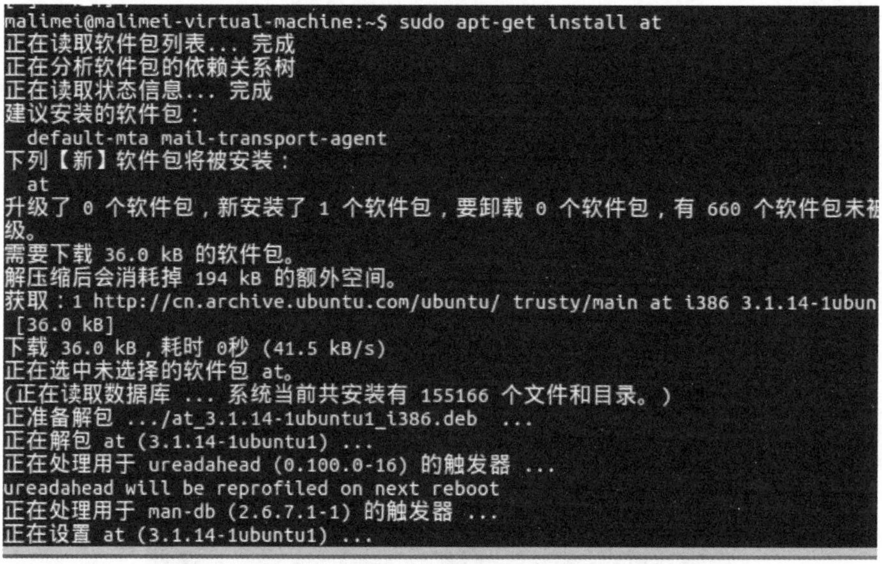

图 7.44 at 安装

例 7.18 在指定时间 19:25 执行 t1 文件，t1 文件的功能是建立一个文件名为 aa3 的空文件，如图 7.45 所示，到时间 19:25，系统自动建立了 aa3 文件，执行结果如图 7.46 所示。

7.5.2 任意时间执行的 batch 命令

batch 命令不在特定时间运行，而是等到系统不忙于别的任务时运行，batch 守护进程会监控系统的平均负载。

（1）batch 命令的语法与 at 命令一样，可以用标准输入规定作业，也可以用命令行选择把作业作为 batch 文件来提交。

（2）输入 batch 命令后，"at >"提示就会出现。输入要执行的命令，按 Enter 键，然后按 Ctrl+D 组合键。

```
lrwxrwxrwx 1 ubuntu   ubuntu      2  4月   6 08:35 sss1 -> s1
-rw-rw-r-- 2 ubuntu   ubuntu      0  4月  22 15:25 st1
-rw-rw-r-- 4 ubuntu   ubuntu      0  4月  22 15:27 t1
-rw-rw-r-- 4 ubuntu   ubuntu      0  4月  22 15:27 t11
lrwxrwxrwx 1 ubuntu   ubuntu      2  4月  22 16:19 t12 -> t1
-rw-rw-r-- 1 ubuntu   ubuntu      0  4月  22 15:27 t2
lrwxrwxrwx 1 ubuntu   ubuntu      2  4月  27 17:00 tt1 -> t1
drwxr-xr-x 2 ubuntu   ubuntu   4096  9月  18  2017 公共的
drwxr-xr-x 2 ubuntu   ubuntu   4096  9月  18  2017 模板
drwxr-xr-x 2 ubuntu   ubuntu   4096  9月  18  2017 视频
drwxr-xr-x 2 ubuntu   ubuntu   4096  5月   6 11:22 图片
drwxr-xr-x 2 ubuntu   ubuntu   4096  9月  18  2017 文档
drwxr-xr-x 2 ubuntu   ubuntu   4096  9月  18  2017 下载
drwxr-xr-x 2 ubuntu   ubuntu   4096  9月  18  2017 音乐
drwxr-xr-x 3 ubuntu   ubuntu   4096  4月  20 16:02 桌面
ubuntu@linux:~$ gedit t1
ubuntu@linux:~$ at -f  /home/ubuntu/t1 19:25
warning: commands will be executed using /bin/sh
job 3 at Sun May 13 19:25:00 2018
ubuntu@linux:~$ cat t1
cd ~
touch aa3

ubuntu@linux:~$
```

图 7.45　执行 at

```
malimei@malimei-virtual-machine:~$ ls -l
总用量 588
-rw-rw-r-- 1 user1   malimei     27 5月   14 11:19 11.txt
-rw-r--r-- 1 malimei malimei 506470 8月   31  2018 1.docx
-rw-rw-r-- 1 malimei malimei      4 12月  17 16:33 a
lrwxrwxrwx 1 malimei malimei      1 12月  17 16:47 a1 -> a
-rw-rw-r-- 1 malimei malimei      0 4月   22 19:25 aa3
drwxrwxr-x 2 malimei malimei   4096 3月   31 15:20 c1
-rw-rw-r-- 1 malimei malimei    344 3月   31 15:50 d1.tar
drwxrwxr-x 5 malimei malimei   4096 3月   31 16:13 d3
-rw-rw-r-- 1 malimei malimei      0 7月   19  2019 dd
-rw-r--r-- 1 malimei malimei   8980 7月   19  2019 examples.desktop
lrwxrwxrwx 1 malimei malimei      1 12月  17 16:38 rss -> a
drwxrwxrwx 2 malimei malimei   4096 12月  10 16:21 share
drwxrwxr-x 2 malimei malimei   4096 5月   13 16:25 ss
-rw-rw-r-- 1 malimei malimei    197 5月   14 10:15 sysvar.sh
-rw-rw-r-- 1 malimei malimei     15 4月   22 19:25 t1
```

图 7.46　到 19:25 建立文件 aa3

(3) 可以指定多条命令，方法是输入每一条命令后按 Enter 键。输入所有命令后，按 Enter 键转入一个空行，然后再按 Ctrl+D 组合键。

(4) 也可以在提示后输入 Shell 脚本，在脚本的每一行后按 Enter 键，然后在空行处按 Ctrl+D 组合键退出。

例 7.19　输入 batch 命令后，机器显示"at >"，输入机器执行的内容，在系统不忙时会自动执行，如图 7.47 所示。

7.5.3　在指定时间执行的 crontab 命令

cron 是系统主要的调度进程，可以在无须人工干预的情况下运行任务计划，由 crontab 命令来设定 cron 服务。

crontab 命令允许用户提交、编辑或删除相应的作业。每一个用户都可以有一个 crontab 文件来保存调度信息。可以使用它周期性地运行任意一个 Shell 脚本或某个命令。系统管理员是通过 cron.deny 和 cron.allow 这两个文件来禁止或允许用户拥有自己的 crontab 文件的。

格式： crontab [选项] [用户名]

```
获取 :1 http://cn.archive.ubuntu.com/ubuntu/ trusty/main at i386 3.1.14-1ubuntu1
[36.0 kB]
下载 36.0 kB , 耗时 0秒 (41.5 kB/s)
正在选中未选择的软件包 at.
(正在读取数据库 ... 系统当前共安装有 155166 个文件和目录。)
正准备解包 .../at_3.1.14-1ubuntu1_i386.deb ...
正在解包 at (3.1.14-1ubuntu1) ...
正在处理用于 ureadahead (0.100.0-16) 的触发器 ...
ureadahead will be reprofiled on next reboot
正在处理用于 man-db (2.6.7.1-1) 的触发器 ...
正在设置 at (3.1.14-1ubuntu1) ...
atd start/running, process 4449
正在处理用于 ureadahead (0.100.0-16) 的触发器 ...
malimei@malimei-virtual-machine:~$ at -f /bin/ls 22:00
warning: commands will be executed using /bin/sh
job 1 at Mon Nov 23 22:00:00 2015
malimei@malimei-virtual-machine:~$ batch
warning: commands will be executed using /bin/sh
at> ls
at> touch a1
at>
at> <EOT>
job 2 at Mon Nov 23 17:39:00 2015
malimei@malimei-virtual-machine:~$
```

图 7.47 batch 命令执行

选项如表 7.3 所示。

表 7.3 crontab 命令的选项

选 项	用 法
-l	显示用户的 crontab 文件的内容
-i	删除用户的 crontab 文件前给提示
-r	从 crontab 目录中删除用户的 crontab 文件
-e	编辑用户的 crontab 文件

用户建立的 crontab 文件名与用户名一致,存于/var/spool/cron/crontabs/中,crontab 文件格式共分为 6 个字段,前 5 个字段用于时间设定,第 6 个字段为所要执行的命令,其中前 5 个时间字段的含义如表 7.4 所示。

表 7.4 时间字段的含义

字 段	含 义	取 值 范 围
1	分钟	0～59
2	小时	0～23
3	日期	1～31
4	月份	1～12
5	星期	0～6

例 7.20 在 12 月内,每天早上 6～12 点,每隔 3h 执行一次 /usr/bin/backup,从 0 分钟开始,如图 7.48 所示。

```
0 6-12/3 * 12 * /usr/bin/backup
```

图 7.48 crontab 命令

说明：0 表示从 0 分钟开始，* 表示所有的。

超级用户和普通用户都使用 crontab -e 命令建立任务计划，定义的 crontab 保存在 /var/spool/cron/crontabs/用户名，如图 7.49 所示，到了指定的时间机器自动执行。

```
root@malimei-virtual-machine:/home/malimei# cd /var/spool/cron/crontabs
root@malimei-virtual-machine:/var/spool/cron/crontabs# ls
malimei  root
```

图 7.49 定义的 crontab

例 7.21 普通用户 malimei，执行 crontab -e，添加内容，在 23 分把/home/malimei /11.txt 复制到 /home/malimei/111/txt，如图 7.50 所示。

```
root@malimei-virtual-machine: /var/spool/cron/crontabs
# Edit this file to introduce tasks to be run by cron.
#
# Each task to run has to be defined through a single line
# indicating with different fields when the task will be run
# and what command to run for the task
#
# To define the time you can provide concrete values for
# minute (m), hour (h), day of month (dom), month (mon),
# and day of week (dow) or use '*' in these fields (for 'any').#
# Notice that tasks will be started based on the cron's system
# daemon's notion of time and timezones.
#
# Output of the crontab jobs (including errors) is sent through
# email to the user the crontab file belongs to (unless redirected).
#
# For example, you can run a backup of all your user accounts
# at 5 a.m every week with:
# 0 5 * * 1 tar -zcf /var/backups/home.tgz /home/
#
# For more information see the manual pages of crontab(5) and cron(8)
#
# m h  dom mon dow   command
23 * * * * cp /home/malimei/11.txt /home/malimei/111.txt
root@malimei-virtual-machine:/var/spool/cron/crontabs#
```

图 7.50 执行 crontab -e

到了 23 分，系统把/home/malimei/11.txt 复制到 /home/malimei/111.txt 下，如图 7.51 所示。

```
malimei@malimei-virtual-machine:~$ ls -l
总用量 104688
-rw-rw-r-- 1 malimei malimei       25 8月  18 18:23 111.txt
-rw-rw-r-- 1 malimei malimei    10240 8月  16 09:41 11.tar
-rw-rw-r-- 1 user1   malimei       25 8月  17 10:48 11.txt
```

图 7.51 执行 crontab 结果

习　题

1. 填空题

(1) 在 Linux 中，第一块 SCSI 硬盘的第一个逻辑分区被标识为_____。

(2) 将/dev/sdb2 卸载的命令是_____。

(3) 每个设备最都有_____主分区。

（4）扩展分区_____格式化。

（5）设定宽限期的命令是_____。

（6）显示用户的磁盘配额命令是_____。

（7）Linux 下可以创建两种类型的交换空间,一种是_____分区,另一种是_____文件。

（8）详细显示所有用户的进程命令是_____。

（9）在任务计划中,在一个指定的时间执行任务,只能执行一次的命令是_____。

（10）在任务计划中,_____命令不在特定时间运行,而是等到系统不忙于别的任务时运行。

2. 实验题

（1）在虚拟机下添加 5GB 的硬盘,分为三个分区,主分区分为 2GB,第一逻辑分区为 2GB,第二逻辑分区为 1GB,并格式化。

（2）配置/dev/sdb5 分区磁盘配额,编辑当前用户的文档限制数量 soft 为 2,hard 为 4,宽限期为 7h。

（3）在根目录下创建一个 6.2MB 的交换文件,文件名为/swapfile。

（4）指定/dev/sdb6 为交换分区。

（5）建立普通用户/abc/f1 文件,运行 crontab -e,添加内容为在下午 4:50 删除工作目录下/abc 子目录下的全部子目录和文件(需要提前建立 abc 目录及子目录和文件)。

（6）更改 ps-axl 命令的优先级,把优先级提升 10 级。

第8章　编辑器及 Gcc 编译器

本章学习目标：
- 掌握三种编辑器的使用。
- 了解 Gcc 编译器。
- 掌握 Eclipse 的安装和使用。

　　编辑器是所有计算机系统中常用的一种工具,用户在使用计算机时,往往需要自己建立文件,编写程序,这些工作都需要使用编辑器。这里介绍在 Linux 下常用的三种编辑器,即最基本的基于字符界面的 vi 和 nano,以及基于图形界面的 gedit。

　　Gcc(GNU Compiler Collection,GNU 编译器套装)是一套由 GNU 开发的编程语言编译器,属于自由软件,是 GNU 计划的关键部分,类 UNIX 系统及苹果计算机 Mac OS X 操作系统的标准编译器,被认为是跨平台编译器的事实标准,可处理多种语言。

8.1　三种编辑器

8.1.1　vi 编辑器

　　vi 是 visual interface 的简称,是 Linux 中最常用的编辑器,vim 是它的增强版本。它的文本编辑功能十分强大,但使用起来比较复杂。初学者可能感到困难,经过一段时间的学习和使用后,就会体会到使用 vi 非常方便。vi 是一种模式编辑器,不同的按钮可以更改不同的"模式",可以在"状态条"中显示当前模式。

1. 启动 vi 编辑器

在命令提示符状态下输入：

vi [文件名]

　　如果不指定文件名,则新建一个未命名的文本文件。表 8.1 列出了启动 vi 的常用命令。

表 8.1　启动 vi 的常用命令

命　　令	功　　能
vi filename	打开或新建文件,并将光标置于第一行行首
vi＋n filename	打开文件,并将光标置于第 n 行行首
vi＋filename	打开文件,并将光标置于最后一行行首
vi＋/str filename	打开文件,并将光标置于第一个与 str 匹配的字符串处
vi -r filename	在上次使用 vi 编辑时系统崩溃,恢复 filename
vi filename1…filenamen	打开多个文件,依次编辑

例 8.1 打开文件后,将光标置于指定的行首。

```
$ vi  +3  /etc/passwd
$ vi +/malimei  /etc/passwd
```
将光标置于第 3 行的行首,如图 8.1 所示。
将光标置于字符串 malimei 处,如图 8.2 所示。

图 8.1 光标置于第 3 行的行首

图 8.2 光标置于字符串 malimei 处

2. 三种工作模式

vi 有三种工作模式:命令行模式、输入模式、末行模式。

(1) 命令行模式。

当进入 vi 时,它处在命令行模式。在这种模式下,用户可通过 vi 的命令对文件的内容进行处理,比如删除、移动、复制等。

例如:vi 文件名

此时进入命令行模式。

在这种模式中,用户可以输入各种合法的 vi 命令,管理自己的文档。从键盘上输入的任何字符都被当作编辑命令,如果输入的字符是合法的 vi 命令,则 vi 接受用户命令并完成相应的动作。在命令行模式下输入命令切换到文本输入模式,若要用其他的文本输入命令,则首先按 Esc 键,返回命令模式,再输入命令。

(2) 输入模式。

在输入模式下,用户能在光标处输入内容,或通过光标键移动光标。也可通过按 Esc 键返回命令行模式。

命令行进入输入模式的按键如表 8.2 所示。

表 8.2 输入模式的命令

命　令	功　能
i	从目前光标所在处插入
I	从目前所在行的第一个非空格符处开始插入
a	从目前光标所在的下一个字符处开始插入

命 令	功 能
A	从光标所在行的最后一个字符处开始插入
o	从目前光标所在行的下一行处插入新的一行
O	从目前光标所在处的上一行处插入新的一行
r	替换光标所在的那一个字符一次
R	替换光标所在处的文字,直到按下 Esc 键为止

(3) 末行模式。

在命令行模式下按":"键进入末行模式,提示符为":"。

末行命令执行后,vi 自动回到命令行模式。若在末行模式的输入过程中,可按退格键将输入的命令全部删除,再按一下退格键,即可回到命令行模式。

末行模式的按键及含义如表 8.3 所示。

表 8.3　末行模式的按键及含义

按 键	含 义
:w	将编辑的数据保存到文件中
:w!	若文件属性为"只读"时,强制写入该文件
:q	退出 vi
:q!	强制退出不保存文件
:wq	保存后退出 vi
:w filename	将编辑的数据保存成另一个文件
/word	向下寻找一个名称为 word 的字符串
? word	向上寻找一个名称为 word 的字符串
n	n 为按键,代表重复前一个查找的操作
N	N 为按键,与 n 相反,为"反向"进行前一个查找操作
:n1,n2s/word1/word2/g	在第 n1 与 n2 行之间寻找 word1 字符串,并替换为 word2
:1, $ s/word1/word2/g	全文查找 word1 字符串,并将该它替换为 word2
:set nu	光标到第一行的行首

vi 编辑器的三种工作模式之间的转换如下。

命令行模式→输入模式:i,I,a,A

输入模式→命令行模式:Esc

命令行模式→末行模式::

模式转换示意图如图 8.3 所示,从示意图中可以看出,输入模式和末行模式之间不能直接转换,必须先转换到命令行模式,再由命令行模式转换到末行模式。

3. 光标操作命令

命令行模式下,移动光标的方法如表 8.4 所示。

表 8.4　命令行模式下光标的移动方法

操 作 命 令	说 明
h 或向左箭头键	光标向左移动一个字符
j 或向下箭头键	光标向下移动一个字符

续表

操 作 命 令	说　　明
k 或向上箭头键	光标向上移动一个字符
l 或向右箭头键	光标向右移动一个字符
+	光标移动到非空格符的下一行
-	光标移动到非空格符的上一行
n<space>	按下数字 n 后再按空格键,光标会向右移 n 个字符
0 或功能键 Home	移动到这一行的行首
$ 或功能键 End	移动到这一行的行尾
H	光标移动到屏幕第一行的第一个字符
M	光标移动到屏幕中央的那一行的第一个字符
L	光标移动到屏幕最后一行的第一个字符
G	光标移动到这个文件的最后一行
nG	n 为数字。移动到这个文件的第 n 行
gg	移动到这个文件的第一行。相当于 1g
n[Enter]	n 为数字。光标向下移动 n 行

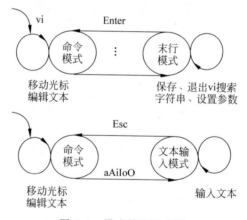

图 8.3　模式转换示意图

4. 屏幕操作命令

在命令行模式和输入模式下都可以使用屏幕滚动命令,常用于滚屏和分页的组合键如表 8.5 所示。

表 8.5　滚屏分页常用键

组　合　键	功　　能
Ctrl+f	屏幕向下移动一页,相当于 Page Down 键
Ctrl+b	屏幕向上移动一页,相当于 Page Up 键
Ctrl+d	屏幕向下移动半页
Ctrl+u	屏幕向上移动半页

5. 文本修改命令

在命令行模式下,可以对文本进行修改,包括对文本内容的删除、复制、粘贴等操作,常用的文本修改命令如表 8.6 所示。

表 8.6　文本修改命令常用键

按　　键	功　　能
x	删除光标所在位置上的字符
dd	删除光标所在行
n+x	向后删除 n 个字符,包含光标所在位置
n+dd	向下删除 n 行内容,包含光标所在行
yy	将光标所在行复制
n+yy	将从光标所在行起向下的 n 行复制
n+yw	将从光标所在位置起向后的 n 个字符串(单词)复制
p	将复制(或最近一次删除)的字符串(或行)粘贴在当前光标所在位置
u	撤销上一步操作
.	重复上一步操作

例 8.2　练习使用 vi 命令三种模式之间的切换,及在每种模式下相应的使用命令,具体
操作如下。

(1) 复制/etc/manpath.config 文件到当前目录,使用 vi 打开本目录下的 manpath.config
文件,如图 8.4 所示。文件打开后显示如图 8.5 所示,没有行号。

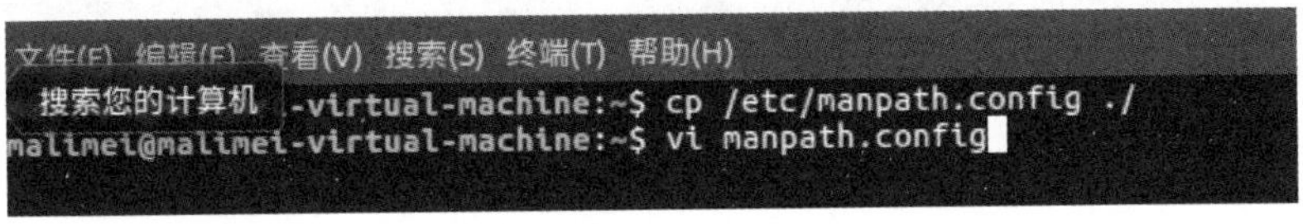

图 8.4　复制并打开文件

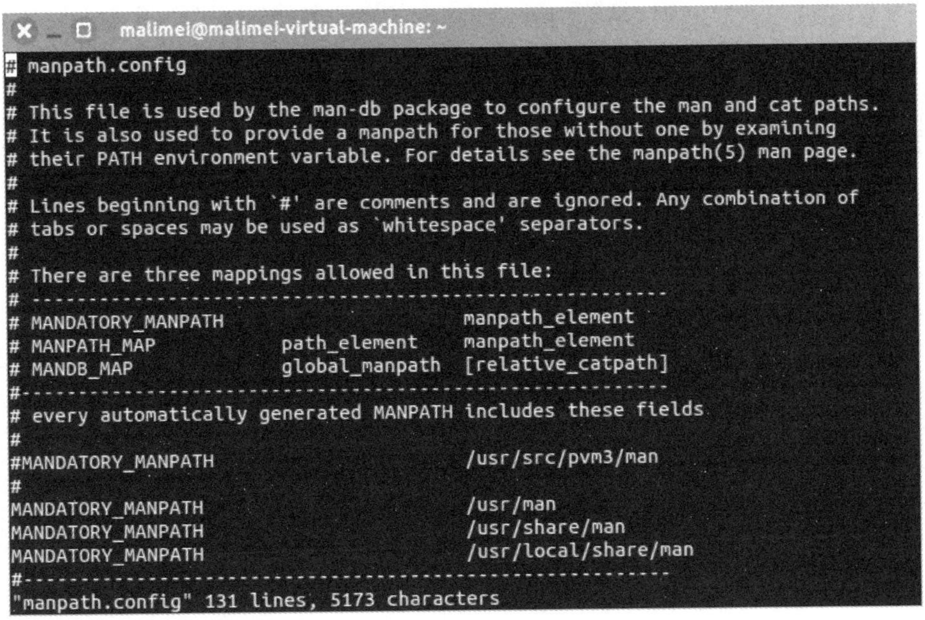

图 8.5　打开后显示的文件内容

编辑器及 Gcc 编译器

（2）在 vi 中设置行号。在末行模式下输入：set nu，如图 8.6 所示，执行结果如图 8.7 所示，光标到第一行的行首。

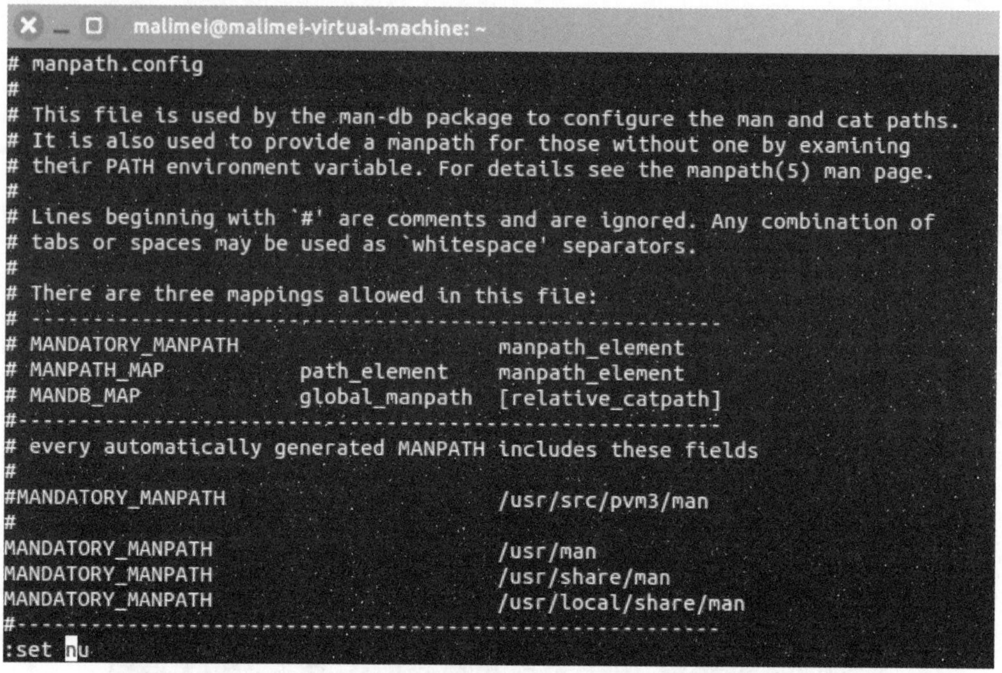

图 8.6　设置行号

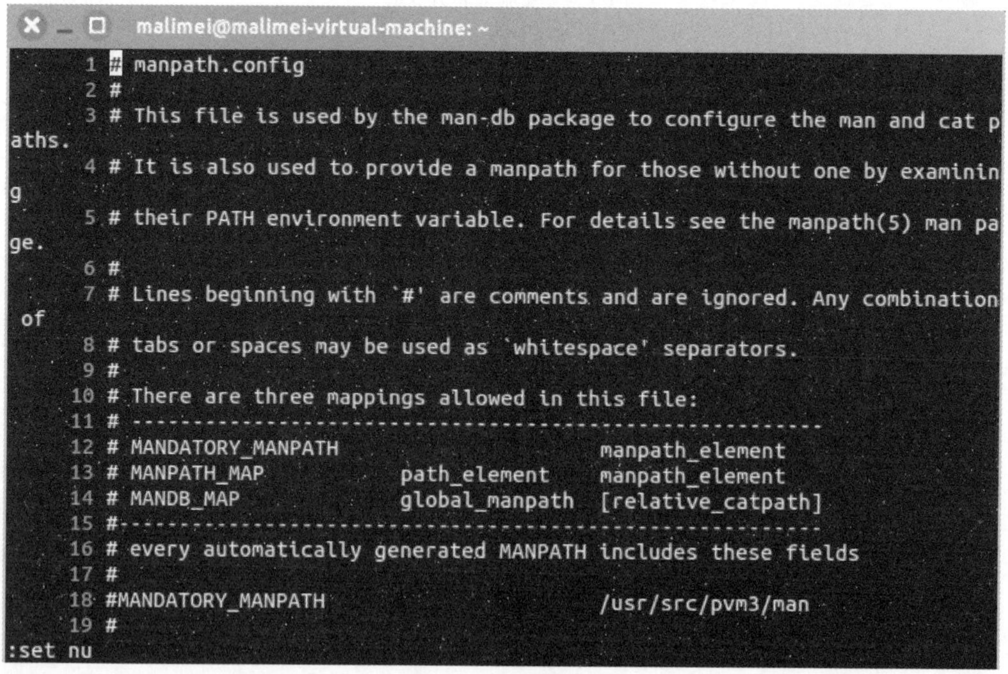

图 8.7　执行结果

（3）移动到第一行,并且向下查找字符串 DB_MAP,如图 8.8 所示,执行结果如图 8.9 所示。

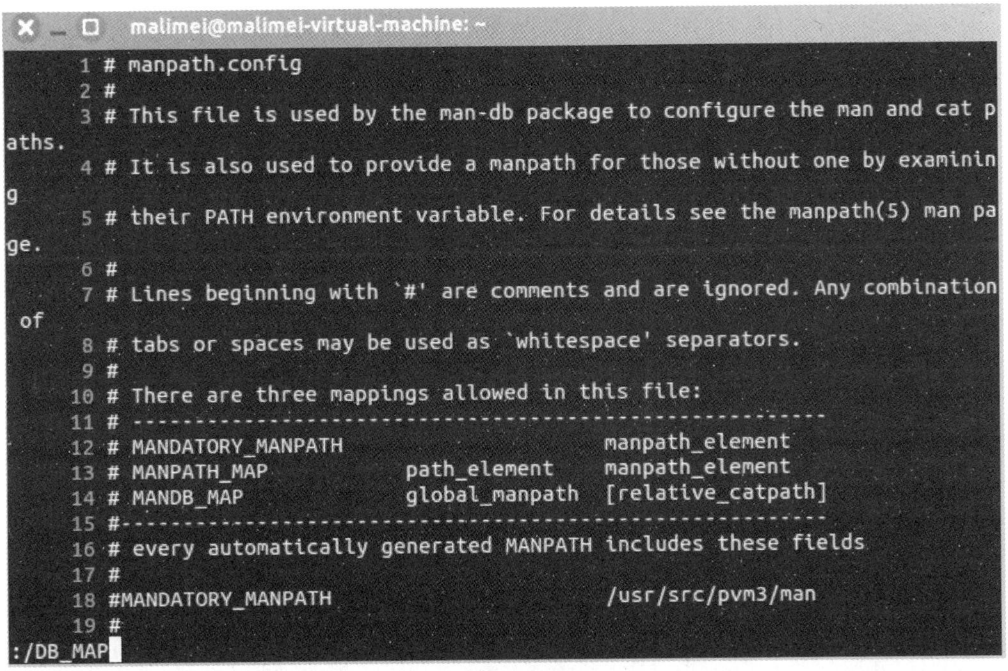

图 8.8　查找字符串

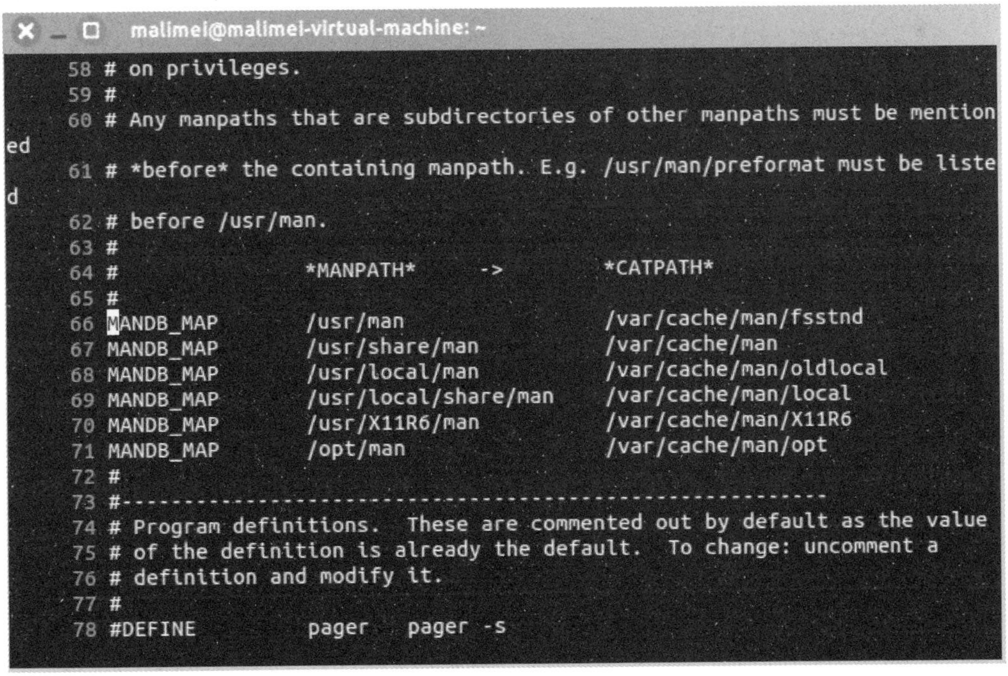

图 8.9　执行结果

(4) 将第 66~71 行的 man 修改为 MAN,并且一个一个提示是否需要修改。在末行模式下输入:66,71s/man/MAN/gc,之后按 y 键来确认修改,如图 8.10 所示。执行结果如图 8.11 和图 8.12 所示。

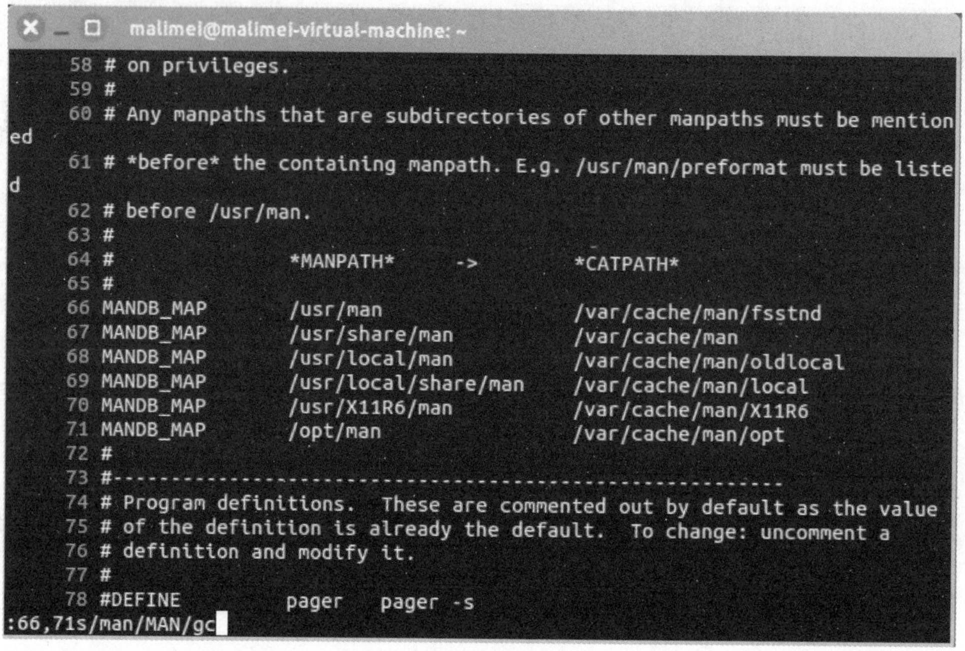

图 8.10　末行模式下输入

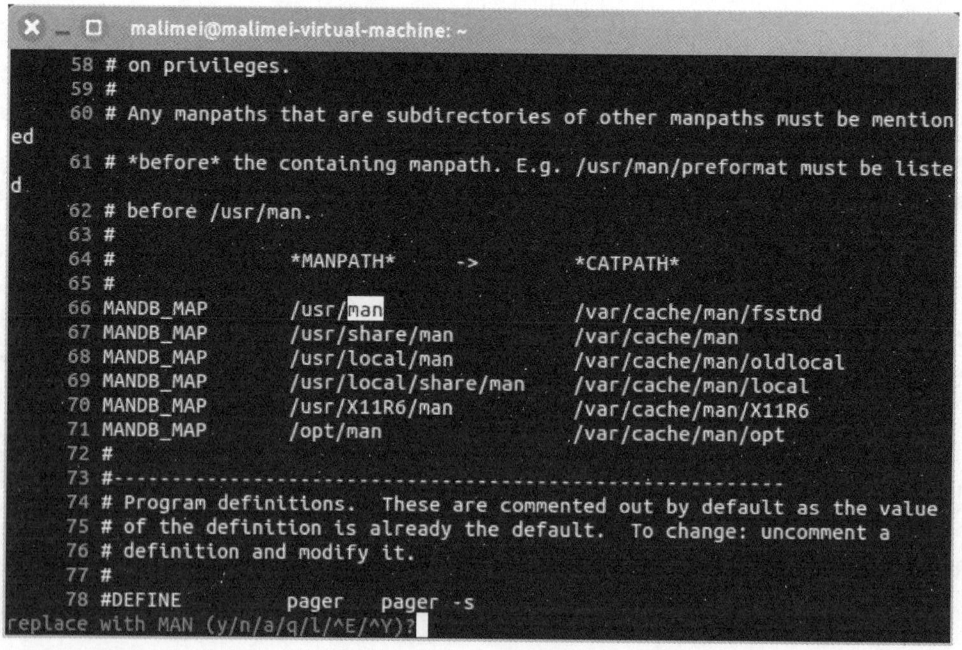

图 8.11　替换字符串提示信息

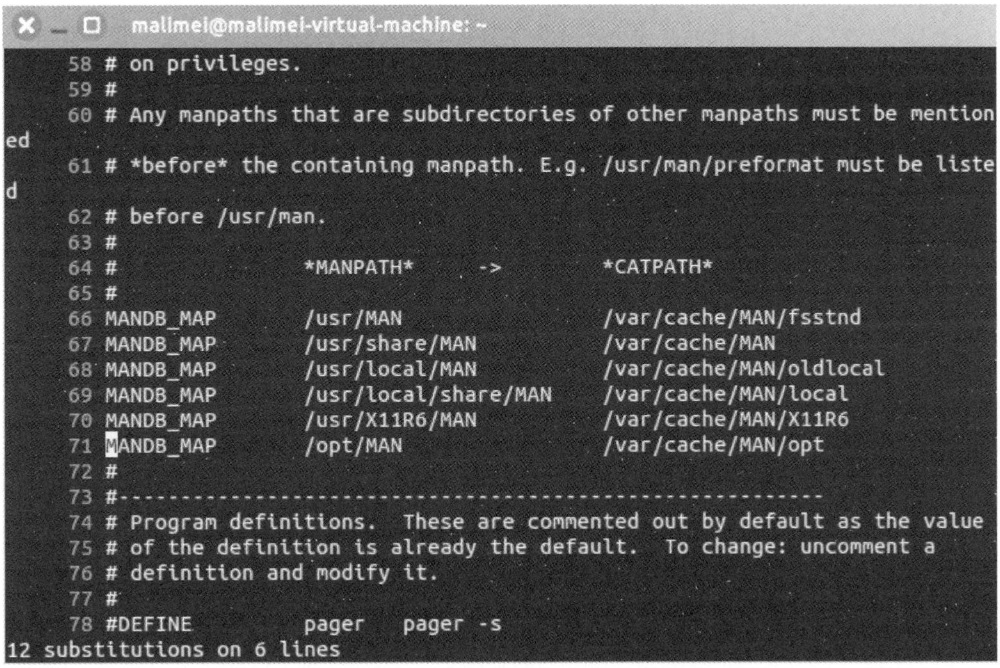

图 8.12　查找替换字符串执行结果

（5）在末行模式下输入 u 恢复到原始状态，如图 8.13 所示。执行结果如图 8.14 所示，
MAN 恢复到小写状态。

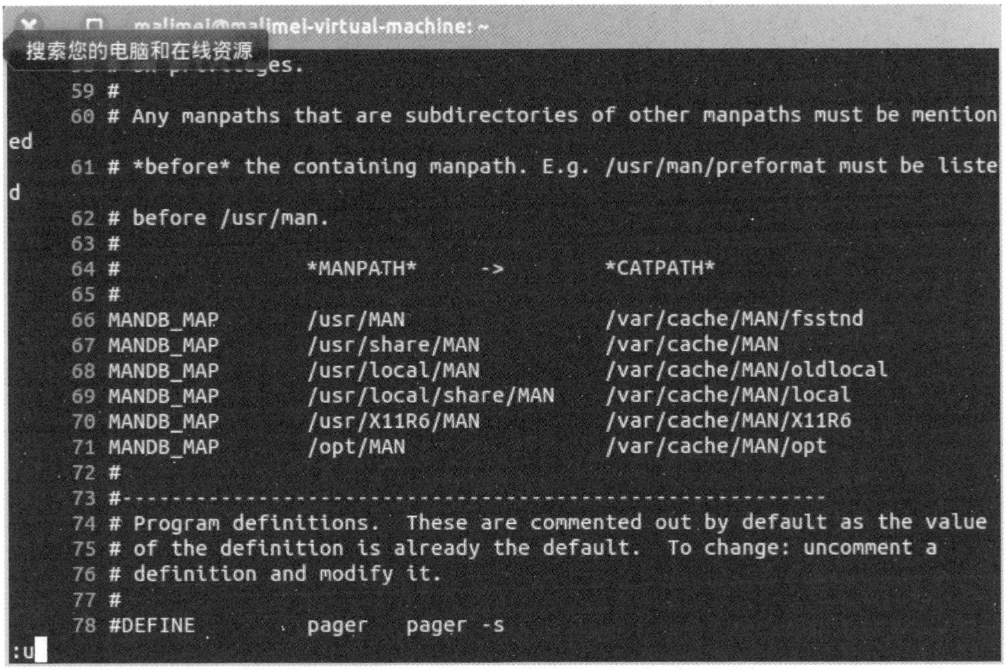

图 8.13　恢复到原始状态

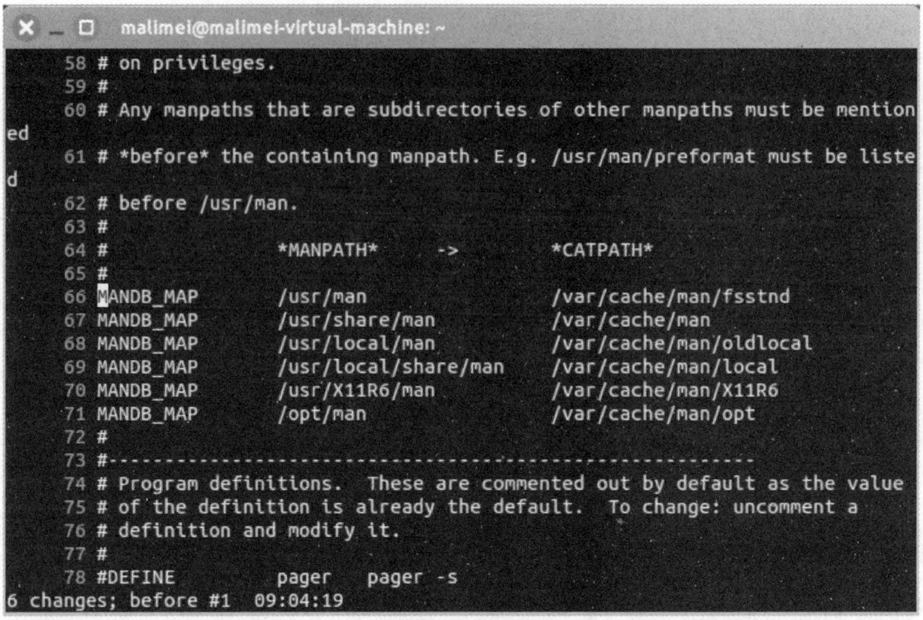

图 8.14　执行结果

（6）复制第 66～71 行的内容，并且粘贴到最后一行之前。按 Esc 键转到命令行模式输入 65G，然后按下 6yy，最后一行会出现复制 6 行的说明字样，如图 8.15 所示。按 G 键到最后一行，再按 P 键粘贴 6 行，如图 8.16 所示。

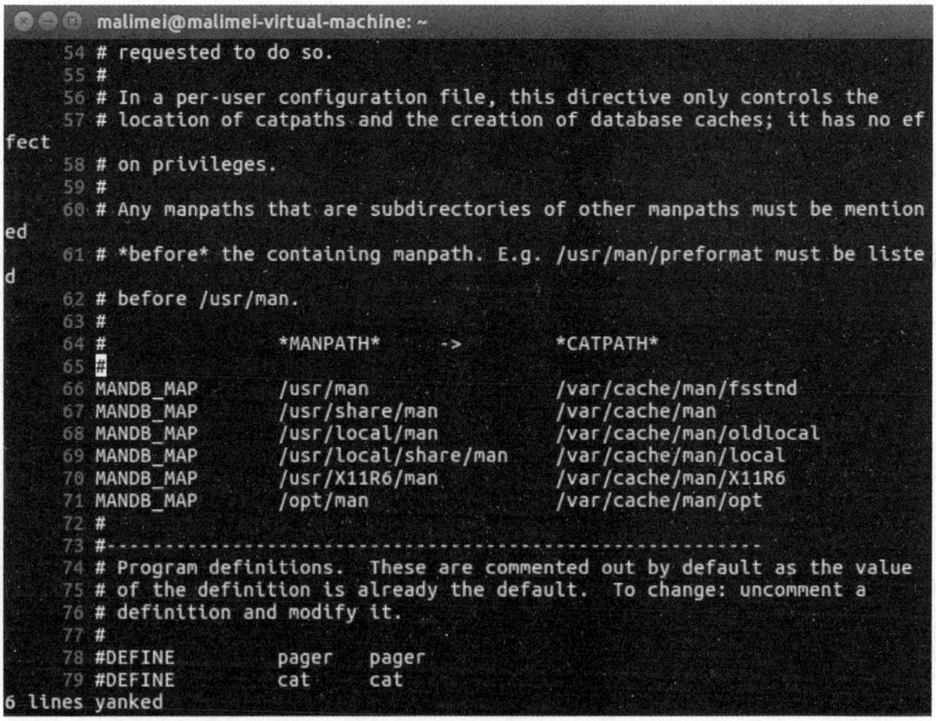

图 8.15　复制

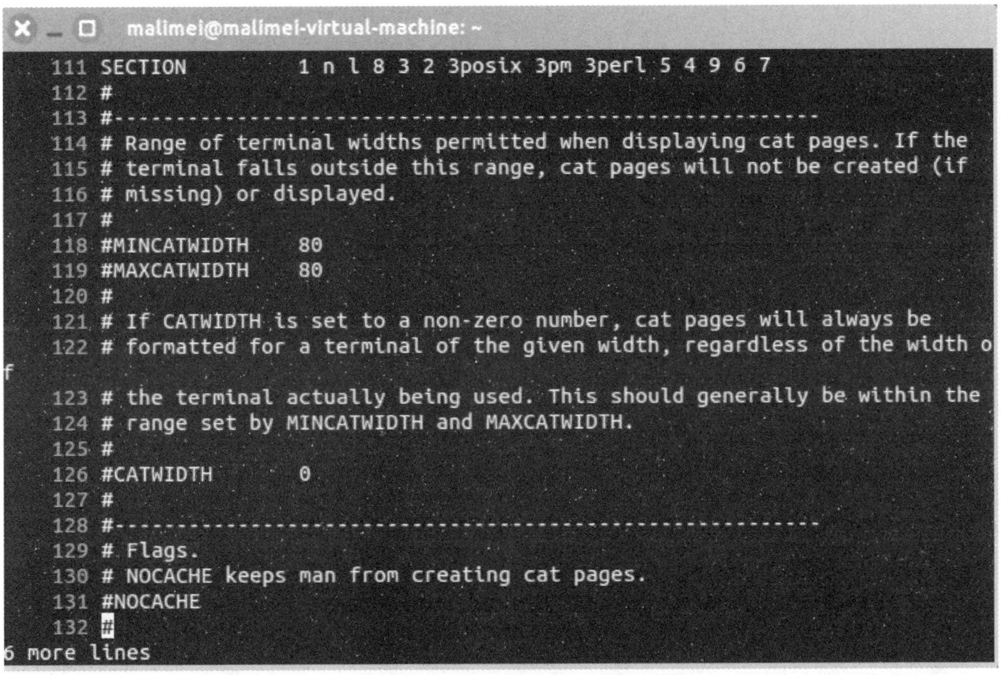

```
malimei@malimei-virtual-machine: ~
111 SECTION         1 n l 8 3 2 3posix 3pm 3perl 5 4 9 6 7
112 #
113 #---------------------------------------------------------
114 # Range of terminal widths permitted when displaying cat pages. If the
115 # terminal falls outside this range, cat pages will not be created (if
116 # missing) or displayed.
117 #
118 #MINCATWIDTH    80
119 #MAXCATWIDTH    80
120 #
121 # If CATWIDTH is set to a non-zero number, cat pages will always be
122 # formatted for a terminal of the given width, regardless of the width o
f
123 # the terminal actually being used. This should generally be within the
124 # range set by MINCATWIDTH and MAXCATWIDTH.
125 #
126 #CATWIDTH       0
127 #
128 #---------------------------------------------------------
129 # Flags.
130 # NOCACHE keeps man from creating cat pages.
131 #NOCACHE
132 #
6 more lines
```

图 8.16　粘贴

（7）将此文件另存为 test. config。输入“:”，由命令行模式转到末行模式，输入 w test. config，文件另存为 test. config，如图 8.17 所示。

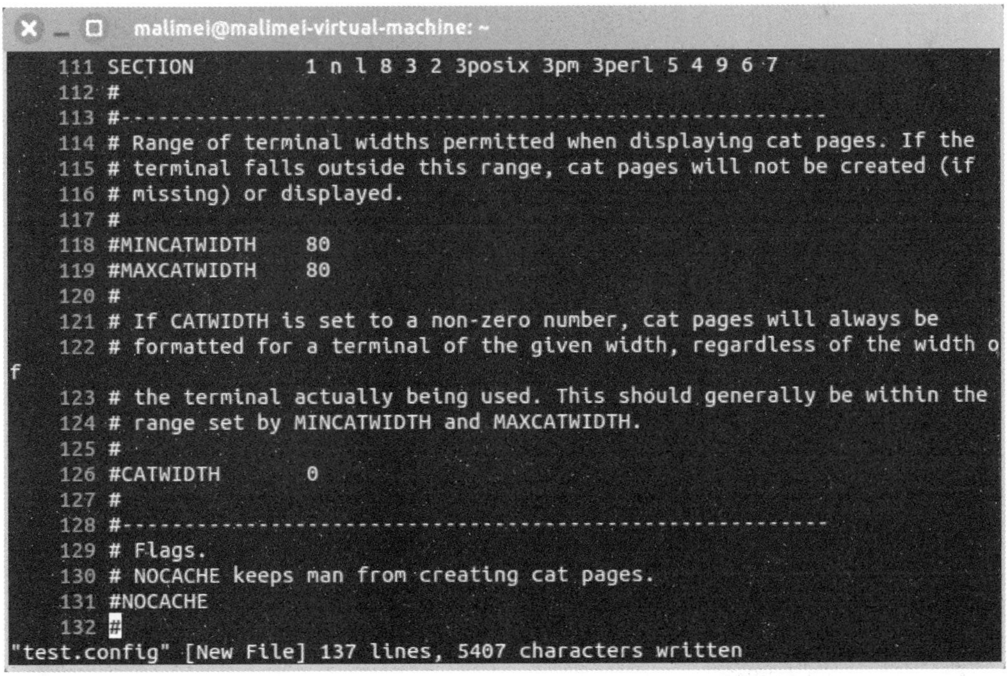

```
malimei@malimei-virtual-machine: ~
111 SECTION         1 n l 8 3 2 3posix 3pm 3perl 5 4 9 6 7
112 #
113 #---------------------------------------------------------
114 # Range of terminal widths permitted when displaying cat pages. If the
115 # terminal falls outside this range, cat pages will not be created (if
116 # missing) or displayed.
117 #
118 #MINCATWIDTH    80
119 #MAXCATWIDTH    80
120 #
121 # If CATWIDTH is set to a non-zero number, cat pages will always be
122 # formatted for a terminal of the given width, regardless of the width o
f
123 # the terminal actually being used. This should generally be within the
124 # range set by MINCATWIDTH and MAXCATWIDTH.
125 #
126 #CATWIDTH       0
127 #
128 #---------------------------------------------------------
129 # Flags.
130 # NOCACHE keeps man from creating cat pages.
131 #NOCACHE
132 #
"test.config" [New File] 137 lines, 5407 characters written
```

图 8.17　文件另存为

(8) 在第 73 行,删除 58 个字符。在命令行模式下先输入 73G,再输入 58x,执行结果如图 8.18 所示。

```
malimei@malimei-virtual-machine: ~
 65 #
 66 MANDB_MAP       /usr/man                    /var/cache/man/fsstnd
 67 MANDB_MAP       /usr/share/man              /var/cache/man
 68 MANDB_MAP       /usr/local/man              /var/cache/man/oldlocal
 69 MANDB_MAP       /usr/local/share/man        /var/cache/man/local
 70 MANDB_MAP       /usr/X11R6/man              /var/cache/man/X11R6
 71 MANDB_MAP       /opt/man                    /var/cache/man/opt
 72 #
 73 
 74 # Program definitions.  These are commented out by default as the value
 75 # of the definition is already the default.  To change: uncomment a
 76 # definition and modify it.
 77 #
 78 #DEFINE         pager   pager -s
 79 #DEFINE         cat     cat
 80 #DEFINE         tr      tr '\255\267\264\327' '\055\157\047\170'
 81 #DEFINE         grep    grep
 82 #DEFINE         troff   groff -mandoc
 83 #DEFINE         nroff   nroff -mandoc
 84 #DEFINE         eqn     eqn
 85 #DEFINE         neqn    neqn
 86 #DEFINE         tbl     tbl
 87 #DEFINE         col     col
```

图 8.18　删除结果

(9) 在第一行新增一行,并输入"I am a student。"具体操作为:在命令行模式中先输入 1G,再按下 O 键来新增一行并切换为输入模式,输入"I am a student",如图 8.19 所示。按 Esc 键退出输入模式,按下":"键转为末行模式,输入 wq 保存文件,如图 8.20 所示。

```
malimei@malimei-virtual-machine: ~
  1 i am a student
  2 # manpath.config
  3 #
  4 # This file is used by the man-db package to configure the man and cat p
aths.
  5 # It is also used to provide a manpath for those without one by examinin
g
  6 # their PATH environment variable. For details see the manpath(5) man pa
ge.
  7 #
  8 # Lines beginning with `#' are comments and are ignored. Any combination
 of
  9 # tabs or spaces may be used as `whitespace' separators.
 10 #
 11 # There are three mappings allowed in this file:
 12 # --------------------------------------------------------
 13 # MANDATORY_MANPATH                     manpath_element
 14 # MANPATH_MAP           path_element    manpath_element
 15 # MANDB_MAP             global_manpath  [relative_catpath]
 16 #---------------------------------------------------------
 17 # every automatically generated MANPATH includes these fields
 18 #
 19 #MANDATORY_MANPATH                      /usr/src/pvm3/man
```

图 8.19　插入一行

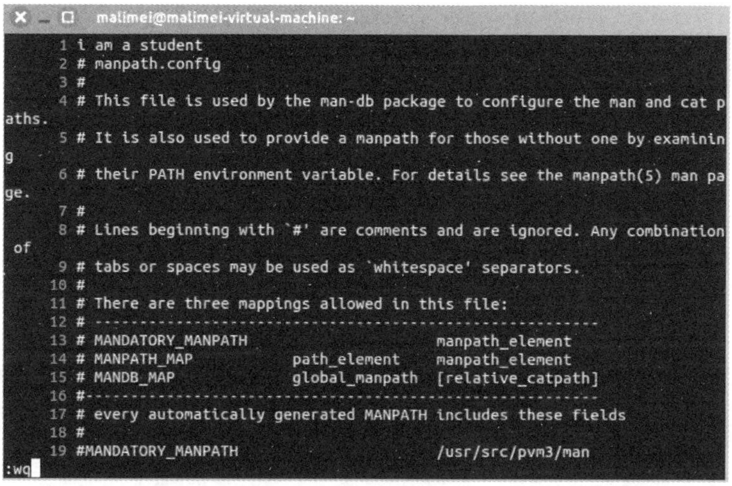

图 8.20　保存文件

6. 其他命令

（1）块选择。

选择一行或多行，可以使用如表 8.7 所示的块选择按键。

表 8.7　块选择按键

按　　键	功　　能
v	字符选择，将光标经过的地方反白选择
V	行选择，将光标经过的地方反白选择
Ctrl＋V	块选择，可以用长方形的方式选择数据

（2）多文件编辑。

多文件编辑常用键如表 8.8 所示。

表 8.8　多文件编辑常用键

按　　键	功　　能
:n	编辑下一个文件
:N	编辑上一个文件
:files	列出目前这个 vim 打开的所有文件

（3）多窗口功能。

打开多个窗口，编辑多个文件，光标可在不同窗口间切换，常用的按键如表 8.9 所示。

表 8.9　打开多窗口及窗口切换按键

按　　键	功　　能
:sp filename	打开一个新窗口，如 filename，表示在新窗口新打开一个新文件，否则表示两个窗口为一个文件内容
Ctrl＋w＋j	先按住 Ctrl 键，再按下 w 键后放开所有的按键，然后再按下 j 键，则光标可移动到下方的窗口
Ctrl＋w＋k	同上，不过光标移动到上面的窗口
Ctrl＋w＋q	结束离开当前窗口

例 8.3 首先打开一个窗口,编辑文件/home/malimei/passwd,打开窗口后使用 sp/home/malimei/shadow,打开另一个窗口,按 Ctrl+w+j 向下窗口移动光标,按 Ctrl+w+k 向上窗口移动光标。

```
$ sudo cp  /etc/passwd  /home/malimei  复制 passwd 文件到自己的工作目录下。
$ sudo cp  /etc/shadow  /home/malimei  复制 shadow 文件到自己的工作目录下,如图 8.21 所示。
$ sudo vi +/malimei  /home/malimei/passwd  首先打开第一个文件 passwd,如图 8.22 所示,光标
```
显示在 malimei 的字符串处,如图 8.23 所示,转到末行模式下输入 sp /home/malimei/shadow 打开另一个文件,如图 8.24 所示,按 Ctrl + w + j 向下窗口移动光标,按 Ctrl + w + k 向上窗口移动光标,如图 8.25 所示。

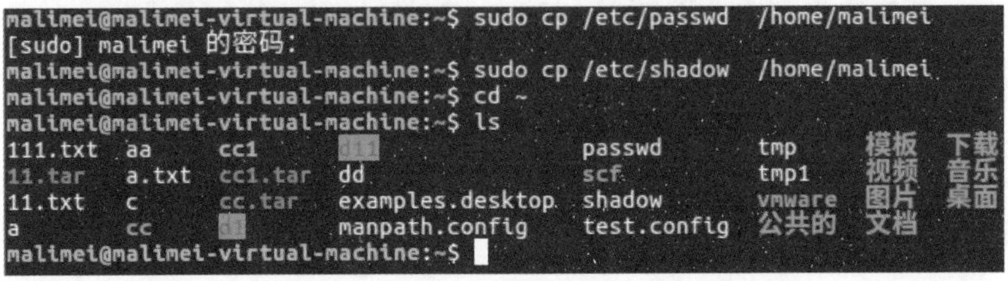

图 8.21　复制文件

图 8.22　编辑文件

图 8.23　光标显示到 malimei 的字符串处

```
hplip:x:115:7:HPLIP system user,,,:/var/run/hplip:/bin/false
kernoops:x:116:65534:Kernel Oops Tracking Daemon,,,:/:/bin/false
pulse:x:117:124:PulseAudio daemon,,,:/var/run/pulse:/bin/false
rtkit:x:118:126:RealtimeKit,,,:/proc:/bin/false
saned:x:119:127::/var/lib/saned:/bin/false
usbmux:x:120:46:usbmux daemon,,,:/var/lib/usbmux:/bin/false
malimei:x:1000:1000:malimei,,,:/home/malimei:/bin/bash
:sp /home/malimei/shadow
```

图 8.24　打开另一个文件

```
文件(F) 编辑(E) 查看(V) 搜索(S) 终端(T) 帮助(H)
root:$6$lVnkk0cs$.9Yo/V7GLpFynNR1CB4IalSfeQgyD8XY.Pxyw.FzXHh9RCq9qbn38Ojwj648Htj
LQACnk2vY28ssjAmCIXT/Z1:18097:0:99999:7:::
daemon:*:17953:0:99999:7:::
bin:*:17953:0:99999:7:::
sys:*:17953:0:99999:7:::
sync:*:17953:0:99999:7:::
games:*:17953:0:99999:7:::
man:*:17953:0:99999:7:::
lp:*:17953:0:99999:7:::
mail:*:17953:0:99999:7:::
news:*:17953:0:99999:7:::
uucp:*:17953:0:99999:7:::
proxy:*:17953:0:99999:7:::
www-data:*:17953:0:99999:7:::
backup:*:17953:0:99999:7:::
~/shadow
whoopsie:x:109:117::/nonexistent:/bin/false
avahi-autoipd:x:110:119:Avahi autoip daemon,,,:/var/lib/avahi-autoipd:/bin/false
avahi:x:111:120:Avahi mDNS daemon,,,:/var/run/avahi-daemon:/bin/false
dnsmasq:x:112:65534:dnsmasq,,,:/var/lib/misc:/bin/false
colord:x:113:123:colord colour management daemon,,,:/var/lib/colord:/bin/false
speech-dispatcher:x:114:29:Speech Dispatcher,,,:/var/run/speech-dispatcher:/bin/
false
hplip:x:115:7:HPLIP system user,,,:/var/run/hplip:/bin/false
kernoops:x:116:65534:Kernel Oops Tracking Daemon,,,:/:/bin/false
pulse:x:117:124:PulseAudio daemon,,,:/var/run/pulse:/bin/false
rtkit:x:118:126:RealtimeKit,,,:/proc:/bin/false
saned:x:119:127::/var/lib/saned:/bin/false
usbmux:x:120:46:usbmux daemon,,,:/var/lib/usbmux:/bin/false
malimei:x:1000:1000:malimei,,,:/home/malimei:/bin/bash
/etc/passwd
"~/shadow" 43 lines, 1619 characters
```

图 8.25　同时显示两个文件

8.1.2　nano 编辑器

nano 是 UNIX 和类 UNIX 系统中的一个轻量级文本编辑器，它比 vi/vim 要简单得多，是图形界面的文本编辑器，比较适合 Linux 初学者使用。某些 Linux 发行版的默认编辑器就是 nano，nano 是遵守 GNU 通用公共许可证的自由软件，使用方便，在任何一个终端中输入 nano 命令即可打开 nano 编辑器，如图 8.26 所示。

在屏幕的下面显示功能键的使用，例如，^K 就表示 Ctrl+K 剪切当前行，将其内容保存到剪贴板中，^U 表示将剪贴板的内容写入当前行，^O 就表示 Ctrl+O 存盘，^X 就表示 Ctrl+X 退出。

图 8.26 nano 编辑器

8.1.3 gedit 编辑器

gedit 是 Linux 桌面上一款小巧的文本编辑器,外观简单,仅在工具栏上具有一些图标及一排基本菜单,因为是图形界面,所以使用方便。gedit 的启动方式有以下两种。

(1) 打开终端,输入命令 gedit,按 Enter 键,如图 8.27 所示。

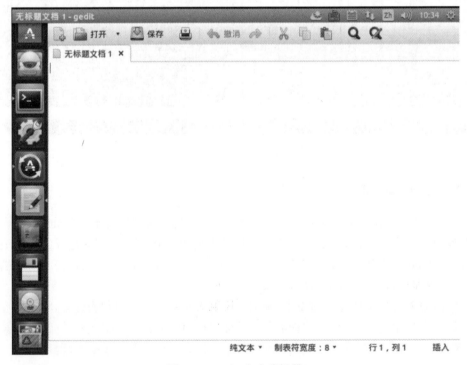

图 8.27 gedit 文本编辑器

（2）在 Dash 中输入 gedit，自动搜索到 gedit 的图标，单击图标即可打开 gedit 编辑器，如图 8.28 所示。

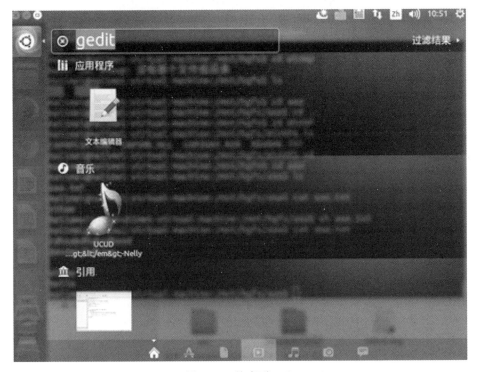

图 8.28　搜索到 gedit

8.2　Gcc 编译器

Gcc(GNU Compiler Collection，GNU 编译器套件)是由 GNU 开发的编程语言编译器。它是以 GPL 许可证所发行的自由软件，也是 GNU 计划的关键部分。Gcc 原本作为 GNU 操作系统的官方编译器，现已被大多数类 UNIX 操作系统(如 Linux、BSD、Mac OS Ⅹ 等)采纳为标准的编译器，Gcc 同样适用于微软的 Windows。Gcc 是自由软件发展过程中的著名例子，由自由软件基金会以 GPL 协议发布。

Gcc 原名为 GNU C 语言编译器(GNU C Compiler)，因为它原本只能处理 C 语言。后来 Gcc 很快地扩展，变得可处理 C++，后来又扩展能够支持更多编程语言，如 FORTRAN、Pascal、Objective-C、Java、Ada、Go 以及各类处理器架构上的汇编语言等，所以改名 GNU 编译器套件(GNU Compiler Collection)。

8.2.1　Gcc 编译器的使用

1. Gcc 编译流程

Gcc 的编译流程为预编译、编译、汇编(生成目标文件)、连接(生成可执行的文件)。

例 8.4　编译当前目录下的 test.c 文件并执行。

（1）创建 test.c 文件，并输入代码，如图 8.29 所示。

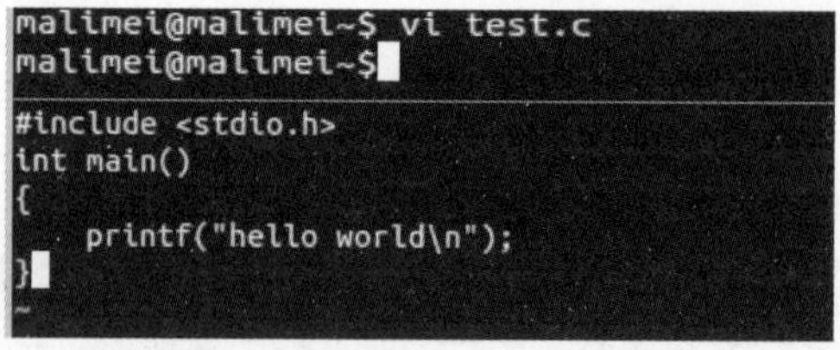

图 8.29　使用 vi 创建文件

(2) 保存并退出后查看并执行 test.c,如图 8.30 所示。

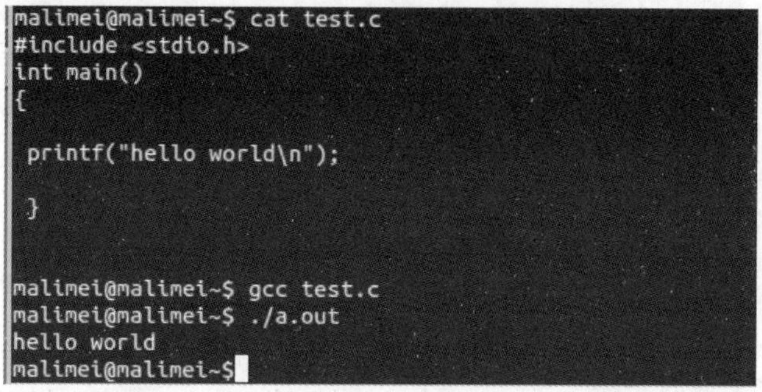

图 8.30　使用 cat 命令查看文件

2. Gcc 编译器的主要选项

(1) 总体选项如表 8.10 所示。

表 8.10　Gcc 编译器的总体选项及含义

选　　项	含　　义
-c	编译或汇编源文件,但不进行连接
-S	编译后即停止,不进行汇编及连接
-E	预处理后即停止,不进行编译、汇编及连接
-g	在可执行文件中包含调试信息
-o file	指定输出文件 file
-v	显示 Gcc 的版本
-I dir	在头文件的搜索路径列表中添加 dir 目录
-L dir	在库文件的搜索路径列表中添加 dir 目录
-static	强制使用静态连接库
-l library	链接名为 library 的库文件

(2) 优化选项如表 8.11 所示。

表 8.11　Gcc 编译器的优化选项参数及含义

参　　数	含　　义
-O0	不进行优化处理
-O1	基本的优化,使程序执行得更快
-O2	完成-O1 级别的优化外,还要一些额外的调整工作,如处理器指令调度
-O3	开启所有优化选项
-Os	生成最小的可执行文件,主要用于嵌入式领域

（3）警告和出错选项如表 8.12 所示。

表 8.12　Gcc 编译器的警告和出错选项

选　　项	含　　义
-ansi	支持符合 ANSI 标准的 C 程序
-pedantic	允许发出 ANSI C 标准所在列的全部警告信息
-w	关闭所有警告
-Wall	允许发出 Gcc 提供的所有有用的警告信息
-werror	把所有的警告信息转换成错误信息，并在警告发生时终止编译

8.2.2　Gcc 总体选项实例

程序的编译要经过预处理、编译、汇编以及连接 4 个阶段。

1. 预处理阶段

主要处理 C 语言源文件中的 ♯ifdef、♯include，以及 ♯define 等命令，Gcc 会忽略掉不需要预处理的输入文件，该阶段会生成中间文件 ＊.i。

例 8.5　预编译 test.c 程序，将预编译结果输出到 test.i。

执行命令：gcc −E test.c −o test.i

在预编译的过程中，Gcc 对源文件所包含的头文件 stdio.h 进行了预处理。如图 8.31 所示，为 test.i 部分内容。

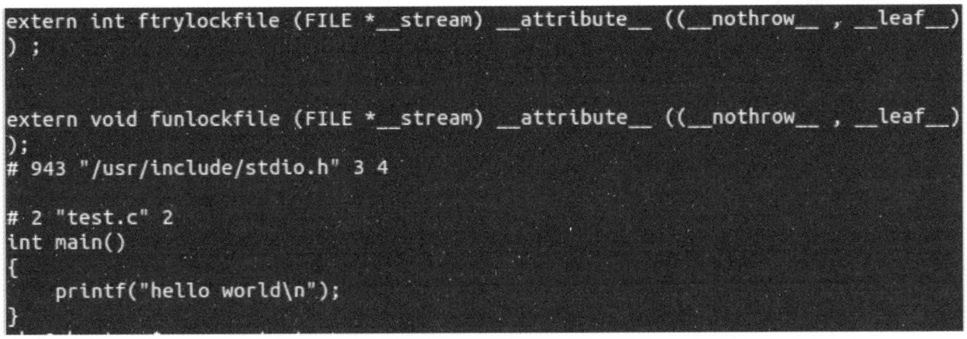

```
extern int ftrylockfile (FILE *__stream) __attribute__ ((__nothrow__ , __leaf__)
) ;

extern void funlockfile (FILE *__stream) __attribute__ ((__nothrow__ , __leaf__)
) ;
# 943 "/usr/include/stdio.h" 3 4

# 2 "test.c" 2
int main()
{
    printf("hello world\n");
}
```

图 8.31　预处理 test.i 部分内容

2. 编译阶段

输入的是中间文件 ＊.i，编译后生成的是汇编语言文件 ＊.s。

例 8.6　编译 test.i 文件，编译后生成汇编语言文件 test.s。

执行命令：gcc −S test.i −o test.s

test.s 就是生成的汇编语言文件，如图 8.32 所示。

3. 汇编

汇编是将输入的汇编语言文件转换为目标代码，可以使用-c 选项完成。

例 8.7　将汇编语言文件 test.s 转换为目标程序 test.o。

执行命令：gcc −c test.s −o test.o

```
        .file   "test.c"
        .section        .rodata
.LC0:
        .string "hello world"
        .text
        .globl  main
        .type   main, @function
main:
.LFB0:
        .cfi_startproc
        pushl   %ebp
        .cfi_def_cfa_offset 8
        .cfi_offset 5, -8
        movl    %esp, %ebp
        .cfi_def_cfa_register 5
        andl    $-16, %esp
        subl    $16, %esp
        movl    $.LC0, (%esp)
        call    puts
        leave
        .cfi_restore 5
        .cfi_def_cfa 4, 4
        ret
        .cfi_endproc
```

图 8.32　test.s 汇编语言文件

4. 连接

将生成的目标文件与其他目标文件连接成可执行的二进制代码文件。

例 8.8　将目标程序 test.o 连接成可执行文件 test。

执行命令：gcc test.o －o test

上面是按照预处理、编译、汇编、连接，逐步完成，生成可执行的文件。

也可以运行下面的命令：

```
gcc test.c   －o   test
```

将文件 test.c 一次性完成预处理、编译、汇编、连接，编译成可执行文件 test，执行 test 文件，-o 包括-E、-S、-c，如图 8.33 所示，如果未使用该选项，则自动生成 a.out 可执行文件，如图 8.34 所示。

```
malimei@malimei-virtual-machine:~$ gcc test.c -o test
malimei@malimei-virtual-machine:~$ ./test
hello world
malimei@malimei-virtual-machine:~$
```

图 8.33　使用-o 的文件编译

```
malimei@malimei-virtual-machine:~$ gcc test.c
malimei@malimei-virtual-machine:~$ ./a.out
hello world
malimei@malimei-virtual-machine:~$
```

图 8.34　未使用-o 的文件编译

5. Gcc 整体预处理、编译、汇编以及连接

执行过程如图 8.35 所示。

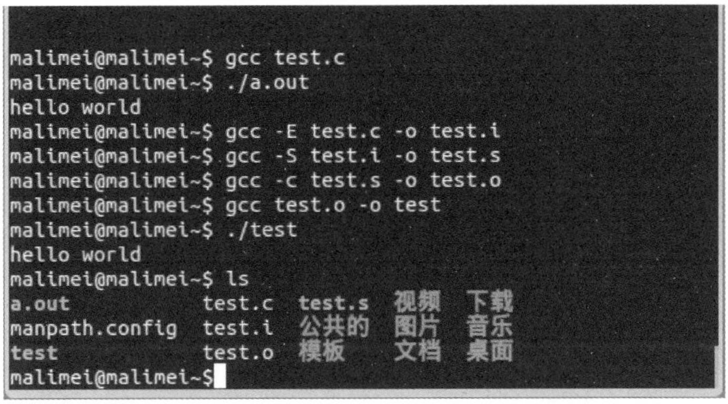

图 8.35 预处理、编译、汇编以及连接过程

8.2.3 Gcc 优化选项实例

一般来说,优化级别越高,生成可执行文件的运行速度也越快,但编译的时间就越长,因此在开发的时候最好不要使用优化选项,只有到软件发行或开发结束的时候才考虑对最终生成的代码进行优化。

例 8.9 比较 Gcc 优化选项的效果。

源程序 example.c 的代码如下。

```
#include<stdio.h>
int main()
    {
        int x;
        int sum = 0;
        for(x = 1;x < 1e8;x++)
            {
                sum = sum + x;
            }
        printf("sum = %d\n",sum);
    }
```

在编译源程序 example.c 的过程中,不加任何优化选项,使用 time 命令查看程序执行时间,如图 8.36 所示。

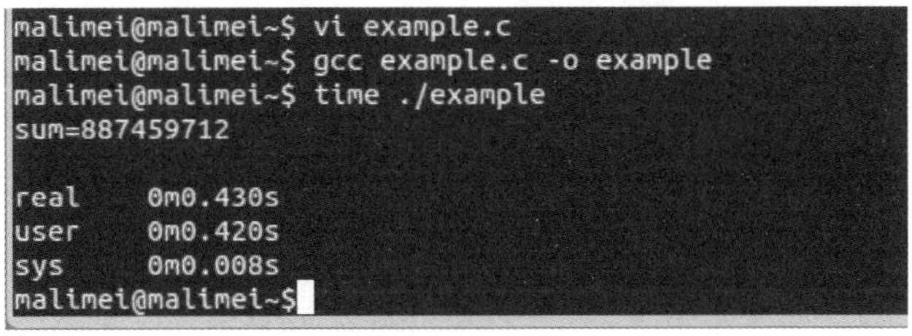

图 8.36 查看程序执行时间

其中,time 命令的输出结果由以下 3 部分组成。

(1) real:程序的总执行时间,包括进程的调度、切换等时间。

(2) user：用户进行执行的时间。

(3) sys：内核执行的时间。

加入优化选项后使用 time 命令查看程序执行时间，如图 8.37 所示。

```
malimei@malimei~$ gcc -o2 example.c -o example
malimei@malimei~$ time ./example
sum=887459712

real    0m0.427s
user    0m0.416s
sys     0m0.000s
malimei@malimei~$
```

图 8.37　优化选项的使用

从上面的结果可以看出，加入优化选项后，程序的执行时间减少，程序性能得到了大幅度的改善。

8.2.4　Gcc 警告和出错选项实例

在编译过程中，编译器的报错和警告信息对于程序员来说是非常重要的信息。

例 8.10　编译 example2.c 程序，同时开启警告信息。

源程序 example2.c 的代码如下。

```
#include <stdio.h>
void main()
{
    int x;
    int sum = 0;
    for(x = 1;x < 1e8;x++)
        {
            sum = sum + x;
        }
        printf("sum = % d\n",sum);
}
```

实验结果如图 8.38 所示。

```
malimei@malimei~$ gcc -Wall example2.c -o example
example2.c:2:7: warning: return type of ‘main’ is not ‘int’ [-Wmain]
  void main()
       ^
malimei@malimei~$
```

图 8.38　编译程序时开启警告信息

8.2.5　gdb 调试器

在 UNIX/Linux 系统中，调试工具为 gdb。通过调试可以找到程序中的漏洞，它使用户能在程序运行时观察程序的内部结构和内存的使用情况。

1. gdb 功能介绍

(1) 监视或修改程序中变量的值。

(2) 设置断点，以使程序在指定的代码行上暂停执行。

（3）单步执行或程序跟踪。

gdb 命令可以缩写，如 list 可缩写为 l，kill 可缩写为 k，step 可缩写为 s 等。同样，在不引起歧义的情况下，可以按 Tab 键进行自动补齐或查找某一类字符开始的命令。

例 8.11 Tab 键的使用效果，如图 8.39 所示。

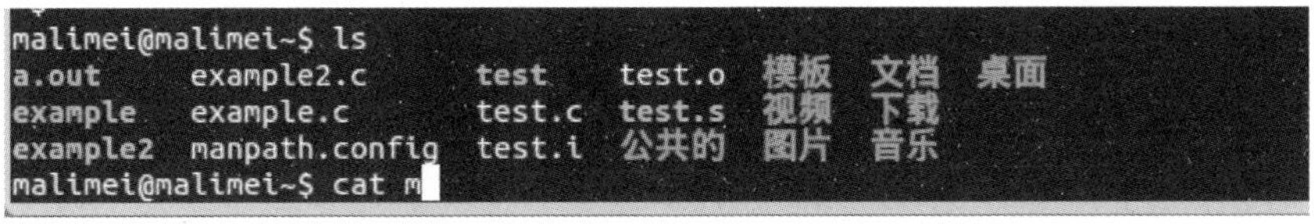

图 8.39　Tab 键使用之前

输入字母 m 后按 Tab 键后，自动补全文件的名字，如图 8.40 所示。

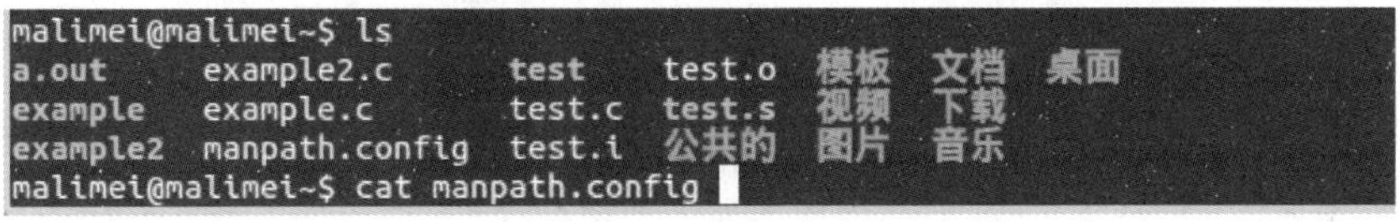

图 8.40　Tab 键的使用效果

gdb 调试时的常用命令如表 8.13 所示。

表 8.13　gdb 常用调试命令

选　项	功　能
break	在代码里设置断点
c	继续 break 后的执行
bt	反向跟踪，显示程序堆栈
file	装入想要调试的可执行文件
kill	终止正在调试的程序
list	列出产生执行文件的源代码的一部分
next	执行一行源代码，但不进入函数内部
step	执行一行源代码且进入函数内部
run	执行当前被调试的程序
quit	退出 gdb
watch	监视一个变量的值，而不管它何时改变
set	设置变量的值
shell	在 gdb 内执行 Shell 命令
print	显示变量或表达式的值
quit	终止 gdb 调试
make	不退出 gdb 的情况下，重新产生可执行文件
where	显示程序当前的调用栈

2. gdb 的调试实例

下面以 file.c 程序为例，介绍 Linux 系统内程序调试的基本方法。源程序 file.c 的代码如下。

```
＃include ＜stdio.h＞
```

```
static char buff[256];
static char * string;
int main()
{
printf("please input a string:");
gets(string);
printf("\nyour string is : % s\n",string);
}
```

(1) 使用调试参数 -g 编译 file.c 源程序,编译之后运行,在提示符中输入字符串"hello world!"后回车,如图 8.41 所示。

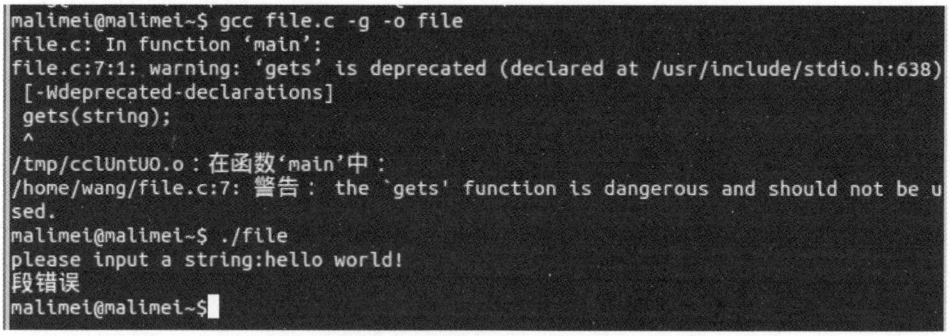

图 8.41　编译运行源程序

由于程序使用了一个未经过初始化的字符型指针 string,在执行过程中出现 Segmentation fault(段)错误。

(2) 查找该程序中出现的问题,利用 gdb 调试该程序,运行 gdb file 命令,装入 file 可执行文件,如图 8.42 所示。

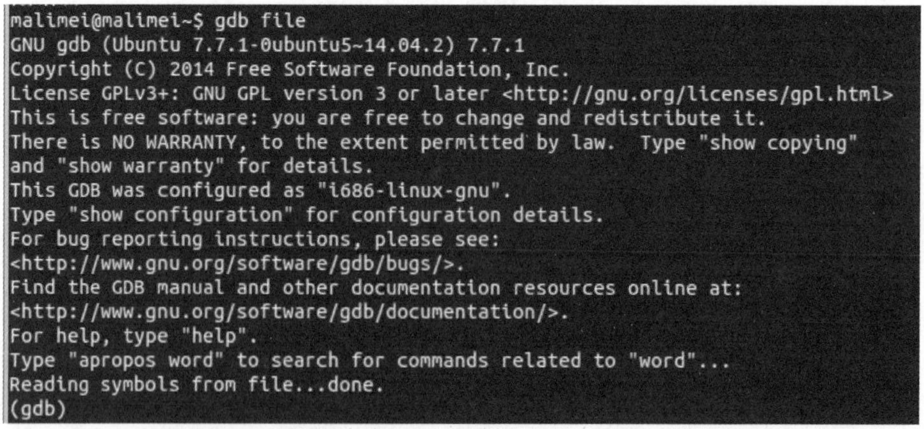

图 8.42　装入文件

(3) 使用 run 命令执行装入的 file 文件,并使用 where 命令查看程序出错的位置,如图 8.43 所示。

(4) 利用 list 命令查看调用 gets() 函数附近的代码,格式为 list 文件名:行号,如图 8.44 所示。

```
(gdb) run
Starting program: /home/wang/file
please input a string:hello world!

Program received signal SIGSEGV, Segmentation fault.
_IO_gets (buf=0x0) at iogets.c:54
54      iogets.c: 没有那个文件或目录.
(gdb) where
#0  _IO_gets (buf=0x0) at iogets.c:54
#1  0x0804846f in main () at file.c:7
(gdb)
```

图 8.43　执行文件,查看错误位置

```
(gdb) list file.c:7
2       static char buffer[256];
3       static char* string;
4       int main()
5       {
6       printf("please input a string:");
7       gets(string);
8       printf("\nyour string is:%s\n",string);
9       }
10
(gdb)
```

图 8.44　查看代码

（5）导致 gets（）函数出错的因素就是变量 string,用 print 命令查看 string 的值,如图 8.45 所示。

```
(gdb) print string
$1 = 0x0
```

图 8.45　使用 print 命令查看 string 的值

（6）显然 string 的值是不正确的,指针 string 应该指向字符数组 buff[]的首地址,在 gdb 中可以直接修改变量的值,在第 7 行处设置断点 break 7,程序重新运行到第 7 行处停止,可以用 set variable 命令修改 string 的取值,如图 8.46 所示。

```
(gdb) break 7
Breakpoint 1 at 0x8048462: file file.c, line 7.
(gdb) run
Starting program: /home/zhx/file

Breakpoint 1, main () at file.c:7
7       gets(string);
(gdb) set variable string=buff
```

图 8.46　使用 set variable 命令修改 string 的值

（7）使用 next 命令单步执行,将会得到正确的程序运行结果,如图 8.47 所示。

```
(gdb) next
please input a string:hello world!
8       printf("\nyour string is :%s\n",string);
(gdb) next

your string is :hello world!
9       }
```

图 8.47　使用 next 命令单步执行

说明:如果步骤(4)利用 list 命令查看调用 gets() 函数附近的代码,没有显示出来代码的内容,用 list 在后面加上文件名和行号,如图 8.48 所示。

```
(gdb) list
48	in iogets.c
(gdb) list file.c:7
2	static char buff [256];
3	static char * string;
4	int main()
5	{
6	printf("please input a string:");
7	gets(string);
8	printf("\nyour string is:%s\n",string);
9	}
10
(gdb) 
```

图 8.48 list 命令的使用

8.3 Eclipse 开发环境

Eclipse 是著名的跨平台的自由集成开发环境(IDE)。最初主要用 Java 语言来开发,现在可以通过安装插件使其作为 C++、Python、PHP 等其他语言的开发工具。Eclipse 本身只是一个框架平台,但是得到众多插件的支持,使得 Eclipse 拥有较佳的灵活性。许多软件开发商以 Eclipse 为框架开发自己的 IDE。本节将使用 Eclipse 搭建 C 语言集成开发环境。

8.3.1 安装 OpenJDK

1. 安装

运行 Eclipse 需要有 JDK 的支持,可以安装 OpenJDK 和 OracleJDK,这里安装的是 OpenJDK,如图 8.49 所示。

```
root@malimei-virtual-machine:/usr/bin# apt-get install openjdk-8-jdk
正在读取软件包列表... 完成
正在分析软件包的依赖关系树
正在读取状态信息... 完成
将会同时安装下列软件:
  ca-certificates-java fonts-dejavu-extra java-common libgif7 libice-dev
  libpthread-stubs0-dev libsm-dev libx11-dev libx11-doc libxau-dev libxcb1-dev
  libxdmcp-dev libxt-dev openjdk-8-jdk-headless openjdk-8-jre
  openjdk-8-jre-headless x11proto-core-dev x11proto-input-dev x11proto-kb-dev
  xorg-sgml-doctools xtrans-dev
建议安装:
  default-jre libice-doc libsm-doc libxcb-doc libxt-doc openjdk-8-demo
  openjdk-8-source visualvm icedtea-8-plugin fonts-ipafont-gothic
  fonts-ipafont-mincho fonts-wqy-microhei fonts-wqy-zenhei fonts-indic
下列【新】软件包将被安装:
  ca-certificates-java fonts-dejavu-extra java-common libgif7 libice-dev
  libpthread-stubs0-dev libsm-dev libx11-dev libx11-doc libxau-dev libxcb1-dev
  libxdmcp-dev libxt-dev openjdk-8-jdk openjdk-8-jdk-headless openjdk-8-jre
  openjdk-8-jre-headless x11proto-core-dev x11proto-input-dev x11proto-kb-dev
  xorg-sgml-doctools xtrans-dev
升级了 0 个软件包,新安装了 22 个软件包,要卸载 0 个软件包,有 244 个软件包未被
```

图 8.49 OpenJDK 的安装

2. 选择

选择 JDK 版本,因为只安装了一个 JDK,就不用选择了,执行结果如图 8.50 所示。如果安装了多个 JDK,需要选择要执行的 JDK,如图 8.51 所示。

```
root@malimei-virtual-machine:/usr/bin# java -version

openjdk version "1.8.0_222"
OpenJDK Runtime Environment (build 1.8.0_222-8u222-b10-1ubuntu1~16.04.1-b10)
OpenJDK 64-Bit Server VM (build 25.222-b10, mixed mode)
root@malimei-virtual-machine:/usr/bin#
root@malimei-virtual-machine:/usr/bin#
```

图 8.50　只安装了一个 JDK

```
root@malimei-virtual-machine:/usr/lib1/eclipse# update-alternatives --config jav
a
有 2 个候选项可用于替换 java (提供 /usr/bin/java)。

  选择       路径                                          优先级  状态
------------------------------------------------------------
  0            /usr/lib/jvm/java-8-openjdk-amd64/jre/bin/java   1081      自动模
式
  1            /java/jdk1.8.0_221/bin/java                      300       手动模
式
* 2            /usr/lib/jvm/java-8-openjdk-amd64/jre/bin/java   1081      手动模
式

要维持当前值[*]请按<回车键>，或者键入选择的编号：
```

图 8.51　安装多个 JDK，选择一个 JDK

3. 测试

测试 JDK 安装是否成功，如果安装成功如图 8.52 所示。

```
root@malimei-virtual-machine:/usr/bin# java -version

openjdk version "1.8.0_222"
OpenJDK Runtime Environment (build 1.8.0_222-8u222-b10-1ubuntu1~16.04.1-b10)
OpenJDK 64-Bit Server VM (build 25.222-b10, mixed mode)
root@malimei-virtual-machine:/usr/bin#
```

图 8.52　测试安装 JDK 是否成功

注意：在安装时如果出现资源暂时不可用的情况，可以使用 rm 命令删除这个资源，如图 8.53 所示。删除资源后，如果仍然出现资源不可用，使用 clear 清除命令后，就可以安装了，如图 8.54 所示。

```
root@malimei-virtual-machine:/usr/bin# apt-get install openjdk-8-jdk
E: 无法获得锁 /var/lib/dpkg/lock-frontend - open (11: 资源暂时不可用)
E: Unable to acquire the dpkg frontend lock (/var/lib/dpkg/lock-frontend), is an
other process using it?
root@malimei-virtual-machine:/usr/bin# rm /var/lib/dpkg/lock-frontend
```

图 8.53　显示资源暂时不可用

```
root@malimei-virtual-machine:/usr/bin# clear

root@malimei-virtual-machine:/usr/bin# apt-get install openjdk-8-jdk
正在读取软件包列表... 完成
正在分析软件包的依赖关系树
正在读取状态信息... 完成
将会同时安装下列软件：
  ca-certificates-java fonts-dejavu-extra java-common libgif7 libice-dev
  libpthread-stubs0-dev libsm-dev libx11-dev libx11-doc libxau-dev libxcb1-dev
  libxdmcp-dev libxt-dev openjdk-8-jdk-headless openjdk-8-jre
  openjdk-8-jre-headless x11proto-core-dev x11proto-input-dev x11proto-kb-dev
  xorg-sgml-doctools xtrans-dev
建议安装：
  default-jre libice-doc libsm-doc libxcb-doc libxt-doc openjdk-8-demo
  openjdk-8-source visualvm icedtea-8-plugin fonts-ipafont-gothic
  fonts-ipafont-mincho fonts-wqy-microhei fonts-wqy-zenhei fonts-indic
下列【新】软件包将被安装：
```

图 8.54　使用 clear 命令

8.3.2　配置 Eclipse 的 Java 语言集成开发环境

1. 下载

（1）下载 Eclipse 的 Java 语言集成开发环境，为 Ubuntu 16.04 安装的是 eclipse-jee-2018-09-Linux-gtk-x86_64.tar.gz，官网下载网址为 https://www.eclipse.org/downloads/。打开网页后，显示如图 8.55 所示。

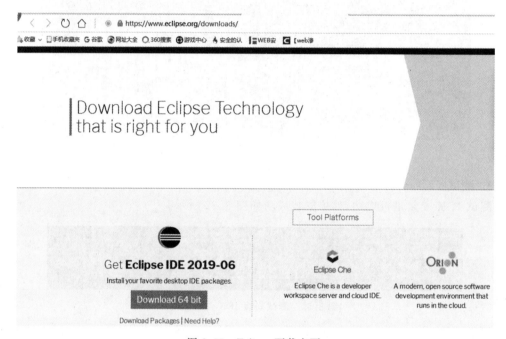

图 8.55　Eclipse 下载主页

（2）单击左下角的 Download Packages 按钮，结果如图 8.56 所示。

图 8.56　选择下载 Eclipse 的 Java 语言

（3）选择 Eclipse IDE 2019-06 R Packages，单击右边的 Linux 64-bit 按钮，如图 8.57 所示，单击 Download 按钮下载即可。

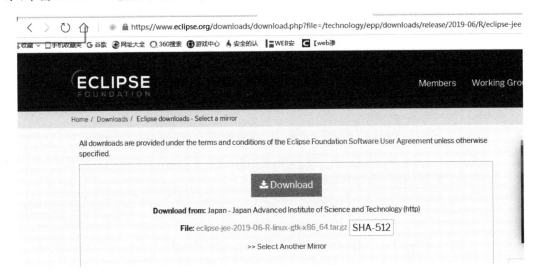

图 8.57 单击 Download 按钮

2. 安装

（1）把下载后的文件从 U 盘复制到/usr/lib/目录下，如图 8.58 所示。

```
malimei@malimei-virtual-machine:/media/malimei/0884-66D3$ sudo cp eclipse-cpp-20
19-06-R-linux-gtk-x86_64.tar.gz /usr/lib
[sudo] malimei 的密码：
malimei@malimei-virtual-machine:/media/malimei/0884-66D3$
```

图 8.58 复制安装文件

（2）将 eclipse-jee-2018-09-Linux-gtk-x86_64.tar.gz 文件解压到/usr/lib/目录，如图 8.59 所示。

```
malimei@malimei-virtual-machine:/usr/lib$ sudo tar -xzvf eclipse-cpp-2019-06-R-l
inux-gtk-x86_64.tar.gz
eclipse/
eclipse/p2/
eclipse/p2/org.eclipse.equinox.p2.engine/
eclipse/p2/org.eclipse.equinox.p2.engine/profileRegistry/
eclipse/p2/org.eclipse.equinox.p2.engine/profileRegistry/epp.package.cpp.profile
/
eclipse/p2/org.eclipse.equinox.p2.engine/profileRegistry/epp.package.cpp.profile
/1560520346742.profile.gz
eclipse/p2/org.eclipse.equinox.p2.engine/profileRegistry/epp.package.cpp.profile
/.lock
eclipse/p2/org.eclipse.equinox.p2.engine/profileRegistry/epp.package.cpp.profile
/.data/
eclipse/p2/org.eclipse.equinox.p2.engine/profileRegistry/epp.package.cpp.profile
/.data/org.eclipse.equinox.internal.p2.touchpoint.eclipse.actions/
```

图 8.59 解压文件

（3）解压后在该目录下生成一个名为 eclipse 的子目录，进入 eclipse 目录，执行./eclipse 文件，执行结果如图 8.60 所示。

```
root@malimei-virtual-machine:/usr/lib# cd eclipse
root@malimei-virtual-machine:/usr/lib/eclipse# ./eclipse
```

图 8.60　执行./eclipse 文件

（4）Eclipse 启动,如图 8.61 所示,单击 Launch 按钮,就可以编写 Java 程序了,如图 8.62 所示。

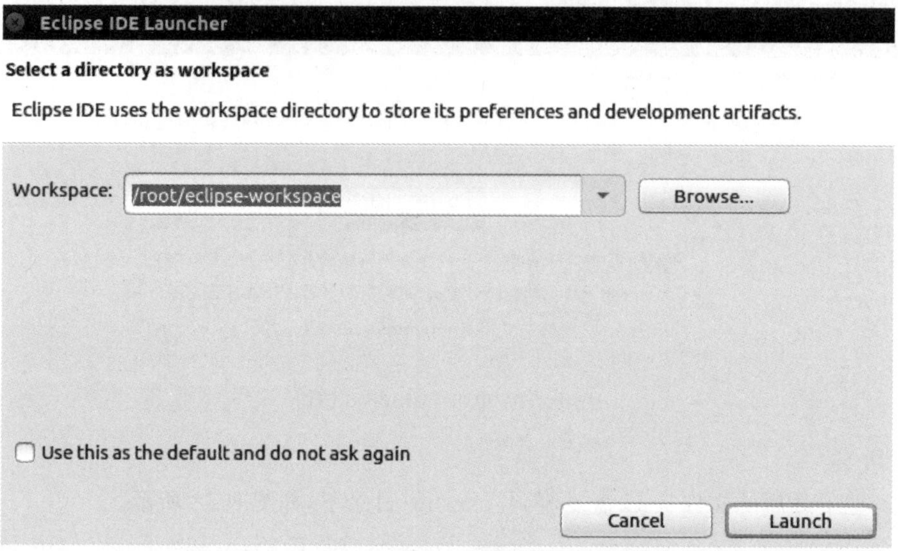

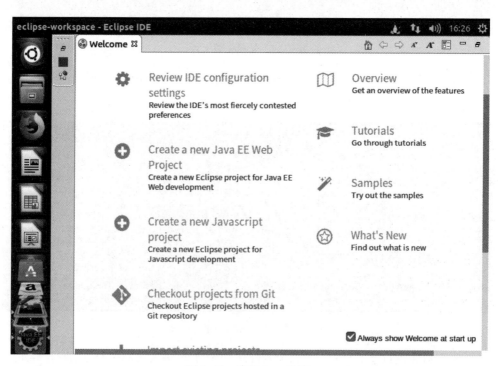

图 8.61　Eclipse 启动

图 8.62　编写 Java 程序

（5）使用快捷方式启动 Eclipse。

配置快捷方式，在/usr/share/applications/目录下，使用编辑器新建 eclipse.desktop 文件，输入以下内容。

```
[Desktop Entry]
Type = Application
Name = Eclipse
Comment = Eclipse Integrated Development Envrionment
Icon = /usr/lib/eclipse/icon.xpm
exec = /usr/lib/eclipse/eclipse
Terminal = false
Categories = Development;IDE;Java
```

如图 8.63 所示，快捷方式设置好后，在搜索框内输入"ecl"，就会搜索到 Eclipse 的图标，如图 8.64 所示。如果没有搜索到快捷方式，需要重新启动计算机后就可以搜索到快捷方式了。

图 8.63　配置快捷方式

图 8.64　搜索快捷方式

习　题

1. 填空题

(1) 在 Ubuntu 中常用的编辑器有三种，分别是＿＿＿＿、＿＿＿＿、＿＿＿＿。

(2) 在 vi 中，命令行模式转到输入模式的功能键是＿＿＿＿。

(3) 在 vi 中，输入模式转到命令行模式的功能键是＿＿＿＿。

(4) 在 vi 中，命令行模式转到末行模式使用＿＿＿＿。

(5) 在 nano 中，使用＿＿＿＿功能键写入文件。

(6) Gcc 的编译流程为＿＿＿＿、＿＿＿＿、＿＿＿＿、＿＿＿＿。

(7) Gcc 的编译流程中分别使用的参数是＿＿＿＿、＿＿＿＿、＿＿＿＿、＿＿＿＿。

(8) 在 gdb 调试中显示代码的参数是＿＿＿＿。

(9) Eclipse ＿＿＿＿开发环境（IDE）。

(10) 运行 Eclipse 需要有＿＿＿＿支持。

2. 实验题

(1) 熟悉 gedit、nano、Gcc 编译器的使用。

(2) 在 vi 编辑器下创建文件，保存文件，修改文件。

(3) 用 Gcc 编写一个 C 程序，并进行编译、汇编、连接、执行。

(4) 在 Eclipse 下编写 C 程序，其功能为：打印输出所有的"水仙花数"。水仙花数是指一个三位数，其个位数字的立方和等于该数本身。例如：$153 = 1^3 + 5^3 + 3^3$。

第9章   Shell 及其编程

本章学习目标：

- 掌握 Shell 命令及其编程语句。

通常情况下，命令行每输入一次命令就能够得到系统的响应，如果需要输入多条命令才能得到结果，那么这种操作效率无疑是很低的，使用 Shell 程序或 Shell 脚本就可以很好地解决这个问题。Shell 编程语言具有普通编程语言的很多特点，比如它也有循环结构和分支控制结构等，用这种编程语言编写的 Shell 程序与其他应用程序具有同样的效果。

9.1   Shell 概述

Shell 就是可以接受用户输入命令的程序，它隐藏了操作系统底层的细节。UNIX 下的图形用户界面 GNOME 和 KDE，有时也被叫作"虚拟 Shell"或"图形 Shell"。Linux 操作系统下的 Shell 既是用户交互界面，也是控制系统的脚本语言。在 Linux 系列操作系统下，Shell 是控制系统启动、X Window 启动和很多其他实用工具的脚本解释程序。

每个 Linux 系统的用户可以拥有其自己的用户界面或 Shell，用以满足自己专门的 Shell 需要。

同 Linux 本身一样，Shell 也有多种不同的版本，主要有下列版本。

Bourne Shell：是贝尔实验室开发的。

BASH：是 GNU 的 Bourne Again Shell，是 GNU 操作系统上默认的 Shell。

Korn Shell：是对 Bourne Shell 的发展，其大部分内容与 Bourne Shell 兼容。

C Shell：是 Sun 公司 Shell 的 BSD 版本。

9.1.1   Bourne Shell

第一个标准 Linux Shell 是 1970 年年底在 V7 UNIX(AT&T 第 7 版)中引入的，以其资助者 Stephen Bourne 的名字命名。Bourne Shell 是一个交换式的命令解释器和命令编程语言，可以运行 Login Shell 或者 Login Shell 的子 Shell。

只有 login 命令可以调用 Bourne Shell 作为一个 Login Shell。此时，Shell 先读取/etc/profile 文件和 $HOME/.profile 文件。/etc/profile 文件为所有用户定制环境，$HOME/.profile 文件为本用户定制环境，Shell 读取用户输入。

9.1.2 C Shell

C Shell 是 Bill Joy 在 20 世纪 80 年代早期,在加州大学伯克利分校开发的。目的是让用户更容易地使用交互式功能,并把 ALGOL 风格,适于数值计算的语法结构变成了 C 语言风格。它新增了命令历史、别名、文件名替换、作业控制等功能。

9.1.3 Korn Shell

在很长一段时间里,只有两类 Shell 可供选择使用: Bourne Shell 用来编程,C Shell 用来交互。后来,AT&T 贝尔实验室的 David Korn 开发了 Korn Shell。Korn Shell 结合了所有的 C Shell 的交互式特性,并融入了 Bourne Shell 的语法,新增了数学计算,进程协作(Coprocess)、行内编辑(Inline Editing)等功能。Korn Shell 是一个交互式的命令解释器和命令编程语言,它符合 POSIX 标准。

9.1.4 Bourne Again Shell

Bourne Again Shell,简称 BASH,1987 年由布莱恩·福克斯开发,也是 GNU 计划的一部分,用来替代 Bourne Shell。BASH 是大多数类 UNIX 系统以及 Mac OS X V10.4 默认的 Shell,被移植到多种系统中。

BASH 的语法针对 Bourne Shell 的不足做了很多扩展。BASH 的命令语法很多来自 Korn Shell 和 C Shell。BASH 作为一个交互式的 Shell,按下 Tab 键即可自动补全已部分输入的程序名、文件名、变量名等。

9.1.5 查看用户 Shell

(1) 使用命令 cat /etc/shells 来查看/bin/目录下 Ubuntu 支持的 Shell,如图 9.1 所示。

图 9.1 查看 Ubuntu 支持的 Shell

(2) 使用 echo $SHELL 命令查看当前用户的 Shell,如图 9.2 所示。

(3) 其他用户的 Shell,可以在/etc/passwd 文件中看到,并且可以修改,但要具有超级用户权限,如图 9.2 所示。

图 9.2 查看用户 Shell

9.2 Shell 脚本执行方式

9.2.1 Shell 脚本概述

Shell 脚本是利用 Shell 的功能所编写的一个纯文本程序,将各类 Shell 命令预先放入到一个文件中,方便一次性执行的一个程序文件,方便管理员进行设置或者管理。它与 Windows 下的批处理相似,一个操作执行多条命令。Shell Script 提供了数组、循环、条件以及逻辑判断等功能,可以直接使用 Shell 来编写程序,而不必使用类似 C 程序语言等传统程序编写的语法。

9.2.2 执行 Shell 脚本的几种方式

1. Shell 脚本执行过程

Shell 脚本中命令、参数间的多个空白以及空白行都会被忽略掉,一般是读到一个 Enter 符号(CR)或分号";"就开始尝试执行该行(或该串)的命令。如果一行的内容太多,则可以使用"\[Enter]"来扩展至下一行。比如输出一行长的字符串,如图 9.3 所示。在 Shell 脚本中,任何加在 ♯ 后面的数据将全部被视为批注文字而被忽略。

```
malimei@malimei:~$ echo "this is a very very \
> very long string."
this is a very very very long string.
```

图 9.3 "\[Enter]"的使用

2. Shell 脚本执行方式

1) 直接命令执行

(1) 设置 Shell 脚本的权限为可执行后在提示符下执行。

(2) 使用文本编辑器(如 nano、vi)编辑生成脚本文件,如图 9.4 所示。

```
● ● ●  malimei@malimei-virtual-machine: ~
GNU nano 2.5.3              文件: test.sh

echo "this is a test"
```

图 9.4 编辑脚本文件

编辑完成后,执行脚本文件 test.sh,没有执行权限,因此不能直接执行,加上执行的权限才可以执行,如图 9.5 所示。

```
malimei@malimei-virtual-machine:~$ ./test.sh
bash: ./test.sh: 权限不够
malimei@malimei-virtual-machine:~$ sudo chmod a+x test.sh
malimei@malimei-virtual-machine:~$ ./test.sh
this is a test
malimei@malimei-virtual-machine:~$
```

图 9.5 脚本文件加上执行权限才可以执行

258

2) sh/bash ［选项］ 脚本名

打开一个子 Shell 读取并执行脚本中的命令。该脚本文件可以没有"执行权限"。

sh 或 bash 在执行脚本过程中,选项如下。

-n：不要执行 script,仅检查语法的问题。

-v：在执行 script 前,先将 script 的内容输出到屏幕上。

-x：进入跟踪方式,显示所执行的每一条命令,并且在行首显示一个"＋"号。

如果用 sh 脚本名执行,脚本可以没有执行的权限,如把上面的 test.sh 文件去掉可执行权限,可以执行,如图 9.6 所示。

```
malimei@malimei-virtual-machine:~$ sudo chmod a-x test.sh
malimei@malimei-virtual-machine:~$ sh test.sh
this is a test
malimei@malimei-virtual-machine:~$
```

图 9.6 用 sh 脚本名执行

加参数-v,输出语句和执行结果一起输出到屏幕上,如图 9.7 所示。

```
malimei@malimei-virtual-machine:~$ sh -v test.sh
echo "this is a test"
this is a test

malimei@malimei-virtual-machine:~$
```

图 9.7 加参数-v 执行

3) source 脚本名

(1) 在当前 BASH 环境下读取并执行脚本中的命令。

(2) 该脚本文件可以没有"执行权限",执行的格式为 source 脚本,或 source ./脚本,如图 9.8 所示。

```
malimei@malimei-virtual-machine:~$ sudo chmod a-x test.sh
malimei@malimei-virtual-machine:~$ source test.sh
this is a test
malimei@malimei-virtual-machine:~$ source ./test.sh
this is a test
malimei@malimei-virtual-machine:~$
```

图 9.8 BASH 环境下的脚本文件

9.3 Shell 脚本变量

Shell 脚本变量就是在 Shell 脚本程序中保存,系统和用户所需要的各种各样的值。Shell 脚本变量可以分为：系统变量、环境变量和用户自定义变量。

9.3.1 系统变量

Shell 常用的系统变量并不多,但在做一些参数检测的时候十分有用,如表 9.1 所示。

表 9.1　Shell 常用的系统变量

按　键	命　令
$#	命令行参数的个数
$n	当前程序的第 n 个参数,n＝1,2,…,9
$0	当前程序的名称
$?	执行上一个指令或函数的返回值
$*	以"参数 1 参数 2…"形式保存所有参数
$@	以"参数 1""参数 2"…形式保存所有参数
$$	本程序的(进程 ID 号)PID
$!	上一个命令的 PID
$-	显示 Shell 使用的当前选项,与 set 命令功能相同

例 9.1　分析名为 sysvar.sh 脚本的运行结果。sysvar.sh 脚本的代码如下。

```
#!/bin/sh
# to explain the application of system variables.
echo "\$1 = $1 ; \$2 = $2 ";                  # 输出第一个和第二个参数
echo "the number of parameter is $# ";        # 输出两个字符 $ ,#
echo "the return code of last command is $?"; # 输出上一个指令的返回值
echo "the script name is $0 ";                # 输出当前程序的名称
echo "the parameters are $* ";                # 输出参数
echo "the parameters are $@ ";                # 输出参数
```

运行结果如图 9.9 所示。

```
malimei@malimei-virtual-machine:~$ nano sysvar.sh
malimei@malimei-virtual-machine:~$ bash sysvar.sh tom mary
$1=tom;$2=mary
the number of parameter is 2
the return code of last command is 0
the script name is sysvar.sh
the parameters are tom mary
the parameters are tom mary
malimei@malimei-virtual-machine:~$
```

图 9.9　运行结果

9.3.2　环境变量

　　登录系统就获得一个 Shell,它占据一个进程,输入的命令都属于这个 Shell 进程的子进程,选择此 Shell 后,获得一些环境设定,即环境变量。环境变量约束用户行为,也帮助实现很多功能,包括主目录的变换、自定义显示符的提示方法、设定执行文件查找的路径等。

　　常用的环境变量如表 9.2 所示。

表 9.2　常用的环境变量

按　键	命　令
PATH	命令搜索路径,以冒号为分隔符。但当前目录不在系统路径里
HOME	用户 home 目录的路径名,是 cd 命令的默认参数
COLUMNS	定义了命令编辑模式下可使用命令行的长度
EDITOR	默认的行编辑器

续表

按　　键	命　　令
VISUAL	默认的可视编辑器
FCEDIT	命令 fc 使用的编辑器
HISTFILE	命令历史文件
HISTSIZE	命令历史文件中最多可包含的命令条数
HISTFILESI	命令历史文件中包含的最大行数
HISTORY	显示历史命令
IFS	定义 Shell 使用的分隔符
LOGNAME	用户登录名
MAIL	指向一个需要 Shell 监视修改时间的文件。当该文件修改后，Shell 发送消息 You hava mail 给用户
MAILCHECK	Shell 检查 MAIL 文件的周期，单位是 s
MAILPATH	功能与 MAIL 类似，但可以用一组文件，以冒号分隔，每个文件后可跟一个问号和一条发向用户的消息
SHELL	Shell 的路径名
TERM	终端类型
TMOUT	Shell 自动退出的时间，单位为 s，0 为禁止 Shell 自动退出
PROMPT_COMMAND	指定在主命令提示符前应执行的命令
PS1	主命令提示符
PS2	二级命令提示符，命令执行过程中要求输入数据时用
PS3	select 的命令提示符
PS4	调试命令提示符
MANPATH	寻找手册页的路径，以冒号分隔
LD_LIBRARY_PATH	寻找库的路径，以冒号分隔

例 9.2　使用 env 命令查看环境变量，并分析。

为了方便查看，使用重定向命令(输出重定向)将环境变量存储到 environment 文件中，命令为 env > environment，然后使用编辑器打开该文件，如图 9.10 所示。

4.1.2 节中已经介绍了常用的环境变量 history、alias、PS1 等，这里就不再重复介绍了。

```
malimei@malimei-virtual-machine:~$ env >environment
malimei@malimei-virtual-machine:~$ cat environment
XDG_VTNR=7
XDG_SESSION_ID=c2
CLUTTER_IM_MODULE=xim
XDG_GREETER_DATA_DIR=/var/lib/lightdm-data/malimei
SESSION=ubuntu
GPG_AGENT_INFO=/home/malimei/.gnupg/S.gpg-agent:0:1
VTE_VERSION=4205
TERM=xterm-256color
SHELL=/bin/bash
XDG_MENU_PREFIX=gnome-
QT_LINUX_ACCESSIBILITY_ALWAYS_ON=1
WINDOWID=54525962
UPSTART_SESSION=unix:abstract=/com/ubuntu/upstart-session/1000/1861
GNOME_KEYRING_CONTROL=
GTK_MODULES=gail:atk-bridge:unity-gtk-module
JRE_HOME=/java/jdk1.8.0_221/jre
USER=malimei
LS_COLORS=rs=0:di=01;34:ln=01;36:mh=00:pi=40;33:so=01;35:do=01;35:bd=40;33;01:cd
=40;33;01:or=40;31;01:mi=00:su=37;41:sg=30;43:ca=30;41:tw=30;42:ow=34;42:st=37;4
4:ex=01;32:*.tar=01;31:*.tgz=01;31:*.arc=01;31:*.arj=01;31:*.taz=01;31:*.lha=01;
```

图 9.10　查看环境变量

9.3.3 自定义变量

Shell 编程中,使用变量无须事先声明,同时变量名的命名须遵循如下规则。

(1) 首个字符必须为字母(a～z,A～Z)。

(2) 中间不能有空格,可以使用下画线(_)。

(3) 不能使用标点符号。

(4) 不能使用 BASH 中的关键字(可用 help 命令查看保留关键字)。

例 9.3 下面的变量名是合法的。

```
book123    My_12
```

例 9.4 下面的变量名是不合法的。

```
123abd    bc&123
```

9.3.4 自定义变量的使用

1. 变量值的引用与输出

(1) 引用变量时在变量名前面加上 $ 符号。

(2) 输出变量时用 echo 命令。

(3) 如果变量恰巧包含在其他字符串中,为了区分变量和其他字符串,需要用{}将变量名括起来,如图 9.11 所示。

```
malimei@malimei:~$ day=monday
malimei@malimei:~$ echo $day
monday
malimei@malimei:~$ echo "today is ${day}"
today is monday
```

图 9.11 变量值的引用

2. 变量的赋值和替换

(1) 变量赋值的方式:变量名＝值。

例 9.5

```
day = monday
string = welcome!
```

注意:给变量赋值的时候,不能在"＝"两边留空格,如图 9.12 所示。

```
malimei@malimei:~$ day=monday
malimei@malimei:~$ string=welcome
malimei@malimei:~$ day = monday
No command 'day' found, did you mean:
 Command 'dat' from package 'liballegro4-dev' (universe)
 Command 'dar' from package 'dar' (universe)
 Command 'dab' from package 'bsdgames' (universe)
 Command 'say' from package 'gnustep-gui-runtime' (universe)
 Command 'dav' from package 'dav-text' (universe)
 Command 'jay' from package 'mono-jay' (universe)
 Command 'dan' from package 'emboss' (universe)
day: command not found
```

图 9.12 给变量赋值(1)

(2) 重置就相当于赋给这个变量另一个值,如图 9.13 所示。

(3) 清空某一变量的值可以使用 unset 命令,如图 9.14 所示。

```
malimei@malimei:~$ day=monday
malimei@malimei:~$ echo $day
monday
malimei@malimei:~$ day=sunday
malimei@malimei:~$ echo $day
sunday
```

图 9.13　给变量赋值(2)

```
malimei@malimei:~$ day=monday
malimei@malimei:~$ echo "today is ${day}"
today is monday
malimei@malimei:~$ unset day
malimei@malimei:~$ echo "today is ${day}"
today is
```

图 9.14　清空变量的值

(4) 变量可以有条件地替换,替换条件放在{}中。

① 当变量未定义或者值为空时,返回值为 value 的内容,否则返回变量的值。其格式为 ${variable:-value},如图 9.15 所示。

```
malimei@malimei:~$ echo hello $th
hello
malimei@malimei:~$ echo hello ${th:-world}
hello world
malimei@malimei:~$ echo $th

malimei@malimei:~$ th=china
malimei@malimei:~$ echo hello ${th:-world}
hello china
```

图 9.15　变量有条件的替换 1

② 若变量未定义或者值为空时,在返回 value 的值的同时 value 赋值给 variable。其格式为 ${variable:=value},如图 9.16 所示。

```
malimei@malimei:~$ echo hello $th
hello
malimei@malimei:~$ echo hello ${th:=world}
hello world
malimei@malimei:~$ echo $th
world
malimei@malimei:~$ th=china
malimei@malimei:~$ echo hello ${th:=world}
hello china
```

图 9.16　变量有条件的替换 2

③ 若变量已赋值,其值才用 value 替换,否则不进行任何替换。其格式为 ${variable:+value},value 替换 variable,如图 9.17 所示。

```
malimei@malimei:~$ a=1
malimei@malimei:~$ echo ${a:+change}
change
malimei@malimei:~$ unset a
malimei@malimei:~$ echo $a

malimei@malimei:~$ echo ${a:+change}

malimei@malimei:~$
```

图 9.17　变量有条件的替换 3

9.4　数　　组

BASH 支持一维数组(不支持多维数组),并且没有限定数组的大小。类似于 C 语言,数组元素的下标由 0 开始编号。获取数组中的元素要利用下标,下标可以是整数或算术表达式,其值应大于或等于 0,数组的使用可以先声明,再赋值,也可以直接赋值。

9.4.1　数组的声明

对数组进行声明,使用 declare 命令,declare 命令的格式:

declare [+ / -] [选项] variable

[＋/－]及[选项]的含义如下。

－/＋:指定或关闭变量的属性。

a:定义后面名为 variable 的变量为数组(array)类型。

i:定义后面名为 variable 的变量为整数数字(integer)类型。

x:将后面的 variable 变成环境变量。

r:将变量设置成 readonly 类型。

f:将后面的 variable 定义为函数。

声明实例如图 9.18 所示。

```
malimei@malimei:~$ declare -i x=5
malimei@malimei:~$ declare -i y=10
malimei@malimei:~$ declare -i z=$x+$y
malimei@malimei:~$ echo $z
15
```

图 9.18　声明实例

9.4.2　数组的赋值

在 Shell 中,用括号来表示数组,数组元素用"空格"符号分隔开。

(1)定义数组的一般形式为:

array_name = (value1 … valuen)　　连续赋值

例如:array_name = (value0 value1 value2 value3)　　//此时下标从 0 开始

(2)还可以单独定义数组的各个分量,可以不使用连续的下标,而且下标的范围没有限制。

array_name[0] = value0
array_name[2] = value2
array_name[4] = value4

(3)对数组进行声明并赋值。

declare － a name = (a b c d e f)　　　　　　　//此时数组下标从 0 开始
name[0] = A　　　　　　　　　　　　　　//将第一个元素 a 修改为 A
name[9] = j　　　　　　　　　　　　　　//将第 10 个元素赋值为 j

9.4.3　数组的读取

读取数组元素值的一般格式如下：

$ {array_name[index]}

（1）取数组中的元素的时候，语法形式为：echo ${array[index]}。

（2）如果想要取数组的全部元素，则要使用：echo ${array[@]}，echo ${array[*]}。

例 9.6　给数组赋值，如图 9.19 所示，输出结果如图 9.20 所示。

```
#!/bin/sh
NAME[0] = "Zara"
NAME[1] = "Qadir"
NAME[2] = "Mahnaz"
NAME[3] = "Ayan"
NAME[4] = "Daisy"
echo"First Index: ${NAME[0]}"
echo"Second Index: ${NAME[1]}"
```

图 9.19　给数组赋值

```
$ ./test.sh
First Index: Zara
Second Index: Qadir
```

图 9.20　输出结果

例 9.7　使用@或 * 可以获取数组中的所有元素，程序代码如图 9.21 所示，输出结果如图 9.22 所示。

```
#!/bin/sh
NAME[0] = "Zara"
NAME[1] = "Qadir"
NAME[2] = "Mahnaz"
NAME[3] = "Ayan"
NAME[4] = "Daisy"
echo"First Method: ${NAME[*]}"
echo"Second Method: ${NAME[@]}"
```

图 9.21　@ 或 * 的使用

```
$ ./test.sh
First Method: Zara Qadir Mahnaz Ayan Daisy
Second Method: Zara Qadir Mahnaz Ayan Daisy
```

图 9.22　输出结果

9.4.4　数组的长度

（1）用 ${#数组名[@]} 或 ${#数组名[*]}可以得到数组长度。

格式：

length＝＄{＃array_name[@]} 或 length＝＄{＃array_name[＊]}

例 9.8 数组 a＝(1 2 3 4 5)输出长度的结果如图 9.23 所示。

```
malimei@malimei-virtual-machine:~$ a=(1 2 3 4 5)
malimei@malimei-virtual-machine:~$ echo ${#a[@]}
5
malimei@malimei-virtual-machine:~$ echo ${#a[*]}
5
```

图 9.23　输出数组长度

(2) 用＄{＃数组名[n]}取得数组单个元素的长度。

格式：

length＝＄{＃array_name[n]}

例 9.9 数组 b＝(two three)有两个元素，分别输出两个元素的长度，结果如图 9.24 所示。

```
malimei@malimei-virtual-machine:~$ b=(two three)
malimei@malimei-virtual-machine:~$ echo ${#b[0]}
3
malimei@malimei-virtual-machine:~$ echo ${#b[1]}
5
```

图 9.24　求出数组中两个元素的长度

9.5　Shell 的输入/输出

9.5.1　输入命令 read

使用 read 语句从键盘或文件的某一行文本中读入信息，并将其赋给一个变量。如果只指定了一个变量，那么 read 将会把所有的输入赋给该变量，直到遇到第一个文件结束符或回车。一般形式为：

read variable1 variable2…

(1) Shell 用空格作为多个变量之间的分隔符。

(2) Shell 将输入文本域超长部分赋予最后一个变量。

例 9.10 使用 read 语句为 name、sex、age 三个变量分别赋值：lucy、female、20，如图 9.25 所示。

```
malimei@malimei:~$ read name sex age
lucy female 20
malimei@malimei:~$ echo $name
lucy
malimei@malimei:~$ echo $sex
female
malimei@malimei:~$ echo $age
20
```

图 9.25　read 的使用

Shell 及其编程

9.5.2 输出命令 echo

使用 echo 可以输出文本或变量到标准输出,或者把字符串输入到文件中,它的一般形式为:

echo ［选项］字符串

选项:

-n:输出后不自动换行。

-e:启用"\"字符的转换。

"\"字符的转换含义如下。

\a:发出警告声。

\b:删除前一个字符。

\c:最后不加上换行符号。

\f:换行但光标仍旧停留在原来的位置。

\n:换行且光标移至行首。

\r:光标移至行首,但不换行。

\t:插入 Tab。

\v:与\f 相同。

\\:插入\字符。

\x:插入十六进制数所代表的 ASCII 字符。

例 9.11 不自动换行输出字符"hello world!",结果如图 9.26 所示。

```
malimei@malimei:~$ echo -n hello world!
hello world!malimei@malimei:~$
```

图 9.26　加参数-n

例 9.12 \t 和\n 的应用,结果如图 9.27 所示。

```
malimei@malimei:~$ echo -e "a\tb\tc\nd\te\tf\ng\th\ti"
a        b        c
d        e        f
g        h        i
```

图 9.27　加参数-e,\t,\n

例 9.13 \x 的应用,如图 9.28 所示。

```
malimei@malimei:~$ echo -e "\x61\x09\x62\x09\x63\012\x64\x09\x65\x09\x66"
a        b        c
d        e        f
```

图 9.28　加参数-e 和\x

9.6　运算符和特殊字符

9.6.1　运算符

Shell 拥有自己的运算符,Shell 的运算符及优先级的结合方式如表 9.3 所示。

表 9.3　Shell 的运算符及优先级

运　算　符	解　　释	结　合　方　式
()	括号(函数等)	→
[]	数组	→
!　～	取反　按位取反	→
++　−−	增量　减量	→
+　−	正号　负号	→
*　/　%	乘法　除法　取模	→
+　−	加法　减法	→
<<　>>	左移　右移	→
<　<=	小于　小于或等于	→
>=　>	大于　大于或等于	→
==　!=	等于　不等于	→
&	按位与	→
^	按位异或	→
|	按位或	→
&.&	逻辑与	→
||	逻辑或	→
?:	条件	←
=　+=　*=　/=　&.=	赋值	←
=　|=　<<=　>>=	赋值	←

例 9.14　创建/home/malimei/ac 目录后,在此目录下建立文件 test,如图 9.29 所示。

图 9.29　创建目录和文件

9.6.2　特殊字符

Shell 脚本里也有一些特殊用途的字符,常见的有反斜线、引号、注释符号等。

1. 反斜线(\)

反斜线是转义字符,它告诉 Shell 不要对其后面的那个字符进行特殊处理,只当作普通字符即可。

例 9.15　${arr[@]}的前面如果加了反斜线,那么它就是普通字符,而不是数组,如图 9.30 所示。

2. 双引号(" ")

由双引号括起来的字符,除 $、反斜线和反引号几个字符仍是特殊字符并保留其特殊功能外,其余字符仍视为普通字符。

例 9.16　$ path 中,$ 为特殊字符,输出变量内容,\\\字符中,前两个\表示输出了一

268

```
malimei@malimei:~$ declare -a arr=(0 1 2)
malimei@malimei:~$ echo \${arr[@]}
${arr[@]}
malimei@malimei:~$ echo ${arr[@]}
0 1 2
```

图 9.30 反斜线的使用

个\字符,\＄就是普通字符,因此原样输出;而\\\\字符中输出两个\\字符,如图 9.31 所示,具体说明见 echo 命令。

```
xx12@xx12-virtual-machine:~/abc$ path=/usr/bin/
xx12@xx12-virtual-machine:~/abc$ string="$path\\\$path"
xx12@xx12-virtual-machine:~/abc$ echo $string
/usr/bin/\$path
xx12@xx12-virtual-machine:~/abc$ string="$path\\\\$path"
xx12@xx12-virtual-machine:~/abc$ echo $string
/usr/bin/\\/usr/bin/
```

图 9.31 双引号的使用

3. 单引号(')

由单引号括起来的字符都作为普通字符出现。

例 9.17 单引号括起来的 ＄name 是普通字符串,因此原样输出,如图 9.32 所示。

```
malimei@malimei:~$ string='$name'
malimei@malimei:~$ echo $string
$name
```

图 9.32 单引号的使用

4. 反引号(`)

Shell 把反引号括起来的字串解释为命令行后首先执行,并以它的标准输出结果取代整个反引号部分。

例 9.18 用标准输出结果代替反引号的内容,如图 9.33 所示。

```
malimei@malimei:~$ pwd
/home/malimei
malimei@malimei:~$ string="current directory is `pwd`"
malimei@malimei:~$ echo $string
current directory is /home/malimei
```

图 9.33 反引号的使用

5. 注释符

在 Shell 中以字符♯开头的正文行表示注释行。

9.7 Shell 语句

使用 Shell 脚本编程时,可以使用 if 语句、case 语句、for 语句、while 语句和 until 语句等,对程序的流程进行控制。

9.7.1 test 命令

test 命令用于检查某个条件是否成立,如果条件为真,则返回一个 0 值。如果表达式不为真,则返回一个大于 0 的值,也可以将其称为假值。

格式为:

test expression 或者[expression]

表达式一般是字符串、整数或文件和目录属性,并且可以包含相关的运算符。运算符可以是整数运算符、字符串运算符、文件运算符或布尔运算符。

1. 整数运算符

test 命令中,用于比较整数的关系运算符如表 9.4 所示。

表 9.4 比较整数的关系运算符

运 算 符	解 释
-eq	两数值相等(equal)
-ne	两数值不等(not equal)
-gt	n1 大于 n2(greater than)
-lt	n1 小于 n2(less than)
-ge	n1 大于或等于 n2(greater than or equal)
-le	n1 小于或等于 n2(less than or equal)

例 9.19 使用 test 判断两个数的大小,并查看返回值情况,如图 9.34 所示。

图 9.34 运算符的使用

2. 字符串运算符

用于字符串比较时,test 的关系运算符如表 9.5 所示。

表 9.5 字符串运算符

运 算 符	解 释
-z string	判断字符串 string 是否为 0,若 string 为空字符串,则为 true
-n string	判断字符串 string 是否为非 0,若 string 为空字符串,则为 false
tr1＝str2	判断两个字符串 str1 和 str2 是否相等,若相等,则为 true
str1!＝str2	判断两个字符串 str1 和 str2 是否不相等,若不相等,则为 true

例 9.20 使用 test 判断 tom 和 lucy 两个字符串是否相等,并查看返回值情况,如图 9.35 所示。

图 9.35 字符串比较结果

3. 文件运算符

用于文件和目录属性比较时,test 的运算符如表 9.6 所示。

表 9.6　文件运算符

运　算　符	解　释
-e file	判断 file 文件名是否存在
-f file	判断 file 文件名是否存在且为文件
-d file	判断 file 文件名是否存在且为目录(directory)
-b file	判断 file 文件名是否存在且为一个 block device
-c file	判断 file 文件名是否存在且为一个 character device
-S file	判断 file 文件名是否存在且为一个 Socket
-P file	判断 file 文件名是否存在且为一个 FIFO(pipe)
-L file	判断 file 文件名是否存在且为一个连接文件
-r file	判断 file 文件名是否存在且具有"可读"权限
-w file	判断 file 文件名是否存在且具有"可写"权限
-x file	判断 file 文件名是否存在且具有"可执行"权限
-u file	判断 file 文件名是否存在且具有"SUID"属性
-g file	判断 file 文件名是否存在且具有"SGID"属性
-k file	判断 file 文件名是否存在且具有"Sticky bit"属性
-s file	判断 file 文件名是否存在且为"非空白文件"
file1 -nt file2	判断 file1 是否比 file2 新(newer than)
file1 -ot file2	判断 file2 是否比 file2 旧(older than)
file1 -ef file2	判断 file1 与 file2 是否为同一个文件

例 9.21　判断文件是否存在,并查看返回值情况,如图 9.36 所示。

4. 逻辑运算符

test 命令的逻辑运算符如表 9.7 所示。

```
malimei@malimei:~$ test -e abc
malimei@malimei:~$ echo $?
1
malimei@malimei:~$ touch abc
malimei@malimei:~$ test -e abc
malimei@malimei:~$ echo $?
0
```

图 9.36　文件运算符的使用

表 9.7　逻辑运算符

运　算　符	解　释
-a	逻辑与
-o	逻辑或
!	逻辑非

例 9.22　判断 $num 的值是否为 10～20,如图 9.37 所示。

```
malimei@malimei:~$ num=9
malimei@malimei:~$ [ "$num" -gt 10 -a "$num" -lt 20 ]
malimei@malimei:~$ echo $?
1
malimei@malimei:~$ num=19
malimei@malimei:~$ [ "$num" -gt 10 -a "$num" -lt 20 ]
malimei@malimei:~$ echo $?
0
```

图 9.37　逻辑运算符的使用

9.7.2　if 语句

if 语句的结构分为：单分支 if 语句、双分支 if 语句和多分支 if 语句。

1. 单分支 if 语句

只判断指定的条件，当条件成立时执行相应的操作，否则不做任何操作。

格式为：

```
if　条件测试命令
then
命令序列
fi
```

例 9.23　用单分支 if 语句判断两个数 a 和 b 是否相等，如果相等输出"a is equal to b,"如果不等输出"a is not equal to b"，代码如下。

```
#!/bin/sh
a = 10
b = 20
if [ $a == $b ]
then
  echo"a is equal to b"
fi
if [ $a != $b ]
then
  echo"a is not equal to b"
fi
```

运行结果：a is not equal to b

2. 双分支 if 语句

双分支 if 语句在条件成立或不成立的时候分别执行不同的命令序列。格式为：

```
if　条件测试命令
then
  命令序列 1
else
  命令序列 2
fi
```

例 9.24　双分支 if 语句判断两个数 a 和 b 是否相等，如果相等输出"a is equal to b,"如果不等输出"a is not equal to b"，代码如下。

```
#!/bin/sh
a = 10
b = 20
if [ $a == $b ]
then
  echo "a is equal to b"
else
  echo "a is not equal to b"
fi
```

执行结果: a is not equal to b

3. 多分支 if 语句

在 Shell 脚本中,if 语句能够嵌套使用,进行多次判断。格式为:

```
if    条件测试命令 1
then
     命令序列 1
elif 条件测试命令 2
    then
命令序列 2
    else
命令序列 3
fi
```

例 9.25 多分支 if 语句判断两个数 a 和 b 是否相等,如果相等输出"a is equal to b,"如果不等,判断大小,代码如下。

```
#!/bin/sh
a = 10
b = 20
if [  $ a == $ b ]
then
  echo "a is equal to b"
elif [  $ a – gt $ b ]
then
  echo "a is greater than b"
elif [  $ a – lt $ b ]
then
  echo "a is less than b"
else
  echo "None of the condition met"
fi
```

运行结果: a is less than b

9.7.3   case 语句

case…esac 与其他语言中的 switch…case 语句类似,是一种多分支选择结构。case 语句匹配一个值或一个模式,如果匹配成功,执行相匹配的命令。

case 语句格式为:

```
case    $ 变量名 in
模式 1)
命令序列 1
;;
模式 2)
命令序列 2
;;
 * )
默认执行的命令序列
esac
```

注:

（1）case 行尾必须为单词"in"。

（2）每一个模式必须以右括号")"结束。

（3）两个分号";;"表示命令序列结束。

（4）匹配模式中可使用方括号表示一个连续的范围,如[0-9]。

（5）使用竖杠符号"|"表示或。

（6）最后的"*)"表示默认模式,当使用前面的各种模式均无法匹配该变量时,将执行"*)"后的命令序列。

例 9.26 下面的脚本提示输入 1～4,与每一种模式进行匹配,代码如下。

```
echo 'Input a number between 1 to 4'
echo 'Your number is:\c'
read aNum
case $ aNum in
    1)  echo 'You select 1'
    ;;
    2)  echo 'You select 2'
    ;;
    3)  echo 'You select 3'
    ;;
    4)  echo 'You select 4'
    ;;
    *)  echo 'You do not select a number between 1 to 4'
    ;;
esac
```

运行结果:

```
Input a number between 1 to 4
Your number is:3
You select 3
```

9.7.4 while 语句

while 语句是 Shell 提供的一种循环机制,当条件为真的时候它允许循环体中的命令继续执行,否则退出循环。

语句格式:

```
while[条件测试命令]
    do
        命令序列
    done
```

例 9.27 编写脚本,输入整数 n,计算 1～n 的和。脚本执行结果如图 9.38 所示。

```
#!/bin/bash
read - p "please input a number:" n
sum = 0
i = 1
```

```
malimei@malimei:~$ bash while.sh
please input a number:99
the sum of '1+2+3+...n' is 4950
malimei@malimei:~$ bash while.sh
please input a number:100
the sum of '1+2+3+...n' is 5050
```

图 9.38　脚本执行结果

```
while [ $ i － le $ n ]
do
sum = $ [ $ sum + $ i]
i = $ [ $ i + 1]
done
echo "the sum of '1 + 2 + 3 + …n' is $ sum"
```

9.7.5　until 语句

until 语句是当条件满足时退出循环,否则执行循环,语句格式为:

```
until [条件测试命令 ]
    do
        命令序列
    done
```

例 9.28　循环输出 1~10 的数字,代码如下。

```
#!/bin/bash
myvar = 1
until [ $ myvar － gt 10 ]
do
    echo $ myvar
    myvar = $ (( $ myvar + 1 ))
done
```

until 语句提供了与 while 语句相反的功能:只要特定条件为假,就重复执行语句。

9.7.6　for 语句

for 语句格式为:

```
for 变量名 in 取值列表
 do
 命令序列
 done
```

使用 for 循环时,可以为变量设置一个取值列表,每次读取列表中不同的变量值并执行命令序列,变量值用完后退出循环。

例 9.29　使用 for 语句计算命令行上所有整数之和。

使用 nano 编辑器创建 Shell 程序,文件名为 test,脚本如图 9.39 所示。如果不能执行,则加上执行权限,加权限后,执行结果如图 9.40 所示。

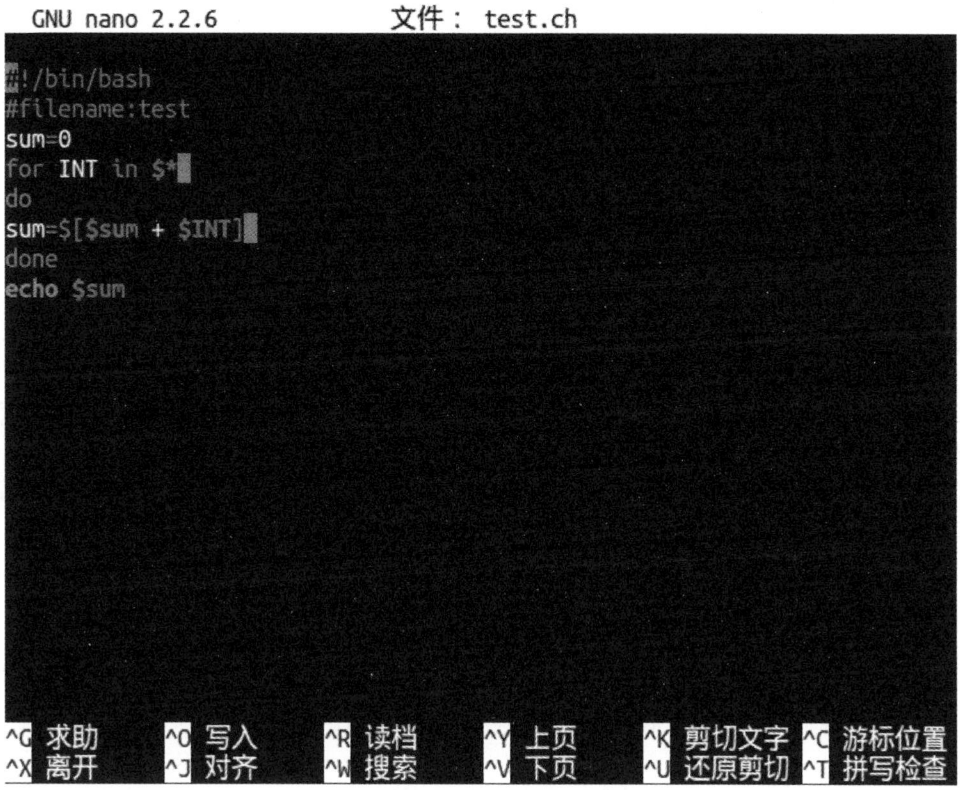

```
GNU nano 2.2.6                    文件: test.ch

#!/bin/bash
#filename:test
sum=0
for INT in $*
do
sum=$[$sum + $INT]
done
echo $sum




^G 求助      ^O 写入      ^R 读档      ^Y 上页      ^K 剪切文字   ^C 游标位置
^X 离开      ^J 对齐      ^W 搜索      ^V 下页      ^U 还原剪切   ^T 拼写检查
```

图 9.39 创建 Shell 程序

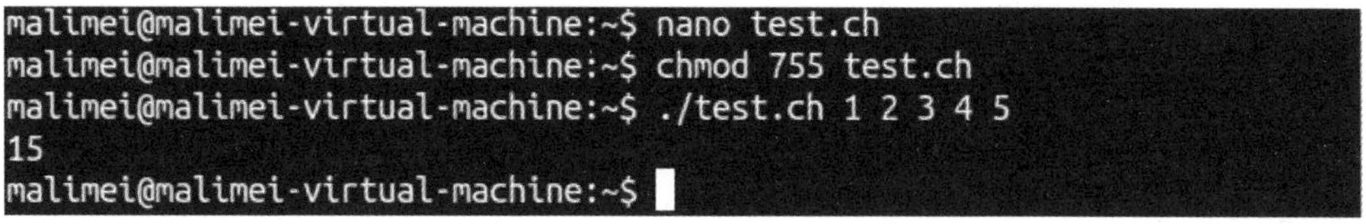

```
malimei@malimei-virtual-machine:~$ nano test.ch
malimei@malimei-virtual-machine:~$ chmod 755 test.ch
malimei@malimei-virtual-machine:~$ ./test.ch 1 2 3 4 5
15
malimei@malimei-virtual-machine:~$
```

图 9.40 执行程序

9.7.7 循环控制语句

1. break 语句

break 语句用于 for、while 和 until 循环语句中,忽略循环体中任何其他语句和循环条件的限制,强行退出循环。

例 9.30 用 nano 编辑器编写脚本,输入整数 n,但只计算 1~10 的和。脚本如下。

```
#!/bin/bash
read - p "please input a number:" n
sum = 0
i = 1
for i in 'seq 1 $ n'
do
if [ $ i - gt 10 ]
```

```
then
break
fi
sum = $ [ $ sum + $ i]
i = $ [ $ i + 1]
done
echo "the sum of '1 + 2 + 3 + …n' is $ sum"
```

执行结果如图 9.41 所示。

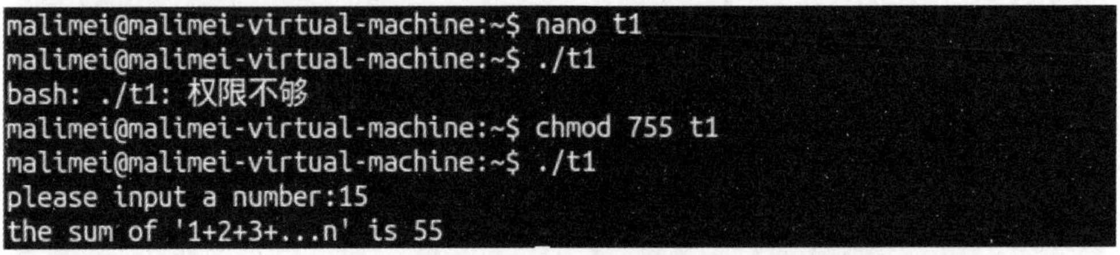

```
malimei@malimei-virtual-machine:~$ nano t1
malimei@malimei-virtual-machine:~$ ./t1
bash: ./t1: 权限不够
malimei@malimei-virtual-machine:~$ chmod 755 t1
malimei@malimei-virtual-machine:~$ ./t1
please input a number:15
the sum of '1+2+3+...n' is 55
```

图 9.41 break 语句的使用

2. continue 语句

continue 语句应用在 for、while 和 until 语句中,用于让脚本跳过其后面的语句,执行下一次循环。

例 9.31 编写脚本,输入整数 n,计算 1~n 的奇数和。脚本如下。

```
#!/bin/bash
read − p "please input a number:" n
sum = 0
i = 1
for i in 'seq 1 $ n'
do
if [ $ [ $ i % 2] − eq 0 ]
then
i = $ [ $ i + 1]
continue
fi
sum = $ [ $ sum + $ i]
i = $ [ $ i + 1]
done
echo "the sum of '1 + 2 + 3 + …n' is $ sum"
```

执行结果如图 9.42 所示。

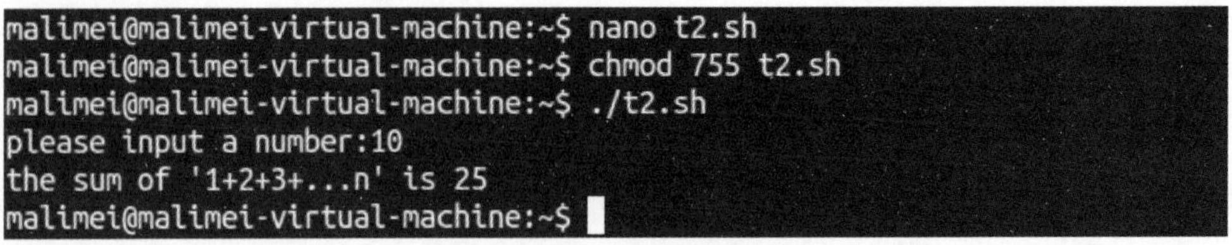

```
malimei@malimei-virtual-machine:~$ nano t2.sh
malimei@malimei-virtual-machine:~$ chmod 755 t2.sh
malimei@malimei-virtual-machine:~$ ./t2.sh
please input a number:10
the sum of '1+2+3+...n' is 25
malimei@malimei-virtual-machine:~$
```

图 9.42 continue 语句的使用

9.8　综合应用

9.8.1　综合应用一

例 9.32　编写 Shell 脚本,执行后,打印一行提示"Please input a number:",逐次打印用户输入的数值,直到用户输入"end"为止。脚本如下。

```
#!/bin/sh
unset var
while [ "$var" != "end" ]
do
    echo -n "please input a number: "
    read var
    if [ "$var" = "end" ]
    then
      break;
    fi
    echo "var is $var"
done
```

执行结果如图 9.43 所示。

图 9.43　执行结果

9.8.2　综合应用二

例 9.33　编写 Shell 脚本,使用 ping 命令检测 192.168.3.1~192.168.3.100 共 100 个主机目前是否能与当前主机连通。脚本如下。

```
#!/bin/bash
network="192.168.3"
for sitenu in $(seq 1 100)
    do
    ping -c 1 -w 1 ${network}.${sitenu} &> /dev/null \
    && result=0 || result=1
```

```
    if [ "$result" == 0 ]
        then
        echo "Server ${network}.${sitenu} is UP."
        else
        echo "Server ${network}.${sitenu} is DOWN."
    fi
done
```

执行结果如图 9.44 所示。

```
malimei@malimei-virtual-machine:~$ nano t2.sh
malimei@malimei-virtual-machine:~$ ./t2.sh
Server 192.168.3.1 is UP.
Server 192.168.3.2 is DOWN.
Server 192.168.3.3 is DOWN.
Server 192.168.3.4 is DOWN.
Server 192.168.3.5 is DOWN.
Server 192.168.3.6 is UP.
Server 192.168.3.7 is UP.
Server 192.168.3.8 is DOWN.
```

图 9.44　执行结果

说明：

（1）-c count 是数量，即发 ping 包的数量。

（2）-w timeout 指定超时间隔，单位为 ms。

（3）& >等如 2>&1 中，1 是 STDOUT，2 是 STDERR，2>&1 就是 STDOUT 和 STDERR，导入到同一文件中。

（4）2>是标准错误重定向，1>是标准输出重定向，& >把标准错误及标准输出中的信息都重定向，这里面是/dev/null，其他的文件也可以。

（5）执行完输出的内容都放入/dev/null 里。不管是出错了，还是正常 ping 通了，只要是输出到屏幕的信息都放入/dev/null 里。

9.8.3　综合应用三

例 9.34　编写 Shell 脚本，提示输入某个目录文件名，然后输出此目录内所有文件的权限，若可读输出 readable，若可写输出 writable，若可执行输出 executable。脚本如下。

```
#!/bin/bash
read -p "please input a directory:" dir
if [ "$dir" == "" -o ! -d "$dir" ]
    then
        echo "The $dir is notexist in your system"
    exit 1
fi
filelist=$(ls $dir)
for filename in $filelist
    do
        perm=""
        test -r "$dir/$filename" && perm="$perm readable"
        test -w "$dir/$filename" && perm="$perm writable"
```

```
        test - x " $ dir/ $ filename" && perm = " $ perm executable"
        echo "The file $ dir/ $ filename's permission is $ perm"
done
```

执行结果如图 9.45 所示。

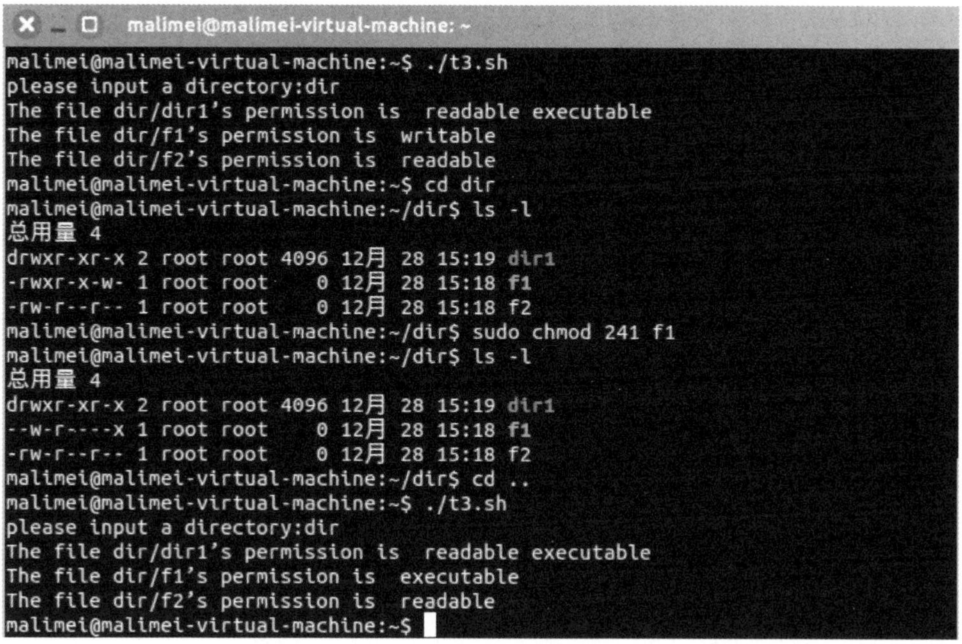

图 9.45　执行结果

说明：

if[" $ dir" == ""] || [! -d " $ dir"]中,[! -d " $ dir"]这个条件的判断,其中[! -d]参数是使用的 test 指令的参数,-d 是测试目录是否存在,! 返回一个结果为真的值,所有的 test 指令都可以不在 test 指令下,而在[ ]中进行判断。

习　　题

1. 填空题

（1）在 Ubuntu 中使用的 Shell 是_____。

（2）Shell 脚本执行方式有三种,分别是 _____、_____、_____。

（3）脚本的执行方式中必须有执行权限的是_____。

（4）脚本的执行方式中可以没有执行权限的是_____、_____。

（5）在 Shell 的系统变量中,显示当前程序的名称的功能键是_____。

（6）在 Shell 的环境变量中,更改二级提示符的功能键是_____。

（7）读取数组的全部元素,使用 _____、_____。

（8）读取数组中第 3 个元素,使用 _____命令。

（9）求数组长度的命令是 _____。

（10）test 命令中判断文件是否存在时使用的运算符是 _____。

2．简答题

（1）简述常见的 Shell 环境变量。

（2）常用的字符串比较符号有哪些?

3．程序题

（1）查看当前系统下用户 Shell 定义的环境变量的值。

（2）定义变量 AS,为它赋值为 29,显示在屏幕上,比较其值是否小于 18。

（3）使用 for 循环语句编写 Shell 程序：求出 1～100 中的质数。

（4）使用 until 语句创建一个 Shell 程序：计算 1～10 的阶乘。

第 10 章　服务器的配置

本章学习目标：
- 掌握 Ubuntu 下网络相关的命令。
- 掌握 Samba、NFS、LAMP 服务器配置和搭建过程。

要完成网络配置工作，可以通过修改相应的配置文件、使用网络命令或通过图形界面进行。要管理好网络服务，可以使用服务器配置工具以及相应的命令启动和停止服务。

10.1　查看网络配置

Linux 系统中网络信息包括网络接口信息、路由信息、主机名、网络连接状态等。

10.1.1　ifconfig

使用 ifconfig 命令查看和更改网络接口的地址和参数，格式如下：

ifconfig　- interface　[options]　address

说明：

（1）interface 是指定的网络接口名，如 eth0 和 eth1。

（2）options 指代如下。

up：激活指定的网络接口。

down：关闭指定的网络接口。

broadcast address：设置接口的广播地址。

pointopoint：启用点对点方式。

netmask address：设置接口的子网掩码。

（3）address 是设置指定接口设备的 IP 地址。

例 10.1　显示当前系统中 eth0 接口的参数，如图 10.1 所示。

```
malimei@malimei-virtual-machine:~$ ifconfig eth0
eth0      Link encap:以太网  硬件地址 00:0c:29:22:51:f2
          inet 地址:192.168.3.7  广播:192.168.3.255  掩码:255.255.255.0
          inet6 地址: fe80::20c:29ff:fe22:51f2/64 Scope:Link
          UP BROADCAST RUNNING MULTICAST  MTU:1500  跃点数:1
          接收数据包:5045 错误:0 丢弃:0 过载:0 帧数:0
          发送数据包:1074 错误:0 丢弃:0 过载:0 载波:0
          碰撞:0 发送队列长度:1000
          接收字节:4696688 (4.6 MB)  发送字节:96543 (96.5 KB)
          中断:19 基本地址:0x2000
```

图 10.1　显示当前系统中 eth0 接口的参数

还可以通过图形界面来查看和更改网络接口的地址和参数。

在顶部的控制栏中单击"网络接口信息"图标 ，选择"编辑连接"，打开"网络连接"窗口，单击"编辑"按钮，打开如图 10.2 所示的界面。

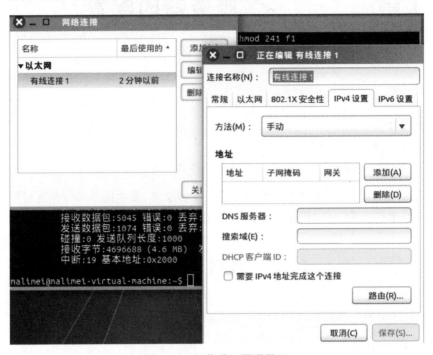

图 10.2　网络设置图形界面

10.1.2　route

使用 route 命令查看主机路由表，如图 10.3 所示。

图 10.3　route 命令的使用

说明：网关地址为 ∗，表示目标是本主机所属的网络，不需要路由。

10.1.3　hostname

使用 hostname 命令查看系统和修改主机名，如图 10.4 所示。

```
malimei@malimei-virtual-machine:~$ hostname
malimei-virtual-machine
malimei@malimei-virtual-machine:~$ hostname xxjsmalimei
hostname: you must be root to change the host name
malimei@malimei-virtual-machine:~$ sudo hostname xxjsmalimei
[sudo] password for malimei:
malimei@malimei-virtual-machine:~$ hostname
xxjsmalimei
```

图 10.4　查看系统和修改主机名

10.1.4 netstat

使用 netstat 命令可以查看网络连接状态,显示网络连接、路由表和网络接口信息。命令格式如下:

```
netstat -[选项]
```

其中,各选项的含义如下。

-s:显示各个协议的网络统计数据。

-c:显示连续列出的网络状态。

-i:显示网络接口信息表单。

-r:显示关于路由表的信息,类似于 route 命令。

-a:显示所有的有效连接信息。

-n:显示所有已建立的有效连接。

-t:显示 TCP 的连接。

-u:显示 UDP 的连接。

-p:显示正在使用的进程 ID。

例 10.2 查看当前系统所有的监听端口,如图 10.5 所示。

```
malimei@malimei-virtual-machine:~$ netstat -natu
激活Internet连接 (服务器和已建立连接的)
Proto Recv-Q Send-Q Local Address          Foreign Address        State
tcp        0      0 0.0.0.0:2049           0.0.0.0:*              LISTEN
tcp        0      0 0.0.0.0:39143          0.0.0.0:*              LISTEN
tcp        0      0 0.0.0.0:39496          0.0.0.0:*              LISTEN
tcp        0      0 0.0.0.0:3306           0.0.0.0:*              LISTEN
tcp        0      0 0.0.0.0:38219          0.0.0.0:*              LISTEN
tcp        0      0 0.0.0.0:139            0.0.0.0:*              LISTEN
tcp        0      0 0.0.0.0:111            0.0.0.0:*              LISTEN
tcp        0      0 127.0.1.1:53           0.0.0.0:*              LISTEN
tcp        0      0 0.0.0.0:46101          0.0.0.0:*              LISTEN
tcp        0      0 127.0.0.1:631          0.0.0.0:*              LISTEN
tcp        0      0 0.0.0.0:48699          0.0.0.0:*              LISTEN
tcp        0      0 0.0.0.0:445            0.0.0.0:*              LISTEN
tcp6       0      0 :::2049                :::*                   LISTEN
```

图 10.5　查看系统所有的监听端口

10.2　修改网络配置

10.2.1　使用命令修改

(1) 修改 eth0 接口的 IP 地址、子网掩码。

```
$ sudo ifconfig eth0 192.168.30.129 netmask 255.255.255.0
```

(2) 修改默认网关。

```
$ sudo route add default gw 192.168.30.1
```

(3) 修改主机名。

```
$ hostname Ubuntu
```

10.2.2 使用配置文件修改

使用命令的方式修改网络参数,在系统重启后会失效,要想重新启动系统后依然能够生效,就要修改配置文件。

1. /etc/network/interfaces 文件

修改/etc/network/interface 配置文件,可以修改网络接口的 IP 地址、子网掩码、默认网关。

使用命令 $ sudo nano /etc/network/interfaces 打开文件,并按照以下格式修改后保存。

```
auto eth0
iface eth0 inet static
address 192.168.30.129
netmask 255.255.255.0
gateway 192.168.30.1
```

保存后重启:

```
# sudo /etc/init.d/networking restart
```

2. /etc/hostname 文件

修改/etc/hostname 文件中保存的主机名,系统重启后,会从此文件中读出主机名,如图 10.6 所示。

```
malimei@malimei-virtual-machine:~$ cat /etc/hostname
malimei-virtual-machine
```

图 10.6 查看主机名

保存后重启:

```
$ sudo /etc/init.d/networking restart
```

3. /etc/resolv.conf 文件

修改/etc/resolv.conf 配置文件指定 DNS 服务器,保存其域名和 IP 地址,文件每行以一个关键字开头,后接配置参数。

关键字:

```
search          #定义域名的搜索列表
nameserver      #定义 DNS 服务器的 IP 地址
```

例 10.3 在/etc/resolv.conf 配置文件中,保存如下信息。

```
search xxjs.com
nameserver 202.206.100.86
nameserver 202.206.100.188
```

保存后重启:

```
$ sudo /etc/init.d/networking restart
```

10.3   Samba 服务器

10.3.1   Samba 服务器简介

Linux 下进行资源共享有很多种方式,Samba 服务器就是常见的一种,主要实现在 Windows 下访问 Linux。Samba 的主要功能有:提供 Windows 风格的文件和打印机共享,在 Windows 中解析 NetBIOS 名字,提供 Samba 客户功能,提供一个命令行工具。

10.3.2   安装 Samba 服务器

1. 在命令行下安装 Samba 服务器

在命令行中直接用 Ubuntu 提供的 apt-get 软件包管理工具安装 Samba,如图 10.7 所示。命令为:

```
$ sudo apt-get install samba cifs-utils
```

图 10.7   命令行下安装 Samba 服务器

2. 在图形界面安装 Samba 服务器

在 Ubuntu 软件中心搜索 Samba 软件,单击 Install 按钮安装,如图 10.8 所示。
安装完成后,在 Dash 中输入 samba,Dash 就可以自动搜索到 Samba 的图标。

10.3.3   配置 Samba 服务器

1. 建立 Samba 共享文件夹

为 Samba 服务器创建共享文件夹/home/malimei/share,且该文件夹的权限为对所有用户可读可写可运行,如图 10.9 所示。

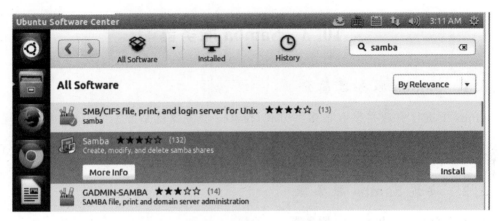

图 10.8　搜索 Samba 软件

```
malimei@malimei:~$ mkdir /home/malimei/share
malimei@malimei:~$ chmod 777 /home/malimei/share
malimei@malimei:~$ ls -l /home/malimei/
```

图 10.9　创建目录设置权限

2. 创建一个 Samba 专用账户

为了 Samba 服务器的安全,需要建立一个专用账户,使用命令 smbpasswd。smbpasswd 主要作用是为系统创建 Samba 用户,格式如下:

smbpasswd　－a　　　　新建用户

创建的 Samba 用户必须在系统用户中存在,否则 Samba 会因找不到系统用户而创建失败。

-d:冻结用户,这个用户不能再登录了。

-e:恢复用户,解冻用户,让冻结的用户可以再使用。

-n:把用户的密码设置成空。

例 10.4　为系统创建 Samba 用户,用户名为 samba,如图 10.10 所示。

```
malimei@malimei-virtual-machine:~$ sudo useradd samba
malimei@malimei-virtual-machine:~$ sudo passwd samba
输入新的 UNIX 密码:
重新输入新的 UNIX 密码:
passwd:已成功更新密码
malimei@malimei-virtual-machine:~$ sudo smbpasswd -a samba
New SMB password:
Retype new SMB password:
Added user samba
```

图 10.10　创建 Samba 用户

3. 配置 Samba 服务器

编辑配置文件 smb.conf,如图 10.11 所示。

＃nano　/etc/samba/smb.conf

在配置文件的最末尾加上:

[share]
comment = samba with web static server

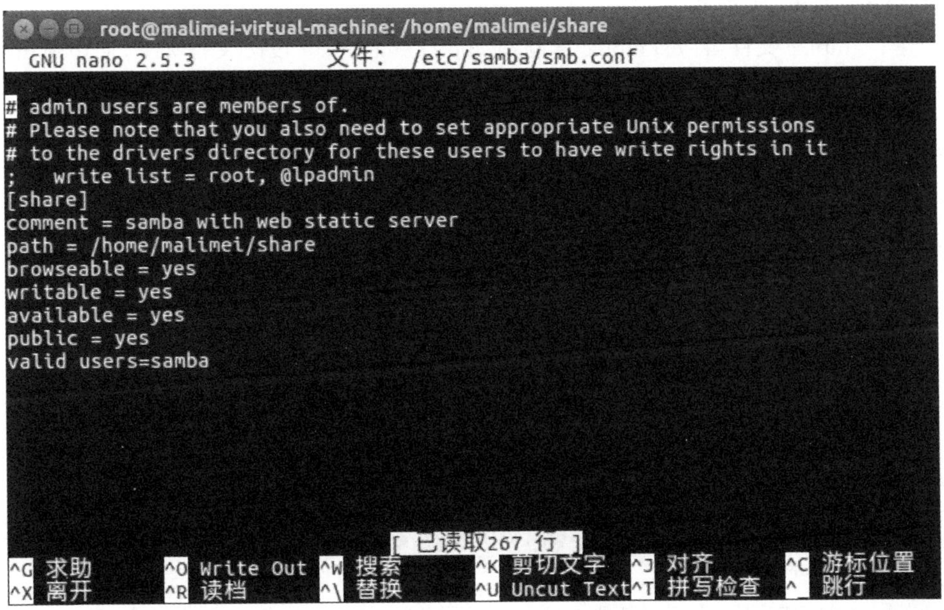

图 10.11 配置 Samba 服务器

```
path = /home/malimei/share        //共享目录的名字
browseable = yes                  //共享目录是否可见,no 不可见,yes 或不写默认可见
writable = yes                    //目录可写
available = yes                   //同样是设置共享目录是否可见
public = yes                      //是否对所有登录成功的用户可见
valid users = samba               //指定共享登录的用户
```

4. 启动与关闭 Samba 服务器

(1)配置完成后,需要重新启动 Samba 服务,如图 10.12 所示。

/etc/init. d/smbd restart

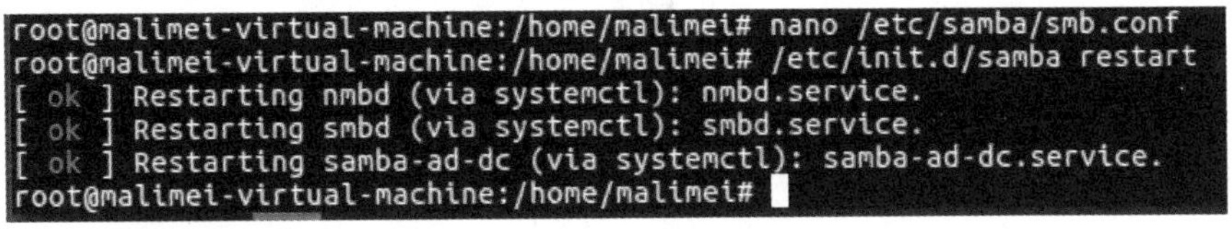

图 10.12 重启 Samba 服务

(2) 关闭 Samba 服务。

/etc/init. d/smbd stop

(3) 启动 Samba 服务。

/etc/init. d/smbd start

(4) 显示 Samba 服务是否启动。

/etc/init. d/smbd status

5. 登录 Samba 服务器

新建 exampl. c 文件,将 exampl. c 复制到 /home/malimei/share 文件夹下,使用 Windows 7 作为客户端,访问 Samba 服务器,单击"开始"→"运行",输入 IP 地址,如图 10.13 所示。

图 10.13　登录 Samba 服务器

登录之后,可看到共享文件夹 share,如图 10.14 所示。

图 10.14　共享文件夹 share

双击文件夹 share,输入用户名和密码,如图 10.15 所示。

单击"确定"按钮,打开共享文件夹可以看到共享文件 example.c,如图 10.16 所示。

图 10.15　输入用户名和密码　　　　　图 10.16　共享文件窗口

6. smbclient 客户端程序

提供一种在 Linux 下,以命令行方式访问 Samba 服务器共享资源的客户端程序。

(1) 首先安装 smbclient,如图 10.17 所示。

```
root@malimei-virtual-machine:/home/malimei/share# apt-get install smbclient
正在读取软件包列表... 完成
正在分析软件包的依赖关系树
正在读取状态信息... 完成
下列软件包是自动安装的并且现在不需要了:
  linux-headers-4.15.0-45 linux-headers-4.15.0-45-generic
  linux-headers-4.15.0-54 linux-headers-4.15.0-54-generic
  linux-image-4.15.0-45-generic linux-image-4.15.0-54-generic
  linux-modules-4.15.0-45-generic linux-modules-4.15.0-54-generic
  linux-modules-extra-4.15.0-45-generic linux-modules-extra-4.15.0-54-generic
使用'apt autoremove'来卸载它(它们)。
建议安装:
  heimdal-clients
下列【新】软件包将被安装:
  smbclient
升级了 0 个软件包，新安装了 1 个软件包，要卸载 0 个软件包，有 102 个软件包未被升
级。
需要下载 310 kB 的归档。
解压缩后会消耗 1,503 kB 的额外空间。
获取:1 http://mirrors.tuna.tsinghua.edu.cn/ubuntu xenial-updates/main amd64 smbc
lient amd64 2:4.3.11+dfsg-0ubuntu0.16.04.21 [310 kB]
已下载 310 kB，耗时 0秒 (1,575 kB/s)
```

图 10.17　安装 smbclient

(2) 访问服务器端,格式为:

```
#smbclient        //服务器的 IP 地址/共享的目录名   -U 可访问共享的用户名
```

如图 10.18 所示。

```
root@malimei-virtual-machine:/home/malimei/share# smbclient //192.168.146.128/sh
are -U samba
WARNING: The "syslog" option is deprecated
Enter samba's password:
Domain=[WORKGROUP] OS=[Windows 6.1] Server=[Samba 4.3.11-Ubuntu]
smb: \> ls
  .                                   D        0  Wed Aug 21 16:52:07 2019
  ..                                  D        0  Wed Aug 21 15:45:49 2019
  sharelx1                            N        0  Wed Aug 21 16:52:07 2019

                9189156 blocks of size 1024. 6895036 blocks available
smb: \>
```

图 10.18　smbclient 登录服务器

(3) 在客户端的提示符下,输入问号,显示在客户端可使用的命令,如图 10.19 所示。

```
smb: \> ?
?              allinfo        altname        archive        backup
blocksize      cancel         case_sensitive cd             chmod
chown          close          del            dir            du
echo           exit           get            getfacl        geteas
hardlink       help           history        iosize         lcd
link           lock           lowercase      ls             l
mask           md             mget           mkdir          more
mput           newer          notify         open           posix
posix_encrypt  posix_open     posix_mkdir    posix_rmdir    posix_unlink
print          prompt         put            pwd            q
queue          quit           readlink       rd             recurse
reget          rename         reput          rm             rmdir
showacls       setea          setmode        scopy          stat
symlink        tar            tarmode        timeout        translate
unlock         volume         vuid           wdel           logon
listconnect    showconnect    tcon           tdis           tid
logoff         ..             !
smb: \> mkdir d1
smb: \> cd d1
```

图 10.19　客户端可使用的命令

(4) 客户端对服务器的操作。

在客户端建立目录 d1,实际上就是在服务器上建立目录 d1,在服务器上可以显示,如图 10.20 所示。

```
smb: \> mkdir d1
smb: \> cd d1
smb: \d1\> touch file1
touch: command not found
smb: \d1\> quit
root@malimei-virtual-machine:/home/malimei/share# ls
d1  sharelx1
```

图 10.20   从客户端操作服务器

10.4   NFS 服务器

10.4.1   NFS 简介

NFS 是 Network File System 的缩写,即网络文件系统,由 Sun 公司开发,目前已经成为文件服务的一种标准(RFC1904,RFC1813)。它允许网络中的计算机之间通过 TCP/IP 网络共享资源。在 NFS 的应用中,本地 NFS 的客户端应用可以透明地读写位于远端 NFS 服务器上的文件,就像访问本地文件一样。NFS 允许一个系统在网络上与他人共享目录和文件,文件就像位于本地硬盘一样,操作方便,主要用于 Linux 之间的文件共享。

10.4.2   NFS 应用

NFS 有很多实际应用,例如:

(1) 多个机器共享一台 CD-ROM 或者其他设备。这对于在多台机器中安装软件来说更加方便。

(2) 在大型网络中,配置一台中心 NFS 服务器用来放置所有用户的 home 目录,用户不管在哪台工作站上登录,总能得到相同的 home 目录。

(3) 不同客户端可在 NFS 上观看影视文件,节省本地空间。

(4) 在客户端完成的工作数据,可以备份保存到 NFS 服务器上用户自己的路径下。

NFS 是运行在应用层的协议。经过多年的发展和改进,NFS 既可以用于局域网,也可以用于广域网,且与操作系统和硬件无关,可以在不同的计算机或系统上运行。

10.4.3   NFS 服务器的安装与配置

1. NFS 的安装前准备

新建用于 NFS 文件共享的文件夹/home/nfs,并修改权限,以便让其他用户访问,命令如下。

```
$ sudo mkdir /home/nfs
$ sudo chmod 777 /home/nfs
```

2. NFS 的安装

Ubuntu 中默认没有安装 NFS,NFS 有客户端和服务器端,只安装 NFS 服务器端就可以,命令如下。

```
#apt-get install nfs-kernel-server
```

3. 配置 exports 文件

编辑/etc/exports 文件,添加共享的目录及权限。

(1) 打开/etc/exports。

```
#nano /etc/exports
```

(2) 在该文件中添加如下两行。

```
/home/nfs * (rw,sync,no_root_squash)
```

定义要共享的目录及访问目录的权限。

```
/home/nfs 192.168.0.0/255.255.255.0(rw,sync,no_root_squash)
```

定义对目录访问的机器的限制。

例 10.5 添加/home/malimei 目录,并指定可以访问的网段,如图 10.21 所示。

图 10.21 配置 exports 文件

说明:

(1) /home/malimei 和/home/nfs 是要共享的目录。

(2) *:允许所有的网段访问。

(3) ro:共享目录只读。rw:共享目录可读可写。

(4) sync:同步写入数据到内存与硬盘中。

(5) no_root_squash:如果登录 NFS 主机使用共享目录的是 root,那么对于这个共享目录来说,它具有 root 的权限,不安全,不建议使用。

(6) root_squash:当登录 NFS 主机使用共享目录的使用者是 root 时,其权限将被转换成为匿名使用者,通常它的 UID 与 GID 都会变成 nobody 身份。

(7) 指定 192.168.0.0/255.255.255.0 这个网段的主机,才能访问服务器的共享文件,也可以指定单个主机或使用通配符 * 和? 指定满足条件的主机。

4. 配置 portmap 文件

NFS 是一个 RPC 程序,使用它前,需要映射好端口,这里只需要启动该服务就可以,命

第 10 章

服务器的配置

令如下。

```
$ sudo /etc/init.d/rpcbind   start
```

5. 配置 host.allow 和 host.deny 文件

(1) 首先修改/etc/hosts.deny 配置文件禁止任何主机能够和 NFS 服务器建立连接,在文件中添加:portmap:ALL,如图 10.22 所示。

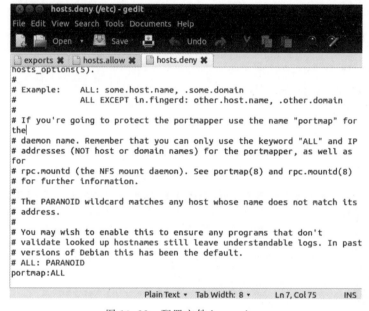

图 10.22   配置文件 hosts.deny

(2) 然后在 etc/hosts.allow 配置文件中配置允许哪些主机能够和 NFS 服务器建立连接,在文件中添加: portmap:192.168.0.0/255.255.255.0,如图 10.23 所示。

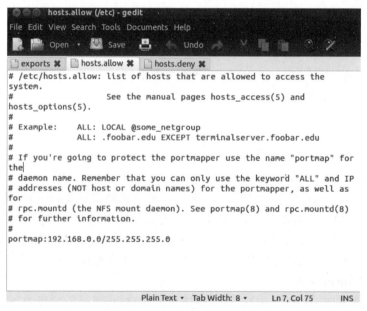

图 10.23   配置文件 hosts.allow

6. 重启 portmap、NFS 服务并显示

在配置完成后需要重启 portmap 和 NFS 服务，重启的命令如下。

```
$ sudo /etc/init.d/nfs - kernel - server restart
$ sudo /etc/init.d/rpcbind restart
```

如图 10.24 所示。

```
root@malimei-virtual-machine:/home/malimei# /etc/init.d/nfs-kernel-server restart
[ ok ] Restarting nfs-kernel-server (via systemctl): nfs-kernel-server.service.
root@malimei-virtual-machine:/home/malimei# /etc/init.d/rpcbind restart
[ ok ] Restarting rpcbind (via systemctl): rpcbind.service.
```

图 10.24　portmap 和 NFS 启动成功

显示 NFS 服务是否运行，命令如下。

```
·$ sudo /etc/init.d/nfs - kernel - server status
```

如果执行结果为 nfs running ，表示 NFS 在运行，否则说明 NFS 有问题，没有启动。

7. showmount 命令

在 NFS 服务器上使用 showmount 命令查看服务器端共享目录，如图 10.25 所示。

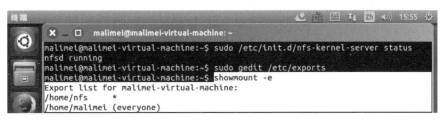

图 10.25　showmount 的使用

10.4.4　客户端访问 NFS 服务

访问本地的 mnt 目录，就可以访问服务端共享的目录了。

客户端在访问共享目录前，需要将服务器上的共享目录挂载到本地目录上，挂载命令的格式为：

```
# sudo mount - t nfs NFS 服务器的 IP 地址:共享目录 本地目录
```

1. 本地挂载共享目录

将共享目录/home/nfs 挂载到 /mnt 下，如图 10.26 所示，挂载完成后在/mnt 下可以显示/home/nfs 的文件。

```
root@malimei-virtual-machine:/mnt# ls
hgfs  sdb6  usb
root@malimei-virtual-machine:/mnt# cd /home/nfs
root@malimei-virtual-machine:/home/nfs# ls
d1  d2  x1  x2
root@malimei-virtual-machine:/home/nfs# mount -t nfs 192.168.146.128:/home/nfs /
mnt
root@malimei-virtual-machine:/home/nfs# cd /mnt
root@malimei-virtual-machine:/mnt# ls
d1  d2  x1  x2
root@malimei-virtual-machine:/mnt#
```

图 10.26　挂载服务器上的共享目录

运行 df 命令来检查 Linux 服务器的文件系统的磁盘空间占用情况。查看结果,如图 10.27 所示。

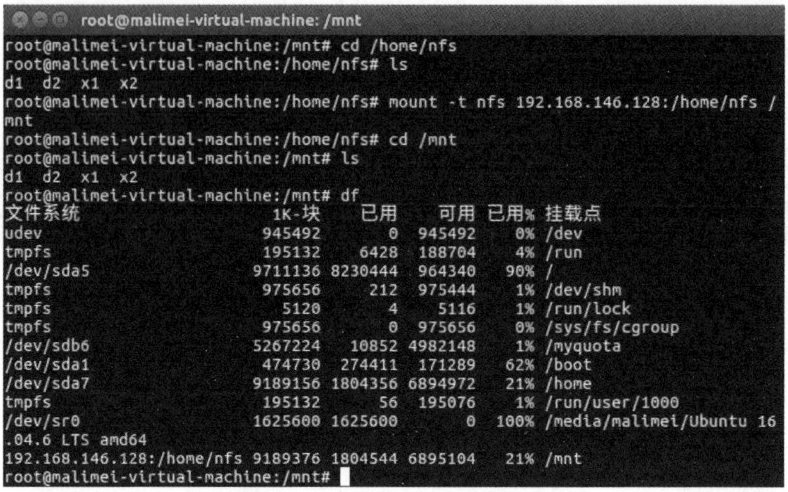

图 10.27　使用 df 命令查看

2. 其他主机挂载共享目录

将共享目录挂载到其他主机中的一个目录上,例如与 NFS 服务器在同一局域网中的一台主机,在这台主机上挂载共享目录。挂载后查看该目录的内容与 NFS 服务器上共享目录一致。下面以主机 Windows 7 系统,虚拟机下 Ubuntu 16.04 为例,实现在 Windows 7 下挂载共享目录。

(1) 主机 Windows 7 系统开启 NFS 服务。

主机 Windows 7 系统,系统内装虚拟机 Ubuntu 16.04,开启 NFS 客户端程序。Windows 7 家庭版没有这个功能,开启方式如下:在“控制面板”中找到“程序和功能”,如图 10.28 所示,

图 10.28　“程序和功能”窗口

在其窗口中选择"打开或关闭 Windows 功能",如图 10.29 所示,选择"NFS 服务",然后单击"确定"按钮。

图 10.29 "Windows 功能"窗口

（2）虚拟机下 Ubuntu 的网络适配器采用"NAT 模式",如图 10.30 所示。

图 10.30 虚拟机下 Ubuntu 的网络适配器

（3）NFS 配置如前所述,不再重复。启动 NFS 服务器:

```
$ sudo /etc/init.d/nfs - kernel - server restart
$ sudo /etc/init.d/rpcbind restart
```

用 netstat -lt 来查看 NFS 服务器的启动情况,如图 10.31 所示。

```
root@malimei-virtual-machine:/mnt# netstat -lt
激活Internet连接 (仅服务器)
Proto Recv-Q Send-Q Local Address           Foreign Address         State
tcp        0      0 *:netbios-ssn           *:*                     LISTEN
tcp        0      0 *:35181                 *:*                     LISTEN
tcp        0      0 *:sunrpc                *:*                     LISTEN
tcp        0      0 *:38611                 *:*                     LISTEN
tcp        0      0 malimei-virtual-:domain *:*                     LISTEN
tcp        0      0 *:ssh                   *:*                     LISTEN
tcp        0      0 localhost:ipp           *:*                     LISTEN
tcp        0      0 *:55069                 *:*                     LISTEN
tcp        0      0 *:40029                 *:*                     LISTEN
tcp        0      0 *:microsoft-ds          *:*                     LISTEN
tcp        0      0 *:nfs                   *:*                     LISTEN
tcp        0      0 *:738                   *:*                     LISTEN
tcp        0      0 *:37447                 *:*                     LISTEN
tcp6       0      0 [::]:45675              [::]:*                  LISTEN
tcp6       0      0 [::]:netbios-ssn        [::]:*                  LISTEN
tcp6       0      0 [::]:sunrpc             [::]:*                  LISTEN
tcp6       0      0 [::]:43217              [::]:*                  LISTEN
tcp6       0      0 [::]:ssh                [::]:*                  LISTEN
tcp6       0      0 ip6-localhost:ipp       [::]:*                  LISTEN
```

图 10.31　查看 NFS 服务器的启动情况

(4) 在客户端 Windows 7 中打开命令提示符,输入命令 mount 192.168.146.128:/home/ nfs x:来挂载 Ubuntu 16.04 的 NFS 服务器。192.168.146.128 是服务器 Ubuntu 的 IP 地址,连接成功后,在 X 盘上可以显示服务器上/home/nfs 的文件,如图 10.32 所示。

图 10.32　在 X 盘上显示文件

同时,在主机 Windows 7 系统的"计算机"选项区域中,可以看到如图 10.33 所示的窗口,这样就可以通过主机 NFS 客户端来同步虚拟机 Ubuntu 中的 NFS 服务器了。

图 10.33   Windows 7 窗口

10.5   LAMP 搭建

LAMP 是基于 Linux、Apache、MySQL 和 PHP 的开放资源网络开发平台。Linux 是开放系统,Apache 是最通用的网络服务器软件,MySQL 是带有基于网络管理附加工具的关系数据库,PHP 是流行的对象脚本语言。它们共同组成了一个强大的 Web 应用程序平台。

10.5.1   Apache 服务器简介

Apache 是世界排名第一的 Web 服务器软件,它可以运行在几乎所有广泛使用的计算机平台上,由于其跨平台和安全性而被广泛使用,是最流行的 Web 服务器端软件之一。

Apache 取自"a patchy server"的读音,意思是充满补丁的服务器,因为它是自由软件,所以不断有人来为它开发新的功能、新的特性,修改原来的缺陷。Apache 的特点是简单、速度快、性能稳定,并可作为代理服务器来使用。

本来它只用于小型或实验 Internet,后来逐步扩充到各种 UNIX 系统中,尤其对 Linux 的支持相当完美。到目前为止,Apache 仍然是世界上用得最多的 Web 服务器,市场占有率达 60% 左右。它的成功之处主要在于它的源代码开放、有一支开放的开发队伍、支持跨平台的应用(可以运行在几乎所有的 UNIX、Windows、Linux 系统平台上)以及它的可移植性等方面。

10.5.2 Apache 的安装

1. 系统更新

在安装前对系统进行更新:

```
$ sudo apt - get update
```

2. 安装 Apache2

如果 Ubuntu 系统中没有安装 Apache 服务器,使用如下命令进行安装:

```
$ sudo apt - get install apache2
```

Apache 安装完成后,默认的网站根目录是"/var/www/html",如图 10.34 所示。

```
malimei@malimei~$ ls ./var/www/html
index.html
malimei@malimei~$
```

图 10.34 查看默认的网站根目录

在网站根目录下有 index.html 文件,在 IE 浏览器中输入"127.0.0.1"后按回车键,就可以打开如图 10.35 所示的页面。

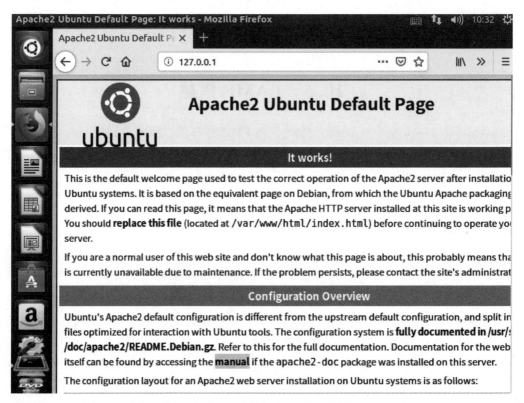

图 10.35 Apache2 Ubuntu 默认页面

说明:如果不能打开页面,编辑/etc/apache2/sites-available/000-default.conf 文件,把默认主目录/var/www 修改为/var/www/html,如图 10.36 所示。

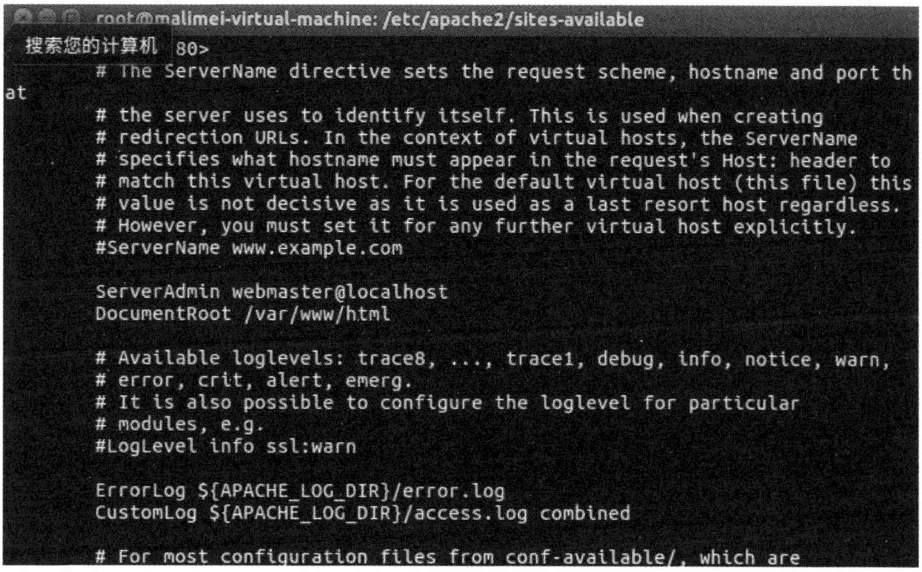

图 10.36   000-default.conf 文件

配置完后重新启动 Apache2,命令如下,如图 10.37 所示。

\#/etc/init.d/apache2 restart

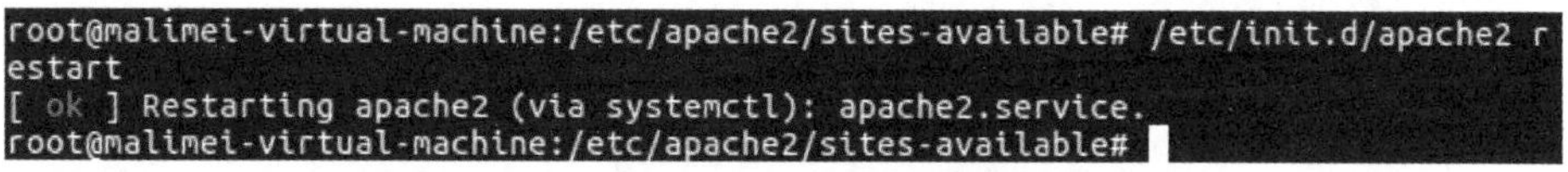

图 10.37   启动 Apache2

10.5.3   PHP7

PHP 是 Hypertext Preprocessor 的缩写,即"超文本预处理器",是一种功能强大,并且简单易用的脚本语言。Ubuntu 16.04 默认安装的是 PHP7.0 环境。

(1) 安装 PHP7 模块,安装命令如下。

\#apt–get install php

如图 10.38 所示。

\#apt–get install libapache2–mod–php

如图 10.39 所示。

(2) 安装完成后要重新启动 Apache2,命令如下。

\#/etc/init.d/apache2 restart

(3) 测试:在根目录/var/www/html 下新建 testphp.php 文件,命令如下。

\#nano /var/www/html/testphp.php

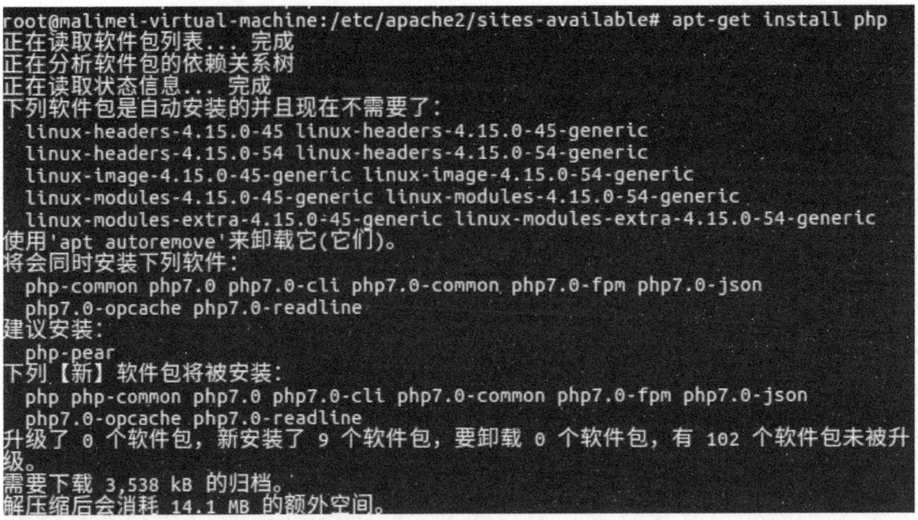

```
root@malimei-virtual-machine:/etc/apache2/sites-available# apt-get install php
正在读取软件包列表... 完成
正在分析软件包的依赖关系树
正在读取状态信息... 完成
下列软件包是自动安装的并且现在不需要了:
  linux-headers-4.15.0-45 linux-headers-4.15.0-45-generic
  linux-headers-4.15.0-54 linux-headers-4.15.0-54-generic
  linux-image-4.15.0-45-generic linux-image-4.15.0-54-generic
  linux-modules-4.15.0-45-generic linux-modules-4.15.0-54-generic
  linux-modules-extra-4.15.0-45-generic linux-modules-extra-4.15.0-54-generic
使用'apt autoremove'来卸载它(它们)。
将会同时安装下列软件:
  php-common php7.0 php7.0-cli php7.0-common php7.0-fpm php7.0-json
  php7.0-opcache php7.0-readline
建议安装:
  php-pear
下列【新】软件包将被安装:
  php php-common php7.0 php7.0-cli php7.0-common php7.0-fpm php7.0-json
  php7.0-opcache php7.0-readline
升级了 0 个软件包，新安装了 9 个软件包，要卸载 0 个软件包，有 102 个软件包未被升
级。
需要下载 3,538 kB 的归档。
解压缩后会消耗 14.1 MB 的额外空间。
```

图 10.38　安装 PHP

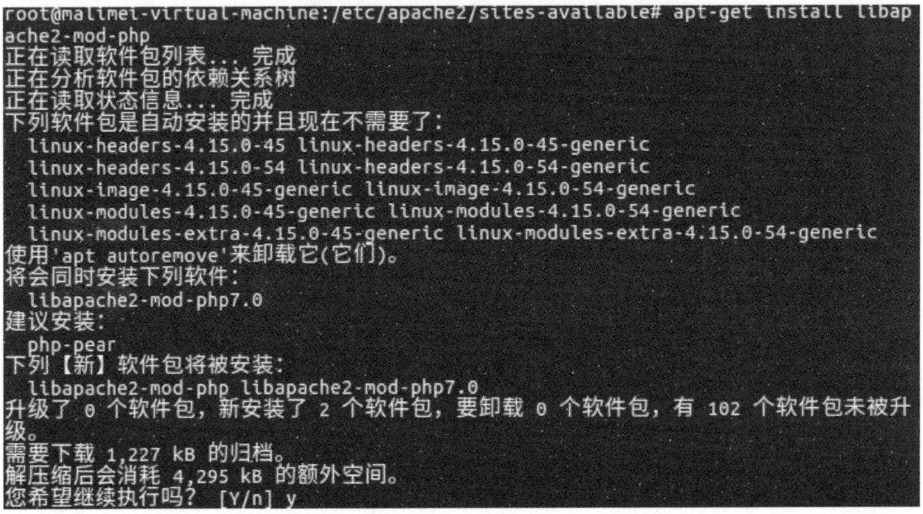

```
root@malimei-virtual-machine:/etc/apache2/sites-available# apt-get install libap
ache2-mod-php
正在读取软件包列表... 完成
正在分析软件包的依赖关系树
正在读取状态信息... 完成
下列软件包是自动安装的并且现在不需要了:
  linux-headers-4.15.0-45 linux-headers-4.15.0-45-generic
  linux-headers-4.15.0-54 linux-headers-4.15.0-54-generic
  linux-image-4.15.0-45-generic linux-image-4.15.0-54-generic
  linux-modules-4.15.0-45-generic linux-modules-4.15.0-54-generic
  linux-modules-extra-4.15.0-45-generic linux-modules-extra-4.15.0-54-generic
使用'apt autoremove'来卸载它(它们)。
将会同时安装下列软件:
  libapache2-mod-php7.0
建议安装:
  php-pear
下列【新】软件包将被安装:
  libapache2-mod-php libapache2-mod-php7.0
升级了 0 个软件包，新安装了 2 个软件包，要卸载 0 个软件包，有 102 个软件包未被升
级。
需要下载 1,227 kB 的归档。
解压缩后会消耗 4,295 kB 的额外空间。
您希望继续执行吗？ [Y/n] y
```

图 10.39　安装 libapache2-mod-php

(4) 在新建文件 testphp.php 中添加如下测试语句,如图 10.40 所示。

`<?php phpinfo(); ?>`

(5) 在 Firefox 浏览器地址栏中输入"http://127.0.0.1/testphp.php"即可看到刚才建立的 info.php 页面,显示 PHP 配置信息,如图 10.41 所示,说明 PHP 安装成功。

例 10.6　编写 PHP 程序。

sudo gedit /var/www/html/testfor.php

输入如下内容。

```
< HTML >
< HEAD >
```

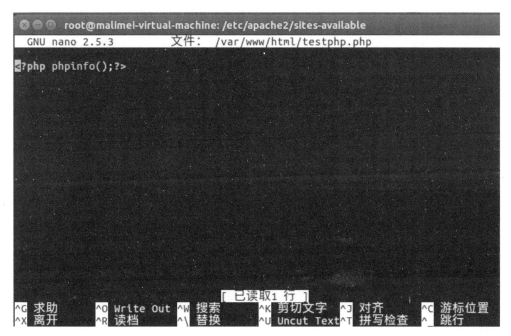

图 10.40　testphp.php 文件

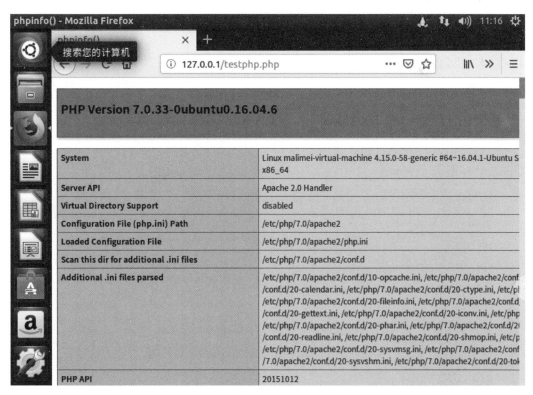

图 10.41　info.php 页面

服务器的配置

```
< TITLE > text </TITLE >
</HEAD >
< BODY >
<?php
    for( $ i = 1; $ i < 7; $ i++){
    echo "< font size = ". $ i."> hello < br >";   }
?>
</BODY >
</HTML >
```

保存文件,在浏览器地址栏内输入"http://localhost/testfor.php",将看到如图 10.42
所示的结果。

图 10.42   执行结果

10.5.4   MySQL 数据库

安装 MySQL 数据库命令如下。

```
# apt install mysql - server php7.0 - mysql
```

在安装过程中,会提示输入数据库用户 root 的密码,如图 10.43 所示。第二次输入
root 密码,如图 10.44 所示。

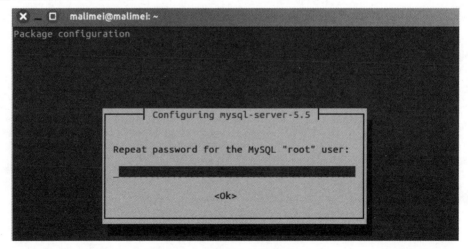

图 10.43   输入密码窗口

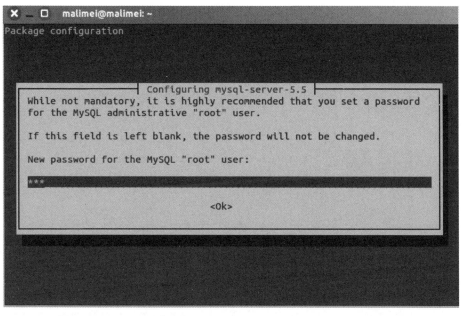

图 10.44　再次输入密码

一定要记住安装 MySQL 时设置的 root 用户的密码,Ubuntu 16.04 系统的 root 用户和 MySQL 中的 root 用户不是同一个用户。

使用如下命令重启数据库,如图 10.45 所示。

```
# /etc/init.d/mysql restart
```

```
root@malimei-virtual-machine:/etc/apache2/sites-available# /etc/init.d/mysql res
tart
[ ok ] Restarting mysql (via systemctl): mysql.service.
root@malimei-virtual-machine:/etc/apache2/sites-available#
```

图 10.45　数据库的重启

10.5.5　phpMyAdmin

phpMyAdmin 是一个以 PHP 为基础,以 Web-Base 方式架构在网站主机上的 MySQL 的数据库管理工具,让管理者可使用 Web 接口管理 MySQL 数据库。其更大的优势在于由于 phpMyAdmin 跟其他 PHP 程序一样在网页服务器上执行,但是用户可以在任何地方使用这些程序产生的 HTML 页面,也就是于远端管理 MySQL 数据库,方便地建立、修改、删除数据库及资料表。也可借由 phpMyAdmin 建立常用的 PHP 语法,确保编写网页时所需要的 SQL 语法正确性。

安装命令如下:

```
# apt - get install phpmyadmin
```

在安装过程中要选择服务器软件,这里选择 apache2,单击 Ok 按钮,如图 10.46 所示。选择配置数据库时,选择 No,如图 10.47 所示。

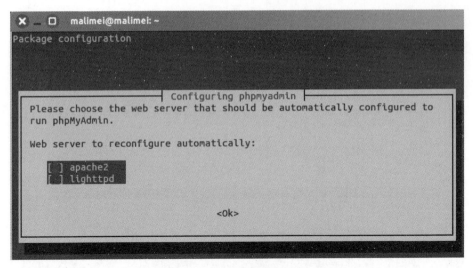

图 10.46　选择服务器软件

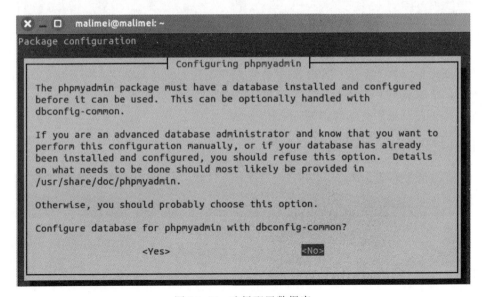

图 10.47　选择配置数据库

phpMyAdmin 的默认安装路径是/usr/share/,在安装完成后,需将该目录链接到/var/www/html 中,命令如下。

　#ln - s /usr/share/phpmyadmin /var/www/html　　　　建立连接,如图 10.48 所示

10.5.6　PHP 与 MySQL 协同工作

为了让 PHP 与 MySQL 数据库协同工作,用 nano 编辑 /etc/php/7.0/apache2/php. ini 文件,修改方法如下。

　#nano/etc/php/7.0/apache2/php. ini
　display_errors = On(显示错误日志,出现两次,都要改,否则无效)

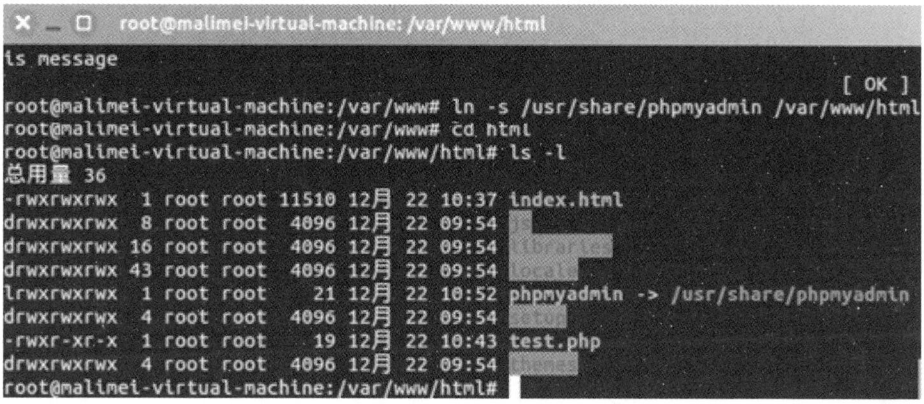

图 10.48　建立连接

去掉 extension＝php_mbstring.dll 的注释,如图 10.49 所示。

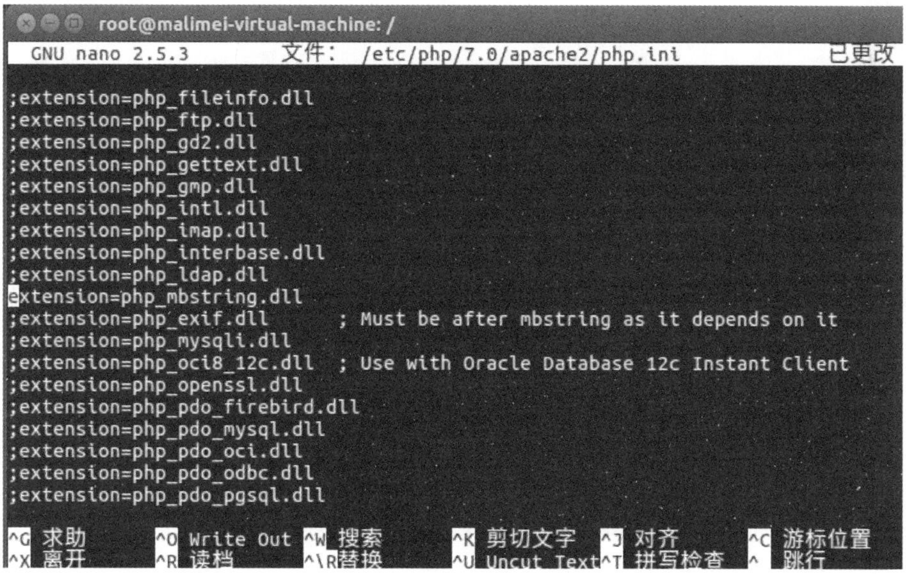

图 10.49　编辑 php.ini 文件

重启 Apache2,命令如下。

```
#/etc/init.d/apache2 restart
```

如图 10.50 所示。

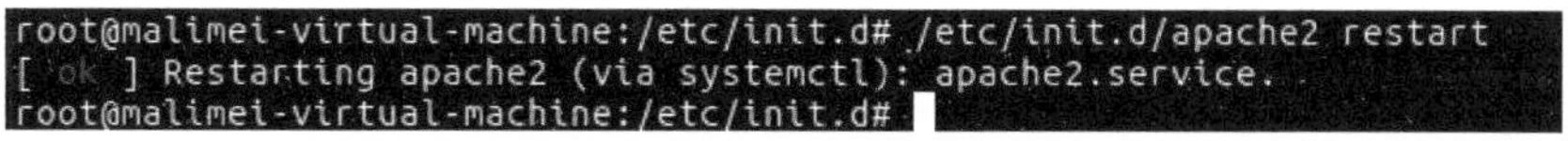

图 10.50　重启 Apache2

测试 PHP 与 MySQL 数据库是否能够协同工作。在 Firefox 浏览器地址栏中输入
"http://127.0.0.1/phpmyadmin",就可以看到如图 10.51 所示的登录数据库的界面了。
输入 10.5.4 节建立的用户名和密码,进入管理数据库的界面,如图 10.52 所示。

图 10.51　数据库登录界面

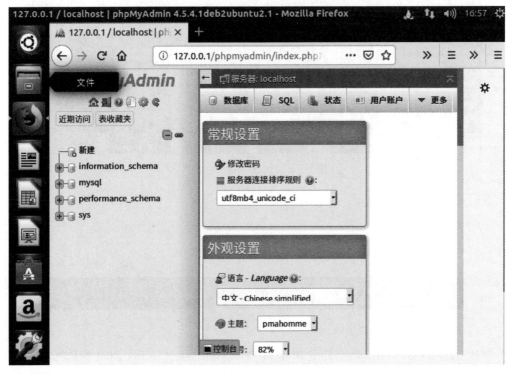

图 10.52　管理数据库界面

说明：如果不能进入数据库的管理界面，重启机器即可。

至此，LAMP 开发平台搭建完成，可以编写 PHP 程序了。

习　　题

1. 填空题

（1）查看 IP 地址的命令是_____。

（2）查看主机路由表的命令是_____。

（3）查看主机名的命令是_____。

（4）使用命令的方式修改网络参数，在系统重启后会失效，要想重新启动系统后能够生效，要修改的配置文件是_____。

（5）修改_____文件中保存的主机名，系统重启后，会从此文件中读出主机名。

（6）修改_____配置文件指定 DNS 服务器。

（7）要配置 NFS 服务器需要修改_____配置文件，添加共享的目录及权限。

（8）LAMP 是_____开发平台。

（9）使用_____安装 Apache2。

（10）使 PHP 与 MySQL 协同工作，要_____extension＝mysql. so 的注释。

2. 实验题

（1）配置 Samba 服务器，实现文件共享，在 Windows 中读取 Linux 里的文件。

（2）配置 NFS 服务器，实现本地挂载共享和其他主机挂载共享。

（3）搭建 LAMP 平台。

3. 编写简单的 PHP 程序，在页面显示 Ubuntu

第 11 章　安全设置

本章学习目标：
- 了解在 Linux 系统下杀毒软件的使用。
- 掌握在 Linux 系统下防火墙的设置。
- 了解基于 Linux 系统的端口扫描工具的使用。

相对来说，Linux 系统下的病毒少，是因为 Linux 的使用者少，互联网上用作重要用途的服务器，其中很大一部分是 Linux 系统，另外一部分是 UNIX 系统。如果这些 Linux 系统的服务器被病毒感染，那么整个互联网就会陷于瘫痪，因此，Linux 操作系统的安全是非常重要的。

11.1　Linux 下的杀毒软件

像 Windows 系统一样，Linux 系统也有专门的杀毒软件，其中著名的就是 ClamAV，是免费而且开放源代码的防毒软件，软件与病毒代码的更新皆由社群免费发布。目前，ClamAV 主要使用在由 Linux 系统架设的服务器上，提供病毒扫描服务。ClamAV 可以在命令方式下使用，由于其开放源代码的特性，在 Windows 与 Mac OS X 平台都有其移植版。

ClamAV 是一个用 C 语言开发的开源病毒扫描工具，用于检测木马、病毒、恶意软件等，可以在线更新病毒库。Linux 系统的病毒较少，但是并不意味着对病毒免疫，尤其是对于诸如邮件或者归档文件中夹杂的病毒往往更加难以防范，ClamAV 对查杀病毒能起到较大作用。

ClamAV 是一个在命令行下运行的查毒软件，因为它不将杀毒作为主要功能，默认只能查出计算机内的病毒，但是无法清除，可以删除文件。

11.1.1　ClamAV 主要特征

ClamAV 的主要特征如下。
(1) 命令行扫描程序。
(2) 快速，支持按访问扫描的多线程监控程序。
(3) 支持 Sendmail 的 Milter 接口。
(4) 支持脚本更新和数字特征库的高级数据库更新程序。
(5) 支持病毒扫描程序 C 语言库。
(6) 支持按访问扫描（Linux 和 FreeBSD）。

(7) 每天多次更新病毒库。

(8) 内置了对包含 Zip、RAR、Tar、Gzip、Bzip2、OLE2、Cabinet、CHM、BinHex、SIS 及其他格式在内的多种压缩包格式的支持。

(9) 内置了对绝大多数邮件文件格式的支持。

(10) 内置了对使用 UPX、FSG、Petite、NsPack、WWPack32、MEW、Upack 压缩以及用 SUE、Y0da Cryptor 和其他程序模糊处理的 ELF 可执行文件和便携式可执行文件的支持。

(11) 内置了对包括 MS Office 和 Mac Office 文件，HTML、RTF 和 PDF 在内的主流文档格式的支持。

11.1.2 ClamAV 使用方法

clamscan 命令用于扫描文件和目录，以发现其中包含的计算机病毒。clamscan 命令除了可以扫描 Linux 系统的病毒外，还可以扫描文件中包含的 Windows 病毒。

格式：

```
clamscan [选项] [路径] [文件]
```

参数：

--quiet：使用安静模式，仅打印出错误信息。

-i：仅打印被感染的文件。

-d <文件>：以指定的文件作为病毒库，以代替默认的/var/clamav 目录下的病毒库文件。

-l <文件>：指定日志文件，以代替默认的/var/log/clamav/freshclam.log 文件。

-r：递归扫描，即扫描指定目录下的子目录。

--move=<目录>：把感染病毒的文件移动到指定目录。

--remove：删除感染病毒的文件。

1. 安装 ClamAV

命令如下，结果如图 11.1 所示。

```
# apt - get  install  clamav  clamav - freshclam
```

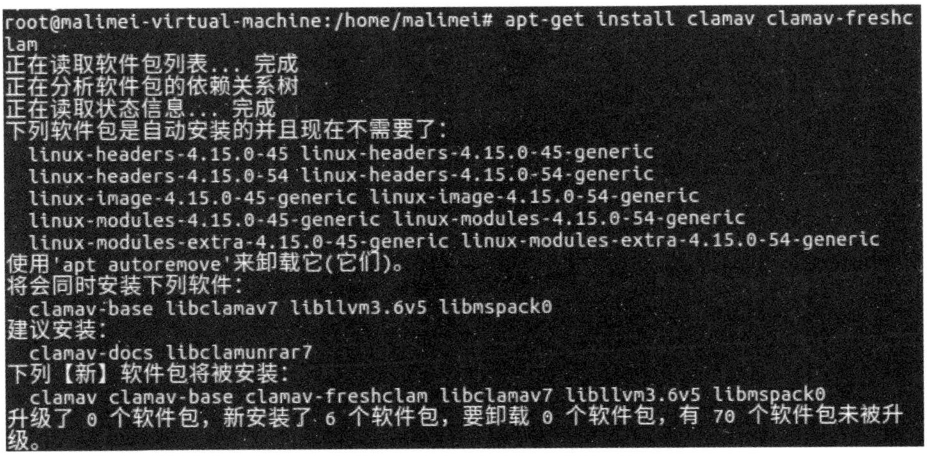

```
root@malimei-virtual-machine:/home/malimei# apt-get install clamav clamav-freshc
lam
正在读取软件包列表... 完成
正在分析软件包的依赖关系树
正在读取状态信息... 完成
下列软件包是自动安装的并且现在不需要了:
  linux-headers-4.15.0-45 linux-headers-4.15.0-45-generic
  linux-headers-4.15.0-54 linux-headers-4.15.0-54-generic
  linux-image-4.15.0-45-generic linux-image-4.15.0-54-generic
  linux-modules-4.15.0-45-generic linux-modules-4.15.0-54-generic
  linux-modules-extra-4.15.0-45-generic linux-modules-extra-4.15.0-54-generic
使用'apt autoremove'来卸载它(它们)。
将会同时安装下列软件:
  clamav-base libclamav7 libllvm3.6v5 libmspack0
建议安装:
  clamav-docs libclamunrar7
下列【新】软件包将被安装:
  clamav clamav-base clamav-freshclam libclamav7 libllvm3.6v5 libmspack0
升级了 0 个软件包，新安装了 6 个软件包，要卸载 0 个软件包，有 70 个软件包未被升
级。
```

图 11.1 安装 ClamAV

2. 更新病毒库

命令如图 11.2 所示。

```
root@malimei-virtual-machine:/home/malimei# freshclam
Tue Aug 27 09:46:56 2019 -> ClamAV update process started at Tue Aug 27 09:46:56
 2019
Tue Aug 27 09:46:57 2019 -> ^Your ClamAV installation is OUTDATED!
Tue Aug 27 09:46:57 2019 -> ^Local version: 0.100.3 Recommended version: 0.101.4
Tue Aug 27 09:46:57 2019 -> DON'T PANIC! Read https://www.clamav.net/documents/u
pgrading-clamav
Tue Aug 27 09:52:44 2019 -> Downloading main.cvd [100%]
Tue Aug 27 09:53:06 2019 -> main.cvd updated (version: 58, sigs: 4566249, f-leve
l: 60, builder: sigmgr)
```

图 11.2　更新病毒库

3. 检测指定的目录

命令如图 11.3 所示。

```
root@malimei-virtual-machine:/home/malimei# clamscan  /home/malimei
/home/malimei/test.sh: OK
/home/malimei/a.out: OK
/home/malimei/11.tar: OK
/home/malimei/manpath.config: OK
/home/malimei/file: OK
/home/malimei/test.c: OK
/home/malimei/.dmrc: OK
/home/malimei/a: OK
/home/malimei/.xsession-errors: OK
/home/malimei/cc.tar: OK
/home/malimei/cc1: Symbolic link
/home/malimei/.Xauthority: OK
/home/malimei/examples.desktop: OK
/home/malimei/.bashrc: OK
/home/malimei/.xsession-errors.old: OK
/home/malimei/test.i: OK
/home/malimei/.bash_history: OK
/home/malimei/shadow: OK
/home/malimei/dd: Empty file
/home/malimei/file.c: OK
/home/malimei/a.txt: OK
```

图 11.3　检测指定的目录

4. 检测指定的文件,检测后生成汇总表

命令如图 11.4 所示。

```
root@malimei-virtual-machine:/home/malimei# clamscan 111.txt
111.txt: OK

----------- SCAN SUMMARY -----------
Known viruses: 6292270
Engine version: 0.100.3
Scanned directories: 0
Scanned files: 1
Infected files: 0
Data scanned: 0.00 MB
Data read: 0.00 MB (ratio 0.00:1)
Time: 53.298 sec (0 m 53 s)
```

图 11.4　检测指定的文件,检测后生成汇总表

5. 加入参数-r,递归扫描目录和子目录下的文件

命令如图 11.5 所示。

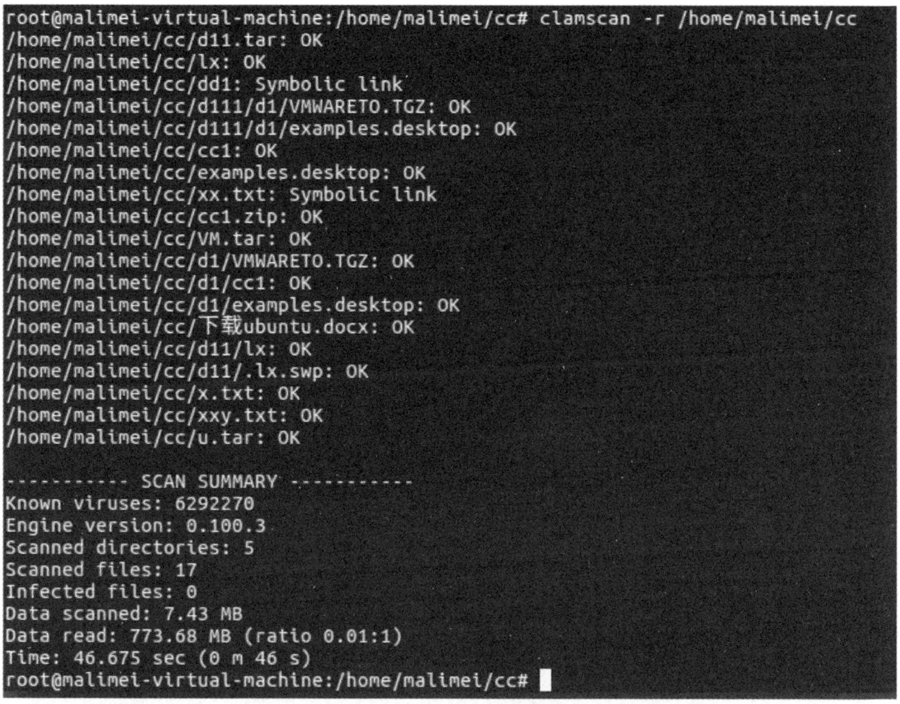

图 11.5 参数-r 递归检测

6. 在规定时间内更新病毒库

在规定时间内自动更新病毒库,每天早晨 3 点更新病毒库,如图 11.6 所示。

```
# crontab -e
0 3 * * * root /usr/bin/freshclam --quit -l /var/log/clamav/freshclam.log
```

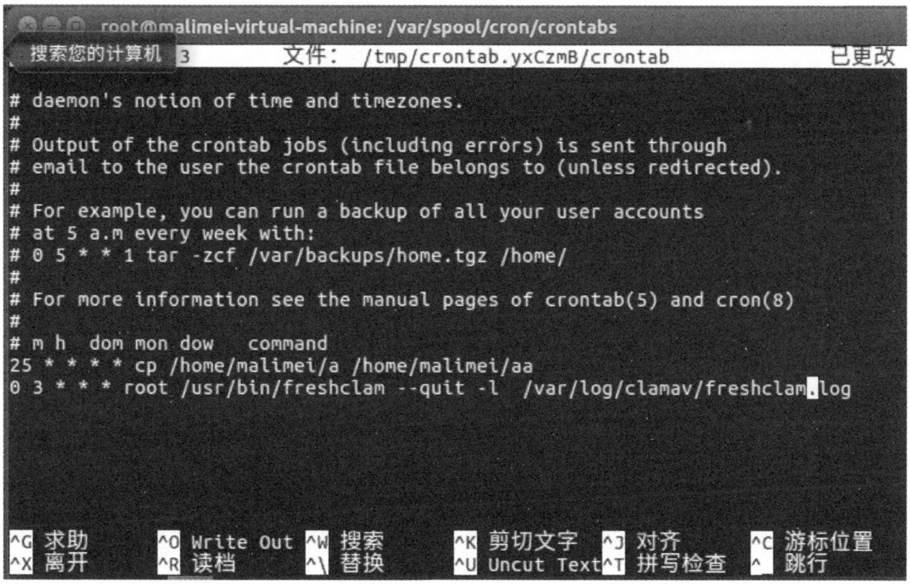

图 11.6 每天早晨 3 点更新病毒库

安 全 设 置

7. 扫描邮箱目录

扫描邮箱目录,以查找包含病毒的邮件,如图 11.7 所示。

```
root@malimei-virtual-machine:/var/spool/mail# clamscan -r /var/spool/mail

---------- SCAN SUMMARY ----------
Known viruses: 6292270
Engine version: 0.100.3
Scanned directories: 1
Scanned files: 0
Infected files: 0
Data scanned: 0.00 MB
Data read: 0.00 MB (ratio 0.00:1)
Time: 55.023 sec (0 m 55 s)
root@malimei-virtual-machine:/var/spool/mail#
```

图 11.7　扫描邮箱目录

8. 查杀当前目录并删除感染的文件

命令如图 11.8 所示。

```
root@malimei-virtual-machine:/var/spool/mail# clamscan -r --remove

---------- SCAN SUMMARY ----------
Known viruses: 6292270
Engine version: 0.100.3
Scanned directories: 1
Scanned files: 0
Infected files: 0
Data scanned: 0.00 MB
Data read: 0.00 MB (ratio 0.00:1)
Time: 43.730 sec (0 m 43 s)
root@malimei-virtual-machine:/var/spool/mail#
```

图 11.8　查杀当前目录并删除感染的文件

11.2　Linux 下的防火墙

防火墙就是用于实现 Linux 下访问控制的功能的,它分为硬件的和软件的防火墙两种。无论是在哪个网络中,防火墙工作的地方一定是在网络的边缘。而我们的任务就是需要去定义到底防火墙如何工作,这就是防火墙的策略、规则,以达到让它对出入网络的 IP、数据进行检测的目的。

11.2.1　iptables 介绍

iptables 是 Linux 中对网络数据包进行处理的一个功能组件,相当于防火墙,可以对经过的数据包进行处理,例如,数据包过滤、数据包转发等。是 Ubuntu 等 Linux 系统默认自带启动的。

11.2.2　iptables 结构

iptables 其实是一系列规则,防火墙根据 iptables 里的规则,对收到的网络数据包进行处理。iptables 里的数据组织结构分为: 表、链、规则。

1. 表

表(tables)提供特定的功能,iptables 里面有 4 个表：filter 表、nat 表、mangle 表和 raw 表,分别用于实现包过滤、网络地址转换、包重构和数据追踪处理。

每个表里包含多个链。

2. 链

链(chains)是数据包传播的路径,每一条链其实就是众多规则中的一个检查清单,每一条链中可以有一条或数条规则。当一个数据包到达一个链时,iptables 就会从链中第一条规则开始检查,看该数据包是否满足规则所定义的条件。如果满足,系统就会根据该条规则所定义的方法处理该数据包；否则 iptables 将继续检查下一条规则,如果该数据包不符合链中的任一条规则,iptables 就会根据该链预先定义的默认策略处理。

3. 表链结构

filter 表有三个链：INPUT、FORWARD、OUTPUT。

作用是过滤数据包,内核模块：iptables_filter。

Nat 表有三个链：PREROUTING、POSTROUTING、OUTPUT。

作用是进行网络地址转换(IP、端口),内核模块：iptable_nat。

Mangle 表有五个链：PREROUTING、POSTROUTING、INPUT、OUTPUT、FORWARD。作用是修改数据包的服务类型、TTL,并且可以配置路由实现 QoS 内核模块。

Raw 表有两个链：OUTPUT、PREROUTING。作用是决定数据包是否被状态跟踪机制处理。

11.2.3 iptables 操作

1. iptables 命令的格式

iptables [-t 表名] 命令选项 [链名] [条件匹配] [-j 目标动作或跳转]

说明：表名、链名用于指定 iptables 命令所操作的表和链,命令选项用于指定管理 iptables 规则的方式(如插入、增加、删除、查看等)；条件匹配用于指定对符合什么样条件的数据包进行处理；目标动作或跳转用于指定数据包的处理方式(如允许通过、拒绝、丢弃、跳转(Jump)给其他链处理。

2. iptables 命令的管理控制选项

-A：在指定链的末尾添加(append)一条新的规则。

-D：删除(delete)指定链中的某一条规则,可以按规则序号和内容删除。

-I：在指定链中插入(insert)一条新的规则,默认在第一行添加。

-R：修改、替换(replace)指定链中的某一条规则,可以按规则序号和内容替换。

-L：列出(list)指定链中所有的规则进行查看。

-E：重命名用户定义的链,不改变链本身。

-F：清空(flush)。

-N：新建(new-chain)一条用户自己定义的规则链。

-X：删除指定表中用户自定义的规则链(delete-chain)。

-P：设置指定链的默认策略(policy)。

-Z：将所有表的所有链的字节和数据包计数器清零。

-n：使用数字形式(numeric)显示输出结果。

-v：查看规则表详细信息(verbose)的信息。

-V：查看版本(version)。

-h：获取帮助(help)。

3. 防火墙处理数据包的四种方式

ACCEPT：允许数据包通过。

DROP：直接丢弃数据包,不给任何回应信息。

REJECT：拒绝数据包通过,必要时会给数据发送端一个响应的信息。

LOG：用于针对特定的数据包打 log,在/var/log/messages 文件中记录日志信息,然后将数据包传递给下一条规则。

11.2.4 iptables 防火墙常用的策略

(1) 清空默认表就是 filter 表中 INPUT 链的规则,如图 11.9 所示。

```
root@malimei-virtual-machine:/var/spool/mail# iptables -F INPUT
```

图 11.9　清空默认表

(2) 查看当前防火墙设置,现在这个 filter 表是空的,并且默认行都是 ACCEPT,这意味着所有的包都可以不受障碍地通过防火墙,如图 11.10 所示。

```
root@malimei-virtual-machine:/var/spool/mail# iptables -L
Chain INPUT (policy ACCEPT)
target     prot opt source               destination

Chain FORWARD (policy ACCEPT)
target     prot opt source               destination

Chain OUTPUT (policy ACCEPT)
target     prot opt source               destination
root@malimei-virtual-machine:/var/spool/mail#
```

图 11.10　查看当前防火墙设置

(3) 将 INPUT 链的默认策略更改为 DROP(丢弃)。通常对服务器而言,将所有链的默认策略设置为 DROP 是非常好的,执行完这条命令后,所有试图同本机建立连接的努力都会失败,因为所有从外部到达防火墙的包都被丢弃,甚至使用环回接口 ping 自己都不行,如图 11.11 所示。

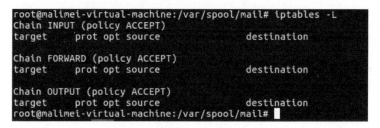

```
root@malimei-virtual-machine:/var/spool/mail# iptables -P INPUT DROP
root@malimei-virtual-machine:/var/spool/mail# ping localhost
PING localhost (127.0.0.1) 56(84) bytes of data.

^C
--- localhost ping statistics ---
389 packets transmitted, 0 received, 100% packet loss, time 397290ms

root@malimei-virtual-machine:/var/spool/mail#
```

图 11.11　禁止连接服务器

(4) 将 FORWARD 链的默认策略设置为 DROP(丢弃),查看改动后的防火墙配置,可以看到 INPUT 和 FORWARD 链的规则都已经变为 DROP 了,如图 11.12 所示。

图 11.12　FORWARD 链的默认策略设置

11.2.5　iptables 防火墙添加规则

完成防火墙规则的初始化后,就可以添加规则了。

(1) 添加一条 INPUT 链的规则,允许所有通过 lo 接口的连接请求,这样防火墙就不会阻止"自己连自己"的行为了,如图 11.13 所示。

```
#iptables - A INPUT - i lo - p  ALL - j ACCEPT
```

图 11.13　添加 INPUT 链的规则

(2) 在所有网卡上打开 ping 功能,便于维护和检测。-p 选项指定该规则匹配协议 ICMP,--icmp-type 指定了 ICMP 的类型代码,是 8,源主机被隔离,如图 11.14 所示。

```
#iptables - A INPUT - i eth0 - p icmp -- icmp - type 8 - j ACCEPT
```

图 11.14　在所有网卡上打开 ping 功能

(3) 下面的两条命令增加了 22 端口和 88 端口的访问许可。-p 这次指定该规则匹配协议 TCP,因为 SSH 服务和 HTTP 服务都是基于 TCP 的,如图 11.15 所示。

```
#iptables - A INPUT - i eth0 - p tcp -- dport 22  - j ACCEPT
#iptables - A INPUT - i eth0 - p tcp -- dport 80  - j ACCEPT
```

(4) 如果网络接口 eth0 通向 Internet,那么 SSH 服务向全世界开放就不是很安全,因此,可以将 SSH 服务设置为只对本地网络用户开放,我们设置的是只有 10.62.74.0/24 这

```
root@malimei-virtual-machine:/home/malimei# iptables -A INPUT -i eth0 -p tcp --d
port 22  -j ACCEPT
root@malimei-virtual-machine:/home/malimei# iptables -A INPUT -i eth0 -p tcp --d
port 80  -j ACCEPT
root@malimei-virtual-machine:/home/malimei#
```

图 11.15　增加 22 端口和 88 端口的访问许可

个网络中的主机可以访问 22 号端口,如图 11.16 所示。

＃iptables － A INPUT － i eth0 － s 10.62.74.0/24 － p tcp —— dport 22　 － j ACCEPT

```
root@malimei-virtual-machine:/home/malimei# iptables -A INPUT -i eth0 -s 10.62.7
4.0/24 -p tcp --dport 22  -j ACCEPT
root@malimei-virtual-machine:/home/malimei#
```

图 11.16　只允许指定的网络访问

(5) 对于管理员来说要做的并不仅仅是把别人挡在门外,同时希望知道有哪些人正在试图访问服务器,因此这条命令给 INPUT 链添加了一条 LOG(日志记录)策略,如图 11.17 所示。

＃iptables － A INPUT － i eth0 － j LOG

```
root@malimei-virtual-machine:/var/log# iptables -A INPUT -i eth0 -j LOG
root@malimei-virtual-machine:/var/log#
```

图 11.17　建立日志记录

(6) 使用下面的命令显示链规则编号,如图 11.18 所示。

＃iptables － L —— line － number

```
root@malimei-virtual-machine:/var/log# iptables -L --line-number
Chain INPUT (policy ACCEPT)
num  target     prot opt source               destination
1    ACCEPT     icmp --  anywhere             anywhere            icmp echo-req
uest
2    ACCEPT     tcp  --  anywhere             anywhere            tcp dpt:ssh
3    ACCEPT     tcp  --  anywhere             anywhere            tcp dpt:http
4    ACCEPT     tcp  --  10.62.74.0/24        anywhere            tcp dpt:ssh
5    LOG        all  --  anywhere             anywhere            LOG level war
ning

Chain FORWARD (policy ACCEPT)
num  target     prot opt source               destination

Chain OUTPUT (policy ACCEPT)
num  target     prot opt source               destination
```

图 11.18　显示链规则编号

(7) 使用链编号删除链规则,如图 11.19 所示。

```
root@malimei-virtual-machine:/var/log# iptables -D 5
```

图 11.19　使用链编号删除链规则

11.2.6 iptables 备份与还原

1. 备份 iptables 规则

iptables-save 命令用来批量导出 iptables 防火墙规则,执行 iptables-save 时,显示当前启用的所有规则,按照 raw、mangle、nat、filter 表的顺序依次列出。如果只显示某一个表,使用"-t 表名"选项,然后使用重定向输入">"将输出内容重定向到某个文件中。

备份表的规则如图 11.20 所示。

\# iptables – save >/opt/iprules_all.txt

```
root@malimei-virtual-machine:/var/log# iptables-save>/opt/iprules_all.txt
root@malimei-virtual-machine:/var/log# cat /opt/iprules_all.txt
# Generated by iptables-save v1.6.0 on Wed Aug 28 16:07:20 2019
*filter
:INPUT ACCEPT [44:3646]
:FORWARD ACCEPT [0:0]
:OUTPUT ACCEPT [11:1628]
-A INPUT -i eth0 -p icmp -m icmp --icmp-type 8 -j ACCEPT
-A INPUT -i eth0 -p tcp -m tcp --dport 22 -j ACCEPT
-A INPUT -i eth0 -p tcp -m tcp --dport 80 -j ACCEPT
-A INPUT -s 10.62.74.0/24 -i eth0 -p tcp -m tcp --dport 22 -j ACCEPT
-A INPUT -i eth0 -j LOG
-A INPUT -i eth0 -j LOG
COMMIT
# Completed on Wed Aug 28 16:07:20 2019
```

图 11.20　备份 iptables 规则

2. 恢复 iptables 规则

iptables-retore 命令用来批量导入 iptables 防火墙规则,如果已经有使用 iptables-save 命令导出的备份文件,则恢复过程很简单。与 iptables-save 命令相对地,iptables-retore 命令应结合重定向输入来指定备份文件的位置。

将上面备份的规则恢复到 iptables 中,如图 11.21 所示。

\# iptables – restore </opt/iprules_all.txt

```
root@malimei-virtual-machine:/home/malimei# iptables-restore</opt/iprules_all.tx
t
root@malimei-virtual-machine:/home/malimei# cat /opt/iprules_all.txt
# Generated by iptables-save v1.6.0 on Wed Aug 28 16:07:20 2019
*filter
:INPUT ACCEPT [44:3646]
:FORWARD ACCEPT [0:0]
:OUTPUT ACCEPT [11:1628]
-A INPUT -i eth0 -p icmp -m icmp --icmp-type 8 -j ACCEPT
-A INPUT -i eth0 -p tcp -m tcp --dport 22 -j ACCEPT
-A INPUT -i eth0 -p tcp -m tcp --dport 80 -j ACCEPT
-A INPUT -s 10.62.74.0/24 -i eth0 -p tcp -m tcp --dport 22 -j ACCEPT
-A INPUT -i eth0 -j LOG
-A INPUT -i eth0 -j LOG
COMMIT
# Completed on Wed Aug 28 16:07:20 2019
root@malimei-virtual-machine:/home/malimei#
```

图 11.21　恢复 iptables 规则

第 11 章

安 全 设 置

11.3　网络端口扫描工具 NMAP

　　NMAP 是一款流行的网络扫描和嗅探工具,被广泛应用在黑客领域做漏洞探测以及安全扫描,主要是端口开放性检测和局域网信息的查看收集等。不同 Linux 发行版包管理中一般带有 NMAP 工具,直接安装即可。

　　端口有什么用呢? 我们知道,一台拥有 IP 地址的主机可以提供许多服务,比如 Web 服务、FTP 服务、SMTP 服务等,这些服务完全可以通过一个 IP 地址来实现。那么,主机是怎样区分不同的网络服务的呢? 显然不能只靠 IP 地址,因为 IP 地址与网络服务的关系是一对多的关系。实际上是通过"IP 地址+端口号"来区分不同的服务的。

　　端口号与相应服务的对应关系存放在/etc/services 文件中,在这个文件中可以看到大部分端口和服务的对应关系,如图 11.22 所示。

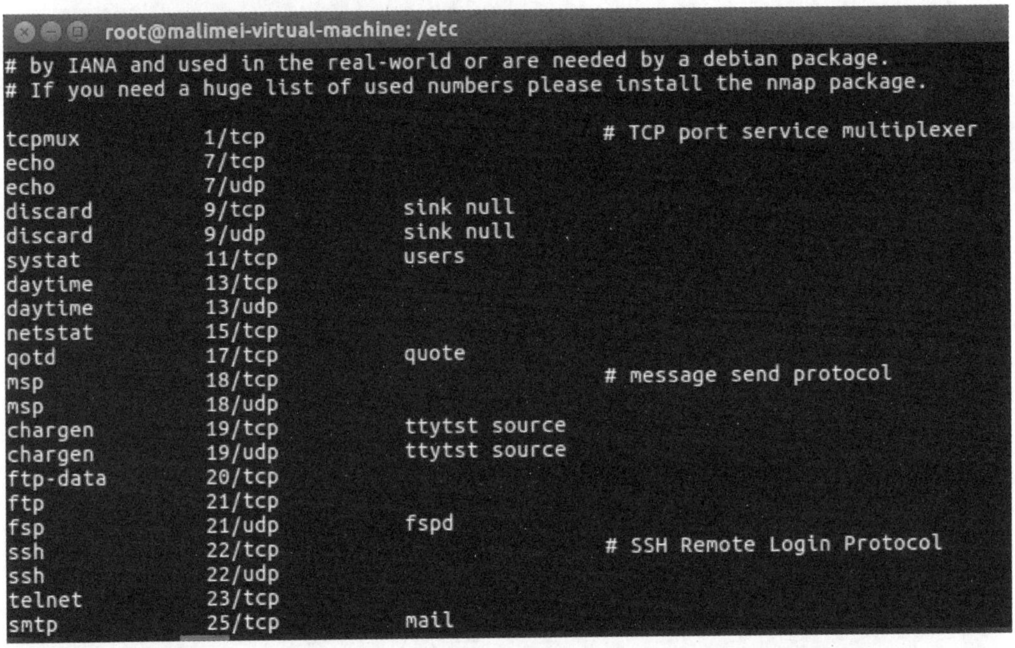

图 11.22　/etc/services 文件

　　(1) 安装 NMAP 非常简单,如图 11.23 所示。

　　(2) 扫描 IP 地址,显示这个 IP 下对应的端口,我们看到 192.168.146.128 对应的 22 号、80 号等端口都是开放的,如图 11.24 所示。

　　(3) 直接运行 NMAP 显示 NMAP 的帮助文件,如图 11.25 所示。

　　(4) 加参数-O,探测主机操作系统,可以看到 22 端口是开启的,并且系统类型是 Linux,以及大致的内核版本号信息,如图 11.26 所示。

```
# nmap  -O  192.168.1.100
```

```
root@malimei-virtual-machine:/home/malimei/cc# apt install nmap
正在读取软件包列表... 完成
正在分析软件包的依赖关系树
正在读取状态信息... 完成
下列软件包是自动安装的并且现在不需要了:
  linux-headers-4.15.0-45 linux-headers-4.15.0-45-generic
  linux-headers-4.15.0-54 linux-headers-4.15.0-54-generic
  linux-image-4.15.0-45-generic linux-image-4.15.0-54-generic
  linux-modules-4.15.0-45-generic linux-modules-4.15.0-54-generic
  linux-modules-extra-4.15.0-45-generic linux-modules-extra-4.15.0-54-generic
使用'apt autoremove'来卸载它(它们)。
将会同时安装下列软件:
  libblas-common libblas3 liblinear3 lua-lpeg ndiff python-bs4 python-chardet
  python-html5lib python-lxml python-pkg-resources python-six
建议安装:
  liblinear-tools liblinear-dev python-genshi python-lxml-dbg python-lxml-doc
  python-setuptools
下列【新】软件包将被安装:
  libblas-common libblas3 liblinear3 lua-lpeg ndiff nmap python-bs4
  python-chardet python-html5lib python-lxml python-pkg-resources python-six
升级了 0 个软件包，新安装了 12 个软件包，要卸载 0 个软件包，有 70 个软件包未被升
级。
需要下载 6,059 kB 的归档。
解压缩后会消耗 27.2 MB 的额外空间。
您希望继续执行吗？ [Y/n] y
获取:1 http://mirrors.tuna.tsinghua.edu.cn/ubuntu xenial/main amd64 libblas-comm
on amd64 3.6.0-2ubuntu2 [5,342 B]
```

图 11.23　安装 NMAP

```
root@malimei-virtual-machine:/home/malimei/cc# nmap 192.168.146.128

LibreOffice Impress  ( https://nmap.org ) at 2019-08-27 10:30 CST
Nmap scan report for 192.168.146.128
Host is up (0.000013s latency).
Not shown: 994 closed ports
PORT     STATE SERVICE
22/tcp   open  ssh
80/tcp   open  http
111/tcp  open  rpcbind
139/tcp  open  netbios-ssn
445/tcp  open  microsoft-ds
2049/tcp open  nfs

Nmap done: 1 IP address (1 host up) scanned in 1.64 seconds
root@malimei-virtual-machine:/home/malimei/cc#
```

图 11.24　扫描指定的 IP 地址

```
root@malimei-virtual-machine:/etc# nmap
Nmap 7.01 ( https://nmap.org )
Usage: nmap [Scan Type(s)] [Options] {target specification}
TARGET SPECIFICATION:
  Can pass hostnames, IP addresses, networks, etc.
  Ex: scanme.nmap.org, microsoft.com/24, 192.168.0.1; 10.0.0-255.1-254
  -iL <inputfilename>: Input from list of hosts/networks
  -iR <num hosts>: Choose random targets
  --exclude <host1[,host2][,host3],...>: Exclude hosts/networks
  --excludefile <exclude_file>: Exclude list from file
HOST DISCOVERY:
  -sL: List Scan - simply list targets to scan
  -sn: Ping Scan - disable port scan
  -Pn: Treat all hosts as online -- skip host discovery
  -PS/PA/PU/PY[portlist]: TCP SYN/ACK, UDP or SCTP discovery to given ports
  -PE/PP/PM: ICMP echo, timestamp, and netmask request discovery probes
  -PO[protocol list]: IP Protocol Ping
  -n/-R: Never do DNS resolution/Always resolve [default: sometimes]
  --dns-servers <serv1[,serv2],...>: Specify custom DNS servers
  --system-dns: Use OS's DNS resolver
  --traceroute: Trace hop path to each host
SCAN TECHNIQUES:
  -sS/sT/sA/sW/sM: TCP SYN/Connect()/ACK/Window/Maimon scans
```

图 11.25　显示 NMAP 的帮助文件

```
Host is up (0.000071s latency).
Not shown: 999 closed ports
PORT    STATE SERVICE
22/tcp open  ssh
Device type: general purpose
Running: Linux 3.X|4.X
OS CPE: cpe:/o:linux:linux_kernel:3 cpe:/o:linux:linux_kernel:4
OS details: Linux 3.8 - 4.5
Network Distance: 0 hops
```

图 11.26　探测主机操作系统

习　　题

实验题

(1) 在 Ubuntu Linux 下安装 clamav 查杀病毒软件,更新病毒库。

(2) 检测你的工作目录是否有病毒。

(3) 定义你的 crontab 文件,每周二凌晨 1 点更新病毒库。

(4) 在防火墙下设置 SSH 服务,只对 10.20.30.0/24 本地网段开放。

(5) 添加防火墙的日志记录功能。

(6) 备份和还原防火墙 iptables 规则。

(7) 查看机器端口和服务的对应关系。

(8) 查看机器开放的端口。

参 考 文 献

[1] 姜春茂,杨春山.Linux 操作系统[M].北京:清华大学出版社,2013.

[2] 陈博,孙宏彬,於岳.Linux 实用教程[M].北京:人民邮电出版社,2010.

[3] 鞠文飞.Linux 操作系统实用教程[M].北京:科学出版社,2012.

图 书 资 源 支 持

感谢您一直以来对清华版图书的支持和爱护。为了配合本书的使用，本书提供配套的资源，有需求的读者请扫描下方的"书圈"微信公众号二维码，在图书专区下载，也可以拨打电话或发送电子邮件咨询。

如果您在使用本书的过程中遇到了什么问题，或者有相关图书出版计划，也请您发邮件告诉我们，以便我们更好地为您服务。

我们的联系方式：

地　　址：北京市海淀区双清路学研大厦 A 座 701

邮　　编：100084

电　　话：010-83470236　　010-83470237

资源下载：http://www.tup.com.cn

客服邮箱：2301891038@qq.com

QQ：2301891038（请写明您的单位和姓名）

资源下载、样书申请

书圈

扫一扫，获取最新目录

课 程 直 播

用微信扫一扫右边的二维码，即可关注清华大学出版社公众号"书圈"。